JN074748

AWS認定資格試験テキスト

AWS認定
SysOps
アドミニストレーター
［アソシエイト］

NRIネットコム株式会社
佐々木拓郎／小西秀和／志水友輔／手塚拓也
株式会社野村総合研究所
木美雄太／北條学男／吉竹直樹
安藤裕紀

本書に関するお問い合わせ

この度は小社書籍をご購入いただき誠にありがとうございます。小社では本書の内容に関するご質問を受け付けております。本書を読み進めていただきます中でご不明な箇所がございましたらお問い合わせください。なお、お問い合わせに関しましては下記のガイドラインを設けております。恐れ入りますが、ご質問の際は最初に下記ガイドラインをご確認ください。

ご質問の前に

小社Webサイトで「正誤表」をご確認ください。最新の正誤情報をサポートページに掲載しております。

▶ **本書サポートページ**

`URL` https://isbn2.sbcr.jp/09085/

上記ページの「正誤情報」のリンクをクリックしてください。なお、正誤情報がない場合、リンクをクリックすることはできません。

ご質問の際の注意点

- ご質問はメール、または郵便など、必ず文書にてお願いいたします。お電話では承っておりません。
- ご質問は本書の記述に関することのみとさせていただいております。従いまして、○○ページの○○行目というように記述箇所をはっきりお書き添えください。記述箇所が明記されていない場合、ご質問を承れないことがございます。
- 小社出版物の著作権は著者に帰属いたします。従いまして、ご質問に関する回答も基本的に著者に確認の上回答いたしております。これに伴い返信は数日ないしそれ以上かかる場合がございます。あらかじめご了承ください。

ご質問送付先

ご質問については下記のいずれかの方法をご利用ください。

> ▶ **Webページより**
> 上記のサポートページ内にある「この商品に関する問い合わせはこちら」をクリックすると、メールフォームが開きます。要綱に従って質問内容を記入の上、送信ボタンを押してください。
>
> ▶ **郵送**
> 郵送の場合は下記までお願いいたします。
> 〒106-0032
> 東京都港区六本木2-4-5
> SBクリエイティブ　読者サポート係

はじめに

本書を手に取っていただきありがとうございます。

AWS認定試験には、ファンデーショナル（基礎）・アソシエイト・プロフェッショナル／専門知識の3つのレベルがあります。このうち本書の対象であるAWS認定SysOpsアドミニストレーター（SysOps）は、中級程度の難易度であるアソシエイトレベルです。しかし著者が見るところ、SysOpsには独特の難しさがあります。アソシエイトレベルの試験は他に2つあり、システムのアーキテクチャを構築する人向けのソリューションアーキテクトと、AWSを利用したアプリケーションの開発者向けのデベロッパーがあります。それらはシステムを構築する際にどうするかという手法について問われているのに対し、SysOpsは既にあるシステムの運用に対してどうするかを問われます。つまり既にAWSを構築して運用しているという前提になります。本書では、AWSの運用を題材に、その背景となる考え方を含めて解説しています。これにより未経験の方にも、運用の実際について理解しやすくなることを目指しています。

本書は9章構成です。まず第1章では効率的にAWSを学ぶために、各種の資料へのアクセス方法や、学習のチュートリアルを解説しています。第2章から第7章が運用に関する重要な観点に沿って、どのようにAWSで実現していくかの考え方と手段について学びます。この部分については、試験対策ではあるものの、日々の運用設計をする上での指針となるようにまとめています。第8章は、AWSの構築・運用のベストプラクティスであるWell-Architectedフレームワークの解説です。AWSの設計指針はこのフレームワークに沿ってなされているために、まずこの概念を理解することが上達への早道です。最後の第9章が模擬試験です。実力アップのための問題と解答の選択肢の選び方・考え方の解説をみっちりとしています。またSysOpsにはラボ試験（実技試験）もあります。こちらの対策についても、しっかりと用意されています。

著者一同は、この本が単なる試験対策本にとどまるのではなく、AWSを学んでいくためのガイドブックとなることを願って書いています。そして、AWSをより使いこなすことによって、ご自身のキャリアや事業がよりよいものになっていくことを願っています。本書が、そのきっかけの1つになれれば幸いです。

著者を代表して
2022年5月25日　佐々木拓郎

目次

第 1 章

AWS認定試験

　ここではまず、AWS認定試験全体の概要と、本書がテーマとするSysOps アドミニストレーター－アソシエイト試験の概要を見ていきます。その後、試験に合格するための学習教材や学習方法を具体的に紹介します。また、学習する際の心構えについても言及します。

1-1

AWS認定試験の概要

AWS認定試験とは

　AWS認定試験は、AWSに関する知識・スキルを測るための試験です。レベル別・カテゴリー別に認定され、ベーシック（基礎）・アソシエイト・プロフェッショナルの3つのレベルがあり、アーキテクト・開発者・運用者・クラウドプラクティショナーの4つのカテゴリーと、ネットワーク・データ分析、セキュリティといった専門知識（スペシャリティ）に分かれています。この中で、クラウドプラクティショナーは少し馴染みのない言葉だと思いますが、クラウドの定義や原理を説明し、導入を推進することができる知識を認定する入門的な役割です。エンジニアの他に、営業・管理職のような人に推奨されています。

資格の種類

　AWS認定試験には、2022年5月現在で12種類の資格があります。

- ○ AWS認定クラウドプラクティショナー
- ○ AWS認定ソリューションアーキテクト－アソシエイト
- ○ AWS認定ソリューションアーキテクト－プロフェッショナル
- ○ AWS認定SysOpsアドミニストレーター－アソシエイト
- ○ AWS認定デベロッパー－アソシエイト
- ○ AWS認定DevOpsエンジニア－プロフェッショナル
- ○ AWS認定高度なネットワーキング－専門知識
- ○ AWS認定セキュリティー専門知識
- ○ AWS認定機械学習－専門知識
- ○ AWS認定データ分析－専門知識
- ○ AWS認定データベース－専門知識
- ○ AWS認定 SAP on AWS－専門知識

プロフェッショナル
2年間のAWSクラウドを使用したソリューションの設計、運用、およびトラブルシューティングに関する包括的な経験

アソシエイト
1年間のAWSクラウドを使用した問題解決と解決策の実施における経験

アーキテクト　　運用者　　開発者

基礎コース
6か月間の基礎的なAWSクラウドと業界知識

クラウドプラクティショナー

専門知識
試験ガイドで指定された専門知識分野に関する技術的なAWSクラウドでの経験

❏ AWS認定試験

　現時点でベーシックに該当するのはクラウドプラクティショナーのみです。プロフェッショナルはアソシエイトの上位資格となります。以前は、プロフェッショナルを受験するにはアソシエイト資格を取得していることが必要でしたが、2018年10月以降、必須から推奨に変更されました。とは言え、まずはアソシエイト資格からチャレンジしていくことをお勧めしておきます。

　また、ネットワーキング・データ分析・セキュリティ・機械学習などは専門知識認定で、特定分野のAWSサービスに習熟していることを証明する資格となります。

　本書では、**AWS認定SysOpsアドミニストレーター−アソシエイト**の取得を目標に、試験範囲の知識と考え方について解説します。

AWS認定試験

1

取得の目的

　AWS認定試験の勉強を始める前に、まず認定を受ける目的を確認しましょう。主に下記のメリットがあります。

○　試験勉強を通じて、AWSに関する知識を体系的に学び直せる
○　AWSに関する知識・スキルを持っていることを客観的に証明できる
○　就職・転職が有利になる

　まず挙げられるのが、試験を通じてAWSの体系的な知識を学べる点です。AWS認定試験はカテゴリー別・専門別に試験が分かれているものの、それぞれ相関する部分も多く広範囲の知識が必要となります。アソシエイトレベルの試験は実務経験1年程度を想定しており、基本的なアーキテクチャを理解しているかを問われます。

　試験に合格するには、それぞれのサービスの詳細な動作を把握している必要があります。試験の勉強をすることは、実務でAWSの設計・操作をする上での手助けになります。AWSの認定試験に合格するには、広範囲の知識と、サービスの実際の挙動の2つを理解する必要があります。必然的に、合格した者に対しては、AWSに関する知識・スキルを持っていることが客観的に証明されることとなります。

　アソシエイトレベルの試験は、「ソリューションアーキテクト」「デベロッパー」「SysOpsアドミニストレーター」の3種類があります。ソリューションアーキテクトは、仮想サーバー（EC2）、ストレージ（S3、EBS）、ネットワークサービス（VPC）といったAWSの最も基本的なサービスを中心に扱っていて、アソシエイト3種の中では最も広い知識が必要です。デベロッパーとSysOpsアドミニストレーターについては、それぞれ開発と運用に特化した知識が問われ、ソリューションアーキテクトより少し深めの知識を要求されます。

　アソシエイト3種の中でどれから取っていくのかは、それぞれ何を専門としているか次第です。運用や開発を専門とする場合は、デベロッパーやSysOpsアドミニストレーターから勉強していくのがお勧めですし、これからAWSを始めるという場合はソリューションアーキテクトで最初から網羅的に勉強することをお勧めします。しかし、どれから始めたとしても、アソシエイトの3種すべての勉強をしておくことを強くお勧めします。今や開発者・運用者・設計者の

垣根はほとんどなくなっています。運用をメインで担当する場合も、開発の技術的なトレンドを把握しておく必要があります。そういった意味で、アソシエイトの3冠を目指すのは、バランスがよい知識を得るための近道となります。

AWS認定SysOpsアドミニストレーター－アソシエイト

　AWS認定SysOpsアドミニストレーター－アソシエイトは、その名のとおりシステムの管理・運用担当者向けの試験です。試験ガイドによると、この試験では、AWSでのワークロードのデプロイ、管理、および運用についての受験者の能力を検証します。また、次のタスクについての能力も検証されます。なお、「ワークロード」はAWSにおいてよく使われる言葉で、AWS上に構築したシステムと理解しておけば大丈夫です。

○ AWS Well-ArchitectedフレームワークにもとづいたAWSワークロードをサポートおよび保守する
○ AWSマネジメントコンソールと、AWS CLIを使用してオペレーションを実行する
○ コンプライアンス要件を満たすセキュリティコントロールを実装する
○ システムのモニタリング、ロギング、およびトラブルシューティングを行う
○ ネットワークの概念（例：DNS、TCP/IP、ファイアウォールなど）を適用する
○ アーキテクチャの要件（例：高可用性、パフォーマンス、キャパシティなど）を実装する
○ ビジネス継続性と災害対策の手順を実行する
○ インシデントを特定、分類、および修復する

　AWSのサービスに関する基本的な知識と、それを組み合わせてアーキテクチャを組めることが求められています。そして、SysOpsアドミニストレーターなので、そのシステムをAWS上にデプロイし運用管理するためのスキルが必要です。なお、アソシエイトについては実務経験1年程度が想定されていますが、実際のところは効率的に学習をした上で、実際にAWS構築の経験を積んでいけば数か月程度で取得できるケースも多いです。AWS入門後にある程度経験を積んだ後の腕試しに適したレベルにまとまっています。

1

AWS認定試験

出題範囲と割合

　出題範囲については、まず試験ガイドを読んでください。試験ガイドは、AWSの公式ページのAWS認定SysOpsアドミニストレーター－アソシエイトのページでダウンロードできます。このページの「試験ガイドをダウンロード」のリンクをクリックするとPDFとして取得できます。

📖 AWS認定SysOpsアドミニストレーター－アソシエイト

`URL` https://aws.amazon.com/jp/certification/certified-sysops-admin-associate/

　試験ガイドには試験の範囲と割合が記載されています。以下のとおりです。

❏ 試験の範囲と割合

分野	割合
モニタリング、ロギング、および修復	20%
信頼性とビジネス継続性	16%
デプロイ、プロビジョニング、およびオートメーション	18%
セキュリティとコンプライアンス	16%
ネットワークとコンテンツ配信	18%
コストとパフォーマンスの最適化	12%

　試験の実施概要は以下のとおりです。

○ 試験時間：180分
○ 問題数：65問
○ 回答形式：単一選択／複数選択／試験ラボ
○ 合格ライン：720点（得点範囲：100 ～ 1000点）

　SysOpsアドミニストレーターの分野は6つになっています。この分野というのが試験問題を解く上で、非常に重要になります。AWSの認定試験は、単純にシステムを構築する上でのアーキテクチャを問うだけではなく、どういった観点でアーキテクチャを考えるのかという点を問われます。次の問題は、AWSが配布しているサンプル問題の1つです。

例題

Eコマース関連企業は、1日の売上を集計し、その結果をAmazon S3に保存する夜間処理のコストを削減したいと考えています。その処理は複数のオンデマンドインスタンスで実行され、処理が完了するまでに2時間弱かかります。処理は夜間にいつでも実行できます。何らかの理由により処理が失敗した場合は、最初から処理を開始する必要があります。

この要件にもとづいて、最もコスト効率のよいソリューションは次のうちどれですか。

　A. 予約インスタンスを購入する。
　B. スポットブロックのリクエストを作成する。
　C. すべてのスポットインスタンスのリクエストを作成する。
　D. オンデマンドインスタンスとスポットインスタンスを併用する。

AWSの認定試験では、まず問題文から何を基準にアーキテクチャを選定するのか、その前提条件を洗い出す必要があります。この問題だと条件が2つあります。まず1つ目は問題文に直接出ているコスト効率がよいものです。それに加えて、処理には2時間弱かかり、途中で失敗すると最初からやり直す必要があるということがわかります。つまり、処理中はインスタンスが起動し続けている必要があるということです。

この2つの条件を頭に入れながら選択肢を見ていきましょう。まずAの予約インスタンスについてです。予約インスタンスは、1年間もしくは3年間利用し続けるという前提のもとで30〜70％の値引きがされる仕組みです。インスタンスがずっと稼働しているという前提なので、1日のうちに2時間程度の利用であれば逆にコストが高くつきます。

次にCのスポットインスタンスです。スポットインスタンスは、AWSの余剰リソースを時価で提供する仕組みです。余剰が多いときは非常に安価で90％近い割引が適用されることもあります。その反面、価格が変動した場合には即座にインスタンスの利用が停止されます。今回のアプリケーションは、処理が失敗した場合は途中から再開ができないため、スポットインスタンスの利用には適しません。同様の理由でDのオンデマンドインスタンスとスポットインスタンスの併用も適しません。

答えはBのスポットブロックになります。スポットブロックはスポットインスタンスに近い性質を持ったソリューションで、1時間、2時間、3時間、4時間、5時間、または6時間の継続期間が指定可能です。継続期間中の稼働が見込まれる上に、通常のオンデマンドインスタンスに対して割引が適用されます。よって今回の2つの要件にマッチします。

　このように、問われている観点に沿って選択肢を絞り込んでいくというのが基本となります。そしてこの観点こそが試験範囲の分野となります。高可用性を問う問題であれば、いかにシステムが継続して提供されるか。セキュリティであれば、課題に対してセキュリティが守られているかを問われます。現時点では、サンプル問題の用語や解説の内容が、何を言っているかわからなくても全然問題はありません。本書を通じて、AWS認定SysOpsアドミニストレーターになるために必要なサービスの知識と、それを使ってのアーキテクチャの組み方を学んでいきましょう。

対象サービス

　SysOpsアドミニストレーター試験の主な対象サービスは、下記のとおりです。他にも多くのサービスが対象になりますので、本書ではデプロイやセキュリティ強化など、観点ごとの分類とともに、それぞれのサービスを紹介していきます。

- Amazon EC2
- Amazon S3
- Amazon EFS
- AWS Auto Scaling
- Elastic Load Balancing（ELB）
- Amazon CloudWatch
- AWS CloudFormation
- AWS CloudTrail
- AWS Config
- AWS Key Management Service（KMS）
- AWS Elastic Beanstalk
- AWS IAM
　他

1-2

学習教材

本書では、AWS認定SysOpsアドミニストレーター－アソシエイトに合格するために、次の3点に絞って解説します。

○ 試験範囲のサービスの基本的な説明
○ AWSのアーキテクチャを設計する上での考え方
○ 問題を解く上での思考プロセスとテクニック

試験に合格するための知識を身に付けるガイドの役割です。本書を読むだけでなく、ここで紹介する資料やツールを使いながら学習を進めていくことで、試験に必要となる広範な知識の習得と、実践でも役立つ考え方を効果的に身に付けていけます。

公式ドキュメント

AWSの仕様の一次情報としては、**公式ドキュメント**があります。サービスの機能や挙動など仕様を確認する際には、必ず公式ドキュメントを確認する習慣をつけましょう。理由としては、AWSとして正確さを保証される情報は公式ドキュメントであることと、情報鮮度の問題が挙げられます。

AWSではサービスのアップデートが頻繁に行われます。そのため、二次情報であるブログや解説サイト、書籍などでは古い情報をもとに解説されている場合があります。そういった際に公式ドキュメントを確認することで、機能の差異がないかを確認できます。

📖 AWS公式ドキュメント

URL https://aws.amazon.com/jp/documentation/
URL https://docs.aws.amazon.com/

なお、公式ドキュメントは日本語をはじめとする各国の言語に翻訳されています。しかし、公式ドキュメントはまず英語で記載されます。つまり英語サイト

が一次情報となります。

　日本語サイトでは日本語化に時間がかかっていたり、情報のアップデートが遅いことも多々あります。また、翻訳の質に難があるケースもあります。そのため、可能な限り英語サイトで確認するようにしましょう。

オンラインセミナー (AWS Black Belt)

　前項では、一次情報としては公式ドキュメントを確認しましょうと説明しました。一方で公式ドキュメントは、個々の仕様を詳細に正しく伝えることを目的としているため、初見では情報量が多すぎて概要をざっと理解するには難しい面もあります。そんなときに重宝するのが、**AWS Black Beltオンラインセミナー**です。

　Black Beltは、日本で勤務するAWSソリューションアーキテクトがサービス／機能ごとにスライドを利用してオンラインで解説するセミナーです。スライドにはアーキテクチャなどの図やグラフが多用され、視覚的にもわかりやすくなっています。その上で音声による解説もあり、チャットを通じてのQ&Aもあります。情報密度としては非常に高く、お勧めです。

　オンラインセミナー自体はスケジュールされた放送時間に視聴する必要がありますが、ほとんどの資料はPDFファイルでも公開されています。また、一部のセミナーは動画アーカイブとしていつでも見られるようになっています。

　新しいサービスを学ぶときは、まずBlack Beltの資料を見て概要を理解し、その上で公式ドキュメントで詳細を確認するという流れが効率的です。

📖 AWSクラウドサービス活用資料集
URL https://aws.amazon.com/jp/aws-jp-introduction/

　また、AWSのオンラインセミナーはBlack Beltシリーズ以外にも数多くあります。

📖 AWSデジタルトレーニングの紹介
URL https://aws.amazon.com/jp/training/course-descriptions/

ホワイトペーパー

公式ドキュメントとBlack Beltの2つを紹介しましたが、これらは主にサービス単位でAWSを解説する資料となっています。AWS認定試験を合格するためには、AWSのアーキテクチャの考え方とベストプラクティスを理解する必要があります。その際に役立つのが**ホワイトペーパー**です。

ホワイトペーパーは、アーキテクチャ、セキュリティ、コストなどテーマごとにAWSのサービスの使い方や構成の考え方を解説しています。その中でもまず読むべきは、AWS Well-Architectedフレームワーク（AWSによる優れた設計のフレームワーク）です。設計の指針となる原則と、フレームワークとしての6本の柱が解説されています。

- セキュリティの柱
- 信頼性の柱
- パフォーマンス効率の柱
- コストの最適化の柱
- オペレーショナルエクセレンスの柱
- 持続可能性の柱

この項目を見るとわかるように、システムを構築する上で重要な観点が網羅されています。試験対策のみならず、AWS上でシステムを構築する際には必須の考え方になります。本編は50ページ強と、さほどの分量ではありません。重要な資料なので必ず読んでおきましょう。

📖 AWSホワイトペーパー
URL https://aws.amazon.com/jp/whitepapers/

📖 AWS Well-Architectedフレームワーク
URL https://docs.aws.amazon.com/ja_jp/wellarchitected/latest/
framework/wellarchitected-framework.pdf
URL https://aws.amazon.com/architecture/well-architected/

📖 クラウドコンピューティングのためのアーキテクチャ・ベストプラクティス
URL https://s3.amazonaws.com/awsmedia/jp/wp/
AWS_WP_Cloud_BestPractices_JP_v20110531.pdf

AWSでは、公式のトレーニングが充実しています。オンライン・オフライン の講座形式で、役割別・レベル別にそれぞれのカリキュラムが用意されています。SysOpsアドミニストレーターのラーニングパスとしては、次の3つがあります。

○ **AWS Technical Essentials**
○ **Systems Operations on AWS**
○ **Exam Readiness: SysOps Administrator − Associate**

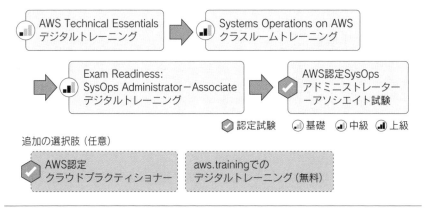

❏ SysOpsアドミニストレーターのラーニングパス

Exam Readinessは試験ガイドの動画版のようなコンテンツで、無料で受講できます。展開セキュリティ・AWSサービスを使用した開発・リファクタリング・モニタリングとトラブルシューティング、それに試験範囲の分野ごとにポイントの解説がされています。2時間と短いコンテンツで、最初に見ておくと効率的な学習ができるのでお勧めです。また、より上位のDevOpsエンジニア−プロフェッショナルを目指すのであれば、Advanced Developing on AWSなどがあります。

📖 SysOpsのトレーニング
`URL` https://aws.amazon.com/jp/training/learn-about/operations/

📖 トレーニングと認定

`URL` https://aws.amazon.com/jp/training/

　このすべてのトレーニングが受けられるなら、AWSの基礎知識向上として
も試験対策としても万全です。しかし講座を受けるための時間や費用の負担は
小さくありません。そこで本書では、独習を中心に学習を進める手引きを紹介
していきます。

実機での学習：ハンズオン（チュートリアルとAWS Skill Builder）

　AWSのスキルは、ドキュメントを読むだけでは習得できません。実際に
AWSをWebコンソールやCLI（Command Line Interface）プログラムから呼び
出して使ってみることが必須です。そのために、ハンズオン形式でのトレーニ
ングが有効です。**ハンズオン**とは、用意されたカリキュラムに沿って手を動か
しながら学んでいく手法です。

　AWSでは、多くのサービスについて**チュートリアル**が用意されています。指
示に従ってAWSを操作すると、サービスを起動・操作できます。10分程度で完
了するものが多く、短い時間で学習できます。実際に動かしてみることにより、
サービスへの理解度は格段に向上します。新しいサービスを利用する際は、時
間の許す限り、チュートリアルを実施してみましょう。

📖 10分間チュートリアル

`URL` https://aws.amazon.com/jp/getting-started/hands-on/

　学習方法として、実機でのハンズオンはお勧めです。一方でAWSを利用する
と、その分の費用が発生します。また、その前にAWSのアカウント開設なども
必要です。

　またAWSでは、手軽に自習ができるように **AWS Skill Builder** というもの
が用意されています。

📖 AWS Skill Builderの紹介

`URL` https://explore.skillbuilder.aws/pages/16/learner-dashboard

　AWS Skill Builder以外にも、ハンズオンのコンテンツが用意されています。
AWS Hands-on for Beginnersとして、基礎的なコースが用意されています。

CloudFormationやスケーラブルWebサイト構築編や監視編のコンテンツなどが、SysOpsアドミニストレーターの試験範囲と重なる部分が大きいです。

📖 AWSハンズオン資料

`URL` https://aws.amazon.com/jp/aws-jp-introduction/aws-jp-webinar-hands-on/

AWS関連書籍

SysOpsアドミニストレーターの試験に合格するには、AWSの各サービスとアーキテクチャの考え方に習熟していることが必須です。AWSを解説している書籍は、そのあたりをバランスよくまとめているものが多いです。手前味噌ですが、筆者が執筆したAWS書籍のうち『Amazon Web Servicesパターン別構築・運用ガイド』『Amazon Web Services業務システム設計・移行ガイド』（SBクリエイティブ刊）の2冊は、各サービスとアーキテクチャの考えを中心に解説しています。参考書としてぜひ活用してください。

サンプル問題・模擬試験

最後にサンプル問題と模擬試験の紹介です。試験ガイドのページ[†1]から無料のサンプル問題を入手できます。また、AWS Skill Builderから無料で模擬試験を受けることができます。試験直前に腕試しとして受けるよりは、試験勉強を始める際に最初に受けて、試験で問われることや自分が苦手とする分野を把握しておくことをお勧めします。

---

†1　https://aws.amazon.com/jp/certification/certified-sysops-admin-associate/

1-3

学習の進め方

　AWSには多くのサービスと膨大な機能があります。また日々、サービス・機能のアップデートが行われています。そのため、1人の人間がすべてを理解するのは現実的に不可能です。また、まずは試験に合格するという目標であるならば、効率的に学習することが重要になります。

SysOpsアドミニストレーター－アソシエイト 合格へのチュートリアル

　SysOpsアドミニストレーター－アソシエイト試験合格へのチュートリアルは次のようになります。

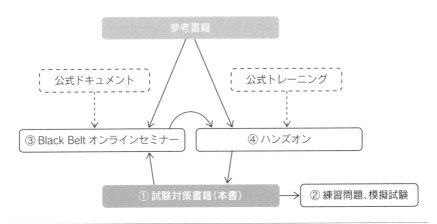

❏ SysOpsアドミニストレーター－アソシエイト試験合格へのチュートリアル

　まずは試験対策書籍である本書を読み込んでください。本書の構成として、試験ガイドの分野に沿った形で対応するサービスを散りばめています。第2章から第7章までが分野ごとの解説です。分野別の各章では、利用用途ごとに分類してサービスの説明をしています。

　次に第8章がAWSのアーキテクチャの考え方です。回復性・信頼性・拡張性

などの観点ごとにAWSのアーキテクチャの解説をしています。

最後の第9章が問題の解き方です。問題文の読み方・解き方を説明します。総仕上げとして模擬試験も用意しています。AWSの知識と考え方が身に付いているかを確認してください。

サービス対策

すべての基礎となるのが、まずAWSのサービスを正しく把握することです。2022年5月現在でAWSのサービスは200以上あります。いきなりこれをすべて覚えるのは難しいでしょう。しかしAWSのサービスといえども、それぞれのサービスが独立して作られているわけではありません。基本となるサービスの上に、組み合わせとなって新しいサービスができ上がっています。そういった意味で、基本的なサービスの機能・挙動を正しく把握することが非常に重要です。どれが基本的なサービスにあたるかについては、次節の「重点学習ポイント」の項で紹介します。

サービスを理解するためには、まず本書の第2章から第7章までの解説を読みましょう。理解が不十分であったり、詳細についてさらに調べたければ、対応するBlack Beltシリーズを読んだ上でハンズオンを実施しましょう。AWSの公式ドキュメントについては、その後に読んだほうが効率的です。

また、よくある質問（FAQ）やトラブルシューティングを読むことも非常に有益です。FAQには、それぞれの機能についての簡潔な説明と、利用する上で実際に出てくる疑問点が載っています。またトラブルシューティングには、実際の利用者がつまづきやすいポイントが集められています。試験直前の復習にも最適なので、ぜひ活用してください。

📖 よくある質問

URL https://aws.amazon.com/jp/faqs/

📖 トラブルシューティングリソース

URL https://docs.aws.amazon.com/ja_jp/awssupport/latest/user/troubleshooting.html

アーキテクチャ対策

　アーキテクチャ対策は、AWSが考えるベストプラクティスを知ることから始まります。前述のAWS Well-Architectedフレームワーク（AWSによる優れた設計のフレームワーク）というドキュメントには、運用・セキュリティ・信頼性・パフォーマンス・コスト・持続可能性という6つの観点から、どういうアーキテクチャであるべきかが書かれています。またここには、AWSのサービスを使ってどのように実現すべきかも書かれています。

　アーキテクチャを検討する上で重要なのは、6つの観点の何を優先すべきかです。優先順位は組織・局面によって変わってきます。すべてを両立することができない場合もあります。そのため、SysOpsアドミニストレーターの試験もアーキテクチャを問う場合は、何を優先すべきかが問題文に書かれています。試験に合格するためには、その観点に沿って検討する習慣づけが必要になります。

1

AWS認定試験

1-4

何に重きを置いて学習すべきか

　AWSには200を超えるサービスがあり、すべてのサービスを短時間で理解するのは困難です。筆者のお勧めの学習方法は、まずはAWSにおけるコアサービスを使いこなせるレベルを目指すことです。ここで言うコアサービスは、AWSのサービス間に優劣があるという意味ではなく、様々なシーン・アーキテクチャで登場するサービスという意味です。このコアサービスを理解することで、設計の幅が広がりますし、それ以外のサービスを学ぶのも効率的になります。なお、ここでのコアサービスはAWSが公式に定義したものではなく、筆者がこれまでの経験と試験範囲を鑑みて独自に定義したものです。

　SysOpsアドミニストレーター試験でもコアサービスのことは多く問われるので、これらのサービスの特徴や、利用するときに意識すべきことを理解していきましょう。本節では試験を受ける上で筆者が重要だと考える考え方とAWSサービス群を紹介します。

重点学習ポイント

　重点学習ポイントを確認する前に、まず公式の試験ガイドに記載されている推奨されるAWSの知識の抜粋を確認してみましょう。

SysOpsアドミニストレーター試験で推奨されるAWSの知識

- ○ AWS Well-ArchitectedフレームワークにもとづいたAWSワークロードをサポートおよび保守する
- ○ AWSマネジメントコンソールとAWS CLIを使用してオペレーションを実行する
- ○ コンプライアンス要件を満たすセキュリティコントロールを実装する
- ○ システムのモニタリング、ロギング、およびトラブルシューティングを行う
- ○ ビジネス継続性と災害対策の手順を実行する
- ○ ネットワークの概念に関する知識（例：DNS、TCP/IP、ファイアウォールなど）

○ アーキテクチャの要件を実装する能力（例：高可用性、パフォーマンス、キャパシティなど）

どのような観点で学習していくのか

求められる知識は多岐にわたりますが、大きく4つに分類できます。

1. AWSサービスを理解し、ベストプラクティスにもとづいて扱える能力
2. ネットワークやセキュリティに関する基本的な知識
3. システムの監視運用に関する知識と実践能力
4. 2と3の全般をAWSを利用して実施する能力

まずAWSの認定試験なので、大前提としてAWSの設計の考え方をしっかりと理解しておく必要があります。AWSの設計の考え方は、Well Architectedフレームワークの6つの柱としてまとめられています。

○ オペレーショナルエクセレンスの柱
○ セキュリティの柱
○ 信頼性の柱
○ パフォーマンス効率の柱
○ コスト最適化の柱
○ 持続可能性の柱

この6つの中で、SysOpsアドミニストレーター試験では、オペレーショナルエクセレンスの柱が特に重要です。しかしそれだけでなく、セキュリティや信頼性、コスト最適化なども密接に関わってきます。アソシエイトレベルにもかかわらず、SysOpsアドミニストレーター試験は対象となる領域が広いということをまず認識しておいてください。

その上でSysOpsアドミニストレーター試験は、AWS上に構築されたシステムの運用に関する知見を問われる試験です。運用観点の中には、たとえばEC2で構築されたシステムが安定的に動くようにAuto ScalingやELBでどう可用性を担保するのかといった観点があります。また当然ながら、稼働状況を正確に把握するために、モニタリングの考え方・設定も必要になります。AWSではこの部分は主にCloudWatchが中心になりますが、変更履歴の把握のためにConfigやCloudTrailで何ができるかということも把握しておく必要があります。

また意外に思えるほどネットワークやセキュリティに関する事項が問われます。運用においては、それらの事項が重要になるからです。とは言え、専門知識レベルである「AWS認定高度なネットワーキング－専門知識」や、「AWS認定セキュリティ－専門知識」ほど深い内容は問われません。ネットワークであれば、VPCを中心にどういった経路で通信するのか、インターネットゲートウェイ（IG）やVPNゲートウェイ、VPNエンドポイントなどの機能と使い方・使い道をしっかり把握しておきましょう。

重点学習サービス

　これまで、学習時に意識するポイントについては整理してきました。続いて、数あるAWSサービスの中から特に重点的に学びたいコアサービスについて筆者の考えを述べます。大きく下記の3つのサービスに分類しています。

○　最重要サービス
○　重要サービス
○　その他のサービス

　SysOpsアドミニストレーター試験は運用に関することが問われます。一口に運用と言っても多岐にわたりますが、すべての局面に利用されるであろうサービスを重要なサービスと位置づけています。また、学習を始めるにあたり、先に理解すると他のサービスも理解しやすくなるサービスについても重要なものとしています。そのため、その他のサービスに割り当てられているから重要でない、というわけではなく、あくまで学ぶ優先順を示している指標だと理解してください。

最重要サービス

＊EC2（＋ EBS ＋ EFS）
　アーキテクチャを検討する際に必ず登場するのがEC2です。Webサーバーやバッチサーバーなど様々な役割を担うため、それに応じて最適な設計をする必要があります。ディスク領域としてEBSを使うことになるので、一緒に理解を深めるとよいでしょう。
　ソリューションアーキテクトの試験であれば、EC2を使ってどのようにシ

ステムを構築するかが重要でしたが、SysOps アドミニストレーターでは、バックアップをどうするかや、稼働状況をどう監視するかが重要になってきます。EC2 や EBS、EFS も、それらの観点での機能をチェックしておきましょう。

✳ ELB (＋ Auto Scaling)

EC2 を Web サーバーのレイヤーで使う際に、負荷分散の役割をするのが ELB です。AWS のベストプラクティスに沿って設計する場合は、漏れなく ELB が登場すると言っても過言ではありません。また、動的にサーバーの数を増減させる Auto Scaling も、コスト最適化や可用性向上という意味で非常に重要なサービスです。

運用の観点では、いかに安定して Web サーバーを動かすかというのが重要です。ぜひ可用性の観点でシステムを確認してみてください。また、ELB も Auto Scaling も実際に手を動かすことで理解が深まるので、手元に AWS アカウントがある方は環境を作ってみてください。

✳ Amazon Simple Storage Service (Amazon S3)

オブジェクトストレージサービスである Amazon Simple Storage Service (Amazon S3) は、アーキテクチャの中核を担うサービスです。ファイルが置かれたことをトリガーに後続の処理が動いたり、他のシステムとのファイル連携に利用したり、あるいはサーバーのログの定期的な退避先に使われたりとユースケースが非常に多いサービスです。そのため、他のサービスと一緒に使うパターンを問われる可能性があります。典型的な利用例、その際に考慮することを押さえておきましょう。

✳ AWS CloudFormation

SysOps アドミニストレーターの試験は、システムの安定した運用について重点的に問われます。デプロイする際に重要なのが、自動化や再現性です。AWS CloudFormation は、AWS のリソースをテンプレートで管理するサービスで、インフラストラクチャをコードで管理する Infrastructure as Code (IaC) の AWS における実現方法です。試験対策としては、CloudFormation で管理すべき領域がどこであるかを押さえておくことが重要です。

✳ AWS Backupおよびサービスごとのバックアップ方法

　バックアップおよびリストアは、運用業務の中で重要なものの1つです。試験の分野として独立こそしていないものの、展開とプロビジョニングやストレージとデータの管理など、複数の分野でバックアップとリストアの手法を問われます。

　AWSには複数のサービスのバックアップを管理するAWS Backupと、それぞれのサービスごとの個別のバックアップ手法があります。SysOpsアドミニストレーターでは、EC2のAMI、RDSやAuroraのバックアップやリカバリー手法、EBSのスナップショットの仕組みをそれぞれ把握しておきましょう。その上で、AWS Backupが、どのサービスにどのように対応し、使われているのかを覚えておきましょう。

✳ Amazon CloudWatch

　システムを運用するにあたって、正常に動いているかどうかを把握するのは非常に重要です。事実、試験の6つの分野のうちモニタリング、ロギング、および修復は全体の20%と一番割合が高くなっています。

　AWSにおけるモニタリングの中核となるサービスはAmazon CloudWatchです。CloudWatchは、AWSリソースの状態や各種ログの監視を行うサービスで、これと連携して多くのシステムが動作します。AWSのシステムをどのようにモニタリングするのか、その手法の詳細まで把握しておく必要があります。

▌重要サービス

　続いて重要度が比較的高いサービス群を紹介します。

✳ AWS Key Management Service (KMS)

　AWS Key Management Service（KMS）は、セキュリティのための暗号化キーの作成・管理をするためのサービスです。運用においてセキュリティは非常に重要な要素です。セキュリティ要件が高いシステムでは、データやパラメータをいかに秘匿して管理するかが重要になります。AWSでは、様々なサービスとKMSを組み合わせ、データの暗号化を行います。KMSを学ぶ際は、そのKMSの操作権限を管理するIAMとセットで利用パターンを学んでいきましょう。

✳ AWS Identity and Access Management（IAM）

　AWSを利用する際には、AWSに対する認証・認可のサービスであるAWS Identity and Access Management（IAM）の理解が重要です。EC2やRDS、あるいはAPI GatewayやLambdaと較べると、システムとして直接的な動きをするわけではありません。しかし、AWSのサービスを動かす上では、IAMは非常に重要な役割を果たします。特に、AWSシステムの運用では、適切なIAMロールを付与することが非常に大切です。

　またIAMの機能や考え方を理解せずにAWSを使うと、重大なセキュリティ事故に繋がってしまいます。どのように権限ポリシーを作成し、どのようにユーザーに権限を紐付けるか。アカウント全体として権限設計の方針はどうするのがよいのか。また、ユーザーではなくAWSリソースに権限を与えるにはどのような方法があり、どうするのがセキュアなのか。これらの問いにしっかり答えられるようにしましょう。

✳ Amazon Virtual Private Cloud（VPC）

　Amazon Virtual Private Cloud（VPC）は、AWSにおけるネットワークのコアサービスです。IAMと同様、派手なサービスではありませんが、VPCを理解していないとAWS上でのシステムの設計がほとんどできません。パブリックサブネットとプライベートサブネットを分けることでセキュリティ面の向上を図る点と、アベイラビリティゾーン（AZ）ごとにサブネットを作ることで可用性の向上を図る点は特に重要な考え方になります。目に見えにくいサービスなので苦手意識を持たれる方がいるかもしれませんが、そういう方はぜひ手元の環境でネットワーク環境を構築してみてください。一通り構築することで、自然と考え方を身に付けることができます。

その他のサービス

　それ以外にも、まだまだ学ぶべきサービスは多くあります。SysOpsアドミニストレーターはシステムの運用を主題とした試験です。運用する上では、状態を把握することが大切です。AWSには、様々な観点で状態を把握するためのサービスがあります。

　マネジメントコンソールやCLIからAWSの操作をした際のログを記録するAWS CloudTrailと、リソースの状態と変更を追跡するためのAWS Config

などが代表的です。また、リソースの利用状況をコスト・セキュリティ・パフォーマンスなど5つの観点から、AWSのベストプラクティスにもとづき診断するTrusted Advisorといったサービスもあります。これ以外にもいくつものサービスはありますが、まずはこのあたりから押さえていきましょう。

第2章
モニタリング、ロギング、修復

　この章ではAWSのモニタリングおよびロギングサービスを利用して、システムにメトリクスとアラームを作成し、管理する方法を学びます。メトリクスとはシステムの状態を把握するために定量化された指標のことで、EC2インスタンスのCPU使用率やELBのリクエスト数などが例として挙げられます。

　SysOpsアドミニストレーターーアソシエイト試験に臨むために、メトリクスによってシステムがどのような状態だと判断できるのか、メトリクスはどのように記録されるのか、どうやってアラームがトリガーされるのかを知る必要があります。また、メトリクスやアラームにもとづいてシステムを改善する知識も問われます。ボトルネックを修正する方法や、可用性・パフォーマンスを改善する方法について学習しましょう。

2-1

AWSのモニタリングおよび
ロギングサービスの概要

AWSのモニタリングおよびロギングサービスには次のものがあります。中でも最も重要なサービスはAmazon CloudWatchです。

❏ モニタリングおよびロギングサービス

モニタリング・ロギング対象	利用するAWSサービス
AWSリソースの使用状況	Amazon CloudWatch
AWSのAPI実行状況	AWS CloudTrail
AWSリソースの設定状況	AWS Config
AWSイベントの予定・状況	AWS Personal Health Dashboard

SysOpsアドミニストレーター－アソシエイト（SOA）試験ではCloudWatchの機能について特に理解が求められるため、個別のサービス紹介の前にCloudWatchの全体像を説明します。

CloudWatchはAWSにおけるメトリクスのリポジトリであり、作成されたAWSリソースは自動的にCloudWatchにメトリクスを送信（Push）します。Webサイトのページビュー数や、商品の購入金額といったアプリケーション独自のメトリクスも、APIを用いてCloudWatchに送信することで、ダッシュボードやアラームで利用可能となります。

収集されたメトリクスの統計をもとにアラームを設定し、メール通知やAuto Scaling（第3章で詳しく説明します）、Lambda関数をトリガーすることができます。

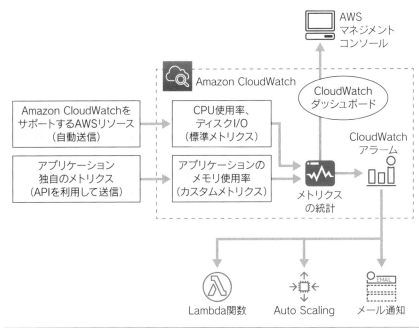

❏ CloudWatchのコンセプト

以下の節では、それぞれのサービスの機能について詳しく説明していきます。

2-2

Amazon CloudWatch

Amazon CloudWatchは、AWSから提供される大半のリソースの使用状況を監視できるサービスです。CloudWatchが収集・可視化・障害検知を行う対象データは以下に分類されます。

○ メトリクス
○ ログ
○ イベント

メトリクスの監視

メトリクスとは、AWSリソースの使用状況を収集し、数値化された時系列データセットのことです。たとえばEC2インスタンスの場合、CPU使用率・ディスクI/Oなどが標準メトリクスとして自動で収集されています。収集されたメトリクスはAWSのマネジメントコンソール、CLI、APIにより参照できます。

アプリケーションごとのメモリ使用率など、OSの内部で取得する必要があるデータは、CloudWatchエージェントを導入し、カスタムメトリクスとしてCloudWatchに収集することが可能です。CloudWatchエージェントによって、ディスク使用率やTCP接続の数などもデフォルトで収集されるため、より詳細な監視を行うためにはOSへの導入が必要となります。後述のログ収集にも用います。

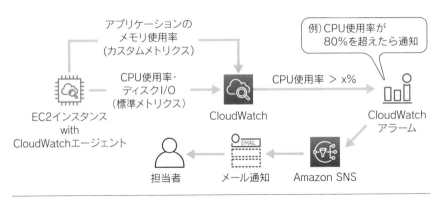

❏ CloudWatchメトリクス監視の流れ

　この図の例では、単に「CPU使用率が80％を超えたら通知」とありますが、CloudWatchアラームの設定を行うにあたっては、以下の項目を理解して設定する必要があります。

○ **統計**：メトリクスを指定の期間で集計した値。平均、最大、合計、90パーセンタイルなどから選択可能。

○ **期間**：統計を取得する時間の長さ。統計を「平均値」、期間を「1分」とした場合、1分間の平均値をデータポイント（監視のための時系列データ）として1分ごとに記録する。

○ **アラームを実行するデータポイント**：アラームが実行されるために、閾値超過が必要なデータポイントの数。「5/5」とした場合、5回連続で閾値を超過するとアラームが実行される。

　以下に、アラームの設定例の画面を示します。

❏ CloudWatchアラームの設定項目

実際にこのようにCloudWatchアラームを設定すると、「指定されたEC2イ
ンスタンスのCPU使用率の1分間の平均値が、5分内に5回80％を超えた場合
にアラームを実行」という動作になります。これらの設定により監視の間隔と
アラームの感度が決定されるため、運用開始後にチューニング（設定値の調整）
を行うことも多いでしょう。

　メトリクスのアラームは以下の状態を遷移します。

○ OK：定義した閾値を下回っている。
○ ALARM：定義した閾値を超えている。
○ INSUFFICIENT_DATA：アラームが開始直後であるか、メトリクスが利用できな
　いか、データが不足していてアラームの状態を判定できない。

　「OK」「ALARM」だけではなく「INSUFFICIENT_DATA」となる場合がある
ため、データ不足時に意図しない通知やアクションが実行されないよう気をつ
けましょう。欠落データを「閾値超え」「閾値内」のどちらのデータとして扱う
かを設定することで、意図したとおりのアラーム状態にすることができます。

　上記のアラーム例では、対象となるEC2インスタンスの**詳細モニタリング**を
有効にしていない場合、アラームの表示はINSUFFICIENT_DATAとなります。
EC2インスタンスはデフォルトの基本モニタリングでは5分間隔でデータが取
得されますが、アラームでは1分ごとのメトリクスを要求しており、データ不足
となるためです。

　詳細モニタリングはEC2インスタンスごとの個別オプション設定となり、1
分間隔でCloudWatchにデータ送信できるようになります。メトリクスの追加
料金がかかりますが、実用的なモニタリングを行うには有効化が必要なシーン
が多いでしょう。

ログの監視

　CloudWatchでログの監視を行うためには、**CloudWatch Logs**を利用しま
す。CloudWatch Logsは、ログの一元管理・検索・フィルター処理を行うサー
ビスです。Amazon API GatewayやAWS LambdaなどのAWSのマネージドサー
ビスは、標準でCloudWatch Logsにログを収集する機能を備えています。EC2
インスタンスにもCloudWatchエージェントを導入することでCloudWatch

Logs にログを収集することができるようになります。

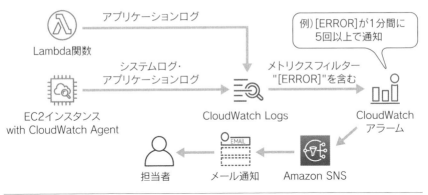

❑ CloudWatch Logs によるログ監視の流れ

CloudWatch Logs に収集したログは、**メトリクスフィルター**という機能でログのパターンマッチングを行い、メトリクスの値を増加させることができます。単純に [ERROR] の文字列がログに出現したときにメトリクスを増加させるといった監視以外にも、スペース区切りのログからフィールドを抽出し、条件演算子やワイルドカードを利用したパターンマッチングを行うことも可能です。

たとえば次のような指定ができます。

○ アプリケーションログに [ERROR] または [WARN] が発生したとき（OR条件）
○ アクセスログに記載された応答時間（ms）が5000（＝5秒）以上のとき（数値比較）
○ アクセスログに記載されたステータスコードが「404」かつリクエスト先が「*.html」のとき（AND条件、ワイルドカード）

イベントの監視

AWS リソースの変更を検出し、対応を自動化するためにはイベントの監視が必要です。**CloudWatch Events** は、AWS リソースの変更を伴うシステムイベントをトリガーとして、対応した AWS サービスによるアクションの実行を自動化できるサービスです。

AWS 利用者のオペレーションによって新たな AWS リソースが作成されたり、状態の変化が発生した場合に何らかのアクションを自動で実行したいといったときに役立ちます。

モニタリング、ロギング、修復

2

31

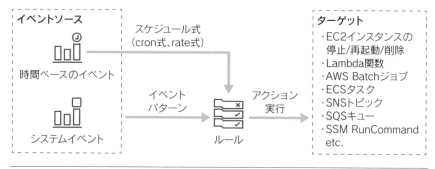

❏ CloudWatch Events によるイベント監視の流れ

　トリガーとなる**イベントソース**には、**時間ベースのイベント**（Time-Based）と、AWSリソースの**システムイベント**（Event-Based）の2種類があります。それぞれ以下のようなルールを作成してアクションの実行を自動化できます。

○ **時間ベースのイベントの例**：毎朝8:00に前日の業務レポートを作成し、メール送信を行うAWS Batchジョブを実行する。

○ **システムイベントの例**：EC2インスタンスが起動されるたびにセキュリティグループのルールを確認し、「0.0.0.0/0」のインバウンド通信が許可されていた場合は、EC2インスタンスを終了するLambda関数を実行する。

 練習問題1

　開発者が、Amazon EC2インスタンスフリート上で動作するアプリケーションを開発しています。このEC2インスタンスでは既に他のアプリケーションも実行されているため、開発中のアプリケーションが利用するメモリ使用率はOS全体の30％以内にする必要があります。

　アプリケーションのメモリ使用率をモニタリングするために開発者は何をすべきでしょうか。

　　A. CloudWatchの標準メトリクスを利用して、アプリケーションのメモリ使用率が30％を上回ったときに実行されるCloudWatchアラームを設定する。

　　B. CloudWatchの標準メトリクスを利用して、アプリケーションのメモリ使用率が30％を下回ったときに実行されるCloudWatchアラームを設定する。

　　C. CloudWatchのカスタムメトリクスを利用して、アプリケーションのメモリ使用率が30％を上回ったときに実行されるCloudWatchアラームを設定する。

D. CloudWatchのカスタムメトリクスを利用して、アプリケーションのメモリ使用率が30%を下回ったときに実行されるCloudWatchアラームを設定する。

解答は章末（P.46）

 練習問題2

開発者が、Amazon EC2インスタンスフリート上で動作するアプリケーションのパフォーマンスを追跡したいと考えています。アプリケーションのユーザー体験に影響を与えるパフォーマンスの低下を早急に検出するために、直近5分間の平均応答時間が閾値を上回ったとき、すぐに通知を受信したいと考えています。

これらの要件を満たすにはどうすればよいですか。

A. 応答時間をログファイルに書き込むようにアプリケーションを構成する。ログ収集デーモンによりログファイルをAmazon S3にバックアップする。Amazon Athenaによりログファイルをクエリできるようテーブルを作成する。5分ごとにクエリを実行し、直近5分間の応答時間の平均値が閾値を上回ったときにAmazon SNS通知を送信するcronジョブを作成する。

B. 応答時間をログファイルに書き込むようにアプリケーションを構成する。Amazon CloudWatchエージェントをインスタンスにインストールする。アプリケーションログをCloudWatch Logsに収集するようAmazon CloudWatchエージェントを構成する。ログから応答時間のメトリクスフィルターを作成し、応答時間メトリクスの1分間の平均値が閾値を5回連続で上回ったときにAmazon SNS通知を送信するCloudWatchアラームを作成する。

C. AWS SDKを利用して応答時間をCloudWatchのカスタムメトリクスに送信するようにアプリケーションを構成する。応答時間のメトリクスフィルターを作成し、応答時間メトリクスの1分間の平均値が閾値を5回連続で上回ったときにAmazon SNS通知を送信するCloudWatchアラームを作成する。

D. AWS SDKを利用して応答時間をAmazon DynamoDBテーブルに記録するようにアプリケーションを構成する。5分ごとに実行されるcronジョブを各インスタンス上で構成する。DynamoDBに記録された直近5分間の応答時間から平均応答時間を算出し、閾値を上回ったときにAmazon SNS通知を送信する。

解答は章末（P.46）

2

モニタリング、ロギング、修復

練習問題3

開発者が、WebアプリケーションにAmazon EC2 Auto Scalingを実装しています。EC2インスタンスの起動が失敗したときにログを記録し、メール通知を受信したいと考えています。

実行すべきステップの組み合わせは次のうちどれですか。(2つ選択)

A. Auto ScalingグループのCloudWatchメトリクスで、終了処理中のインスタンスの数が増加した際に実行されるCloudWatchアラームを作成する。

B. CloudWatch Eventsで、Auto ScalingのEC2インスタンスの起動失敗時のイベントパターンで実行されるルールを作成する。

C. Amazon SESをトリガーしてメール通知を送信する。

D. AWS Lambda関数をトリガーしてログを記録し、Amazon SNSトピックに通知をパブリッシュする。

解答は章末（P.46）

Column

Amazon EventBridge

Amazon EventBridgeは、CloudWatch Eventsから派生・独立したサービスで、AWSリソース以外の様々なデータとも接続できるようになったサーバーレスイベントバスです。CloudWatch EventsとEventBridgeは同じ基盤を利用しており、APIは共通ですが、EventBridgeはより多くの機能を提供します。

● AWSリソース以外のイベントソース／ターゲットを利用できる。
  ● ユーザー独自のアプリケーション
  ● SaaSアプリケーション
  ● マイクロサービス
● ルーティングを設定し、外部のAPIにWebhookを送信できる。
● スキーマレジストリにイベントのデータ構造を格納し、コードバインディングを生成することでアプリケーション開発の生産性を高めることができる。

CloudWatch EventsとEventBridgeのそれぞれで作成したルールは両方のコンソールに表示されますが、EventBridgeに追加された新機能はCloudWatch Eventsに追加されないため、今後はEventBridgeを利用する機会が多くなっていくと考えられます。

2-3

AWS CloudTrail

AWS CloudTrail は、AWS の API 利用状況に関するログを記録することができるサービスです。CloudTrail は、AWS の API 利用に関して詳細な分析を必要とする以下のような問題の解決に役立ちます。

○ 特定のインスタンスをシャットダウンしたユーザーを特定する。
○ セキュリティグループの設定を変更したユーザーを特定する。
○ 社外の IP アドレスから受信した API 利用の有無を調べる。
○ アクセス権がないために拒否された API のリクエスト詳細を調べる。

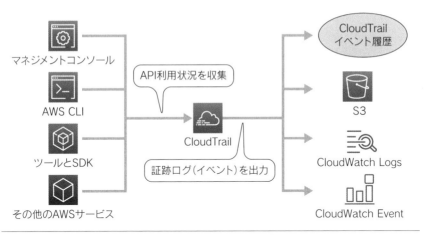

❏ CloudTrail による API 利用状況の収集と証跡ログの出力

CloudTrail により、AWS マネジメントコンソール、CLI、SDK や他の AWS サービスからの API の利用状況が自動的に記録されます。この「記録＝証跡 (Trail)」を分析することで AWS の API 利用に関する問題解決が可能となります。

通常は、CloudTrail の**イベント履歴**機能により証跡ログの検索・表示を行いログを分析しますが、S3 や CloudWatch など他のサービスに連携することでログの一元管理や監視、自動化といった方法で運用上の高度な問題解決を行うこ

とができます。

○ S3バケットに証跡ログを保存し、複数のリージョンの証跡を一元管理・バックアップする。

○ CloudWatch Logsに証跡ログを送信し、メトリクスフィルターによりログイベントを監視する。

○ CloudWatch EventsにCloudTrailの証跡イベントによってトリガーされるルールを設定し、AWSリソースの変更に対するアクションを自動実行する。

 ## 練習問題4

開発者が、WebアプリケーションにAmazon S3バケットへのファイル保存機能を実装しています。Webアプリケーションがファイルを保存する際に、Amazon S3が内部エラー（Internal Error）を応答した場合、自動的に通知を受け取りたいと考えています。通知を受け取る方法として間違っているものは次のうちどれですか。

A. CloudTrailイベント履歴を検索し、証跡ログの内容にS3の内部エラーが含まれているかを確認し、内部エラーが含まれていた場合にAmazon SNSトピックに通知をパブリッシュする。

B. CloudTrailの証跡が保存されているAmazon S3バケットのイベント通知により、AWS Lambda関数にCloudTrailの証跡オブジェクト作成イベントを通知する。トリガーされたLambda関数により証跡ログの内容にS3の内部エラーが含まれているかを確認し、内部エラーが含まれていた場合にAmazon SNSトピックに通知をパブリッシュする。

C. CloudWatch Logsに証跡ログを送信し、メトリクスフィルターにより証跡ログの内容にS3の内部エラーが含まれていた場合にAmazon SNSトピックに通知をパブリッシュするCloudWatchアラームを作成する。

D. CloudWatch Eventsに、CloudTrailの証跡イベントにS3の内部エラーが含まれていた場合にトリガーされるイベントルールを設定し、ターゲットとしてAmazon SNSトピックを指定する。

解答は章末（P.47）

2-4

AWS Config

　AWS ConfigはAWSリソースの設定を記録して評価するサービスです。Configで取得できる設定変更履歴はCloudTrailの証跡を調べることでも把握できますが、CloudTrailではAWSのすべての操作が記録された大量のログを分析する必要があります。それに対してConfigは、AWSリソースの設定変更に特化して時系列順にすばやく変更を確認ができる点で、トラブルシューティングやセキュリティ調査のときに役立ちます。

　また、AWSリソースの設定を継続的にモニタリングして記録・評価しているため、設定変更が生じた際にAmazon SNS通知をトリガーしたり、コンプライアンス準拠状況をレポートできます。

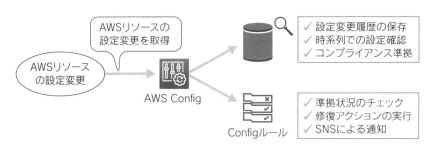

□ AWS Configの動作の概要

AWS Configルール

　AWS Configを利用してAWSリソースの設定内容を評価するために、AWS Configルールを作成して適切な設定内容を定義します。AWSによって事前定義されたマネージドルールを利用することも、独自の評価を行うカスタムルールを作成することもできます。

　ルールにもとづいて設定内容を評価するタイミングとして、以下のトリガータイプが存在します。

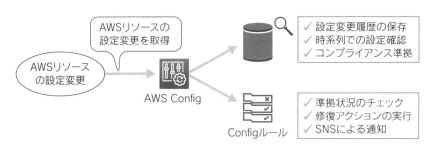
2
モニタリング、ロギング、修復

○ **設定変更**：ルールの範囲に該当するリソースで設定が変更されると、AWS Config によって評価がトリガーされます。

○ **定期的**：指定した間隔（24時間ごとなど）でAWS Configがルールの評価を実行 します。

　次の表に、セキュリティやガバナンスの観点から本番環境では有効化してお くことが望ましいマネージドルールをいくつか紹介します。すべてのマネージ ドルールの一覧はAWSのドキュメントを確認してください。

📖 AWS Configマネージドルール

URL https://docs.aws.amazon.com/ja_jp/config/latest/developerguide/ evaluate-config_use-managed-rules.html

❏ 有効化が推奨されるマネージドルール

マネージドルール	トリガータイプ	説明
cloudtrail-enabled	定期的	AWSアカウントでAWS CloudTrailが有効になっているかどうかを確認します
ec2-ebs-encryption-by-default	定期的	Amazon Elastic Block Store（EBS）暗号化がデフォルトで有効になっていることを確認します
ec2-instance-no-public-ip	設定変更	Amazon Elastic Compute Cloud（Amazon EC2）インスタンスにパブリックIPの関連付けがあるかどうかを確認します
iam-user-mfa-enabled	定期的	AWS Identity and Access Management（IAM）ユーザーの多要素認証（MFA）が有効になっているかどうかを確認します
s3-account-level-public-access-blocks	設定変更	S3のパブリックアクセスブロック設定がアカウントレベルから設定されているかどうかを確認します

　カスタムルールは、AWS Lambda関数により独自の評価を行います。事前定 義されたマネージドルールと違い、Lambda関数にコードを記述する必要があ ります。自由度の高い評価ルールを作ることができますが、実装の手間がかか るため、マネージドルールでは要件に合わない場合に利用を検討しましょう。

　Configルールによって定義した状態に準拠しないAWSリソースが見つかっ た場合、**修復アクション**を実行することで問題を修復できます。修復アクショ ンとしては、**AWS Systems Manager Automation** という自動化サービスに よって事前定義された運用タスクを実行できます。修復アクションの例として は次のような操作があります。

○ CloudTrailの証跡有効化

○ S3バケットの非公開化

○ EC2インスタンスの停止

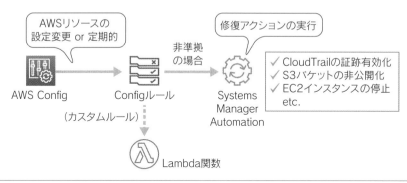

❑ AWS Config ルールの動作の概要

　修復アクションには、Amazonが公開している運用タスクを利用することも、独自に作成したものを実行することもできます。修復アクションとして利用可能な運用タスクは、AWS Systems Manager Automation ドキュメントに300以上（2022年5月時点）が公開されています（次の図を参照）。

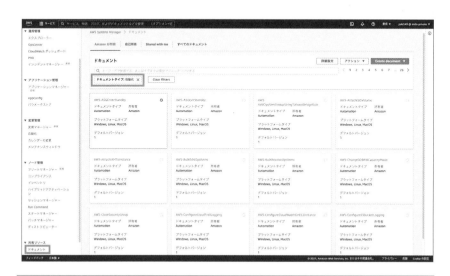

❑ 修復アクションに利用可能なAWS Systems Manager Automationドキュメントの確認画面

モニタリング、ロギング、修復

2-5

AWS Personal Health Dashboard

　AWS Personal Health Dashboardには、AWS利用者の環境に影響する
AWSイベントの通知やメンテナンスへの対処方法が表示されます。AWSマネ
ジメントコンソールからアクセスできます。

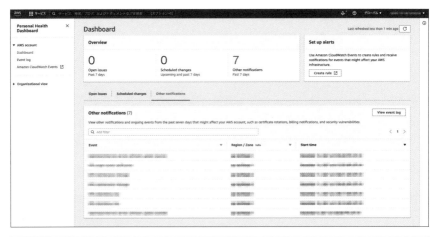

❑ AWS Personal Health Dashboard（AWSマネジメントコンソール）

　これらの通知のうち、AWSアカウントに固有のイベント（たとえば特定の
EC2インスタンスのメンテナンス）についてはCloudWatchイベントで通知を
受け取ることができますが、リージョン規模の障害といった公開イベントにつ
いてはCloudWatchイベントで通知を受け取ることはできません。公開イベン
トはService Health DashboardというWebページに表示されるため、RSS
のポーリングやAWSが提供するツール[†1]を利用して通知を受け取ることがで
きます。

---

† 1　https://github.com/aws/aws-health-tools/tree/master/shd-notifier

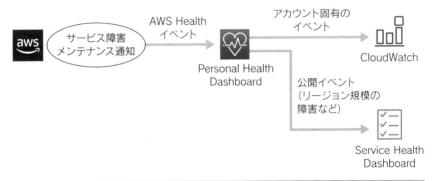

❏ AWS Personal Health Dashboardに表示されるAWSイベントの種類

AWS Personal Health DashboardにはEC2やRDSなど様々なサービスのイベントが表示されますが、AWSアカウント固有のイベントでは以下の情報が表示されます。同じ情報がAWSアカウント管理者のメールアドレスにも送信されます。

○ タイトル（例：EC2 instance reboot flexible maintenance scheduled）
○ サービス
○ ステータス
○ リージョン
○ カテゴリ
○ 影響を受けるリソース、イベントの説明

例に挙げたEC2インスタンスのメンテナンスの場合、対象のインスタンスを特定して、再起動を行うことでメンテナンスが完了します。期日までに対応しない場合はAWSが設定したタイミングで再起動が行われます。

本番環境のリソースがメンテナンス対象となった場合、AWSが設定したタイミングで再起動が行われるとシステムの稼働に影響する可能性があるため、AWS Personal Health Dashboardから運用担当者に通知がされるように設定しておくのがよいでしょう。

2

モニタリング、ロギング、修復

AWS Health Dashboard
· ·

　本章で解説したAWS Personal Health DashboardとService Health Dashboard
は2022年3月より **AWS Health Dashboard** に統合されています。統合される
前のService Health Dashboardはマネジメントコンソールの機能ではなく公開さ
れたWebページでしたが、AWS Health Dashboardのメニューの「サービスの状
態」から参照することができるようになっています。(このページ[†1]にはマネジメ
ントコンソールにログインしなくても引き続きアクセス可能となっています。)

> **AWS Health Dashboard** ✕
>
> ▼ **サービスの状態**
> 　未解決の問題と最近の問題
> **ステータス履歴**

❑ AWS Health Dashboardのサービスの状態メニュー
　（旧：Service Health Dashboardへのリンク）

　サービス名称の変更は本書で扱うSOA-C02試験の範囲に原稿執筆時点ではま
だ反映されていないため、AWS Personal Health Dashboardとして解説していま
すが、実務ではAWS Health Dashboardでサービスの状態とアカウントの状態の
両方を確認することができるようになっています。

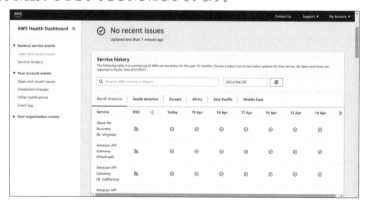

❑ AWS Health Dashboard

† 1　https://health.aws.amazon.com/health/status

2-6

モニタリングと可用性のメトリクスにもとづいて問題を修復する

SysOpsアドミニストレーター－アソシエイト試験では、運用中のシステムで発生した問題を修復するための対処方法についても出題されます。この章で説明したサービスの使い分けを踏まえて、具体的な検知方法と対処方法について、ここでは練習問題で見ていきましょう。

通知とアラームにもとづいてトラブルシューティングまたは是正措置を講じる

 練習問題5

ある企業が、Amazon EC2インスタンス上で本番用ワークロードを実行しています。SysOpsアドミニストレーターは、開発チームから「本番用EC2インスタンスが無応答状態となったため再起動してほしい」という依頼を度々受け、その都度手動でEC2インスタンスを再起動しています。この問題が発生する際、EC2インスタンスのCPU使用率が継続して100%になっていることを確認しました。

SysOpsアドミニストレーターは、本番用EC2インスタンスがCPU使用率100%により無応答になることの検知と、再起動作業を自動化したいと考えています。また、検知した際には通知を受信したいと考えています。

開発コストをかけずにこれらの要件を満たすには、どうすればよいですか。

  A. 各本番用のEC2インスタンスに対して、インスタンス別メトリクスのCPU使用率によりAmazon CloudWatchアラームを作成する。EC2インスタンスを再起動するよう、アラームアクションを設定する。Amazon Simple Notification Service (Amazon SNS) トピックにパブリッシュされるよう、アラーム通知を構成する。

  B. Amazon CloudWatch Events (Amazon EventBridge) により、各本番用EC2インスタンスのCPU使用率が100%となったときにAWS Lambda関数をトリガーするイベントルールを作成する。AWS Lambda関数により、EC2インスタンスの再起動と通知を行う。

43

C. AWS CloudTrailのログをAmazon CloudWatch Logsに連携し、メトリクスフィルターにより、各本番用EC2インスタンスのCPU使用率が100%となったことを検知するAmazon CloudWatchアラームを作成する。EC2インスタンスを再起動するよう、アラームアクションを設定する。Amazon Simple Notification Service（Amazon SNS）トピックにパブリッシュされるよう、アラーム通知を構成する。

D. AWS Configルールにより、定期的にEC2インスタンスのCPU使用率が100%でないことを確認するカスタムルールを作成する。CPU使用率が100%（非準拠）となった場合、AWS Systems Manager AutomationによりEC2インスタンスの再起動と通知を行う修正アクションを設定する。

解答は章末（P.47）

アクションをトリガーするようにAmazon CloudWatch Events（Amazon EventBridge）ルールを設定する

 練習問題6

ある企業が、Amazon EC2インスタンス上で複数の本番用ワークロードを実行しています。SysOpsアドミニストレーターは、本番用EC2インスタンスが誤って終了（削除）されることがないようにIAMの権限管理を適正化しており、もしEC2インスタンスが終了（削除）された場合は、どのIAMユーザー／ロールによって行われたのか、速やかに通知を受信したいと考えています。

これらの要件を満たすには、どうすればよいですか。

A. Amazon CloudWatch Events（Amazon EventBridge）により、「EC2 Instance State-change Notification」のイベントタイプで"state"："terminated"に一致するイベントパターンがAmazon Simple Notification Service（Amazon SNS）トピックにパブリッシュされるようにイベントルールを設定する。

B. Amazon CloudWatch Events（Amazon EventBridge）により、「AWS API Call via CloudTrail」のイベントタイプで"eventName"："TerminateInstances"に一致するイベントパターンがAmazon Simple Notification Service（Amazon SNS）トピックにパブリッシュされるようにイベントルールを設定する。

C. AWS CloudTrailのログをAmazon CloudWatch Logsに連携し、メトリクスフィルターにより、"eventName"："TerminateInstances"を検知するAmazon CloudWatchアラームを作成する。Amazon Simple Notification Service（Amazon SNS）トピックにパブリッシュされるようにアラーム通知を構成する。

D. AWS Configルールにより、定期的に各本番用EC2インスタンスの終了保護が設定されていることを確認するカスタムルールを作成する。非準拠となった場合、AWS Systems Manager Automationにより終了保護の設定と通知を行う修正アクションを設定する。

解答は章末（P.48）

Configルールにもとづいてアクションを実行する

 練習問題7

ある企業が、Amazon S3を利用して機密データを保管しています。開発チームは自由に新規S3バケットを作成することが可能です。SysOpsアドミニストレーターは、新規に作成されるS3バケットが誤って公開されることがないようにアカウントレベルのブロックパブリックアクセス設定を行いました。もしアカウントレベルのブロックパブリックアクセス設定が変更され、解除されたら速やかに修正したいと考えています。

これらの要件を満たすには、どうすればよいですか。

A. S3のブロックパブリックアクセス設定が変更されるタイミングで設定を評価するAWS Configルールのマネージドルール「s3-account-level-public-access-blocks」を設定する。修復アクションとして、AWS Systems Manager Automationドキュメント「AWSConfigRemediation-ConfigureS3PublicAccessBlock」を設定する。

B. 定期的にS3のブロックパブリックアクセス設定を評価するAWS Configルールのマネージドルール「s3-account-level-public-access-blocks-periodic」を設定する。修復アクションとして、AWS Systems Manager Automationドキュメント「AWSConfigRemediation-ConfigureS3PublicAccessBlock」を設定する。

解答は章末（P.48）

練習問題の解答

答え：C

　EC2インスタンスで複数のアプリケーションが実行されるため、新しいアプリケーションが利用するメモリ使用率をモニタリングするには、カスタムメトリクスとしてOS上のプロセス単位でメモリ使用率を収集する必要があります。標準メトリクスではメモリ使用率を収集できないので、A、Bは間違いとなります。

　問題文ではアプリケーションのメモリ使用率が30％を超えないことを要求しているので、30％を下回ったときに実行されるアラームを設定するDは間違っています。

答え：B

　問題では、パフォーマンスの低下を早急に検出し、すぐに通知を受信することが要件となっています。

　A、Dはcronジョブが5分ごとに実行され、都度集計を行うため検出・通知の即時性が低いことから選択肢から外すことができます。また5分ごとに平均応答時間を集計する場合、集計期間の前後の2～3分にわたって5分間の平均応答時間が閾値を上回るケースを見逃す可能性があります。デジタル信号処理における標本化定理と同様に、メトリクスは実際の監視間隔の2倍よりも高い解像度で取得する必要があることが知られています。

　Cは一見正しいようですが、メトリクスフィルターはCloudWatch Logsで利用できる機能のためカスタムメトリクスに適用するのは間違いです。そのため、CloudWatchエージェントでログを収集し、CloudWatch Logsからメトリクスフィルターを作成するBが正解となります。

答え：B、D

　Aについては、Auto ScalingグループのCloudWatchメトリクスで、終了処理中のインスタンスの数が増加するのは、スケールイン（インスタンス数の減少）の発生時にもあるため、間違っています。

　Cは、Amazon SESはメール送信サービスですが、アプリケーションからAPIやSMTPによるメール送信が必要となります。CloudWatchアラームやCloudWatch Eventsから直接トリガーすることはできないため、間違っています。

✓ 練習問題4の解答

答え：A

　問題文では「自動的に通知を受け取りたい」という要件があります。選択肢の中で、CloudTrailイベント履歴については手動でログの分析を行うための機能であり、自動的に通知を行う機能がありません。したがって間違っている選択肢はAとなります。

　この問題の解答では、B～Dのいずれの方法でも自動的に通知を行うことは可能ですが、実際の運用ではイベント発生のたびに各サービスの従量課金が発生するため、イベント発生の頻度や各サービスの利用コストを考慮した上で設計することが望ましいことを覚えておきましょう。

✓ 練習問題5の解答

答え：A

　Amazon EC2のインスタンス別メトリクスを利用したAmazon CloudWatchアラームでは、アラームアクションを使用することにより、Amazon EC2インスタンスを自動的に停止・削除・再起動・復旧できます。Amazon CloudWatchアラームのステータスによってAmazon Simple Notification Service（Amazon SNS）トピックにアラーム通知のメッセージを送ることもできます。

　Amazon CloudWatchアラームアクションによるEC2インスタンス操作の自動化は、インスタンス別メトリクスによりアラームを作成した場合のみ利用できる機能ですが、この機能を知らなくても、以下の理由から他の選択肢は除外できます。

B. Amazon CloudWatch Events（Amazon EventBridge）のイベントルールでは、Amazon EC2インスタンスのCPU使用率の変化を検知することはできません。Amazon CloudWatch Events（Amazon EventBridge）のイベントパターンにあるEC2インスタンスの状態変化（EC2 Instance State-change Notification）は、開始・停止・削除といったイベントが検知できます。また、問題文に「開発コストをかけずに」とあるため、コードの記述が必要なAWS Lambda関数を含むソリューションは選択肢から除外できます。

C. AWS CloudTrailはAWSのAPI利用を記録するサービスであるため、Amazon EC2インスタンスのCPU使用率の変化を検知することはできません。

D. AWS Configルールのカスタムルールを作成し、AWS Lambda関数により定期的にAmazon EC2インスタンスのCPU使用率を確認することは可能ですが、問題文に「開発コストをかけずに」とあるため、コードの記述が必要なAWS Lambda関数を含むソリューションは選択肢から除外できます。また、AWS Configは、本来AWSの設定を評価するサービスであるため、EC2インスタンスのCPU使用率という設定以外の要因で変動する値を評価することに違和感を持てるとよいでしょう。

✓ 練習問題6の解答

答え：B

「どのIAMユーザー／ロールによって行われたのか」を通知するにはCloudTrailのイベントが必要です。

A. 検知の条件は正しいですが、Amazon EC2状態変更イベントの内容として、「どのIAMユーザー／ロールによって行われたのか」が入っていないため、このまま通知しても要件を満たしません。（参考：https://docs.aws.amazon.com/ja_jp/AmazonCloudWatch/latest/events/EventTypes.html#ec2_event_type）

C. 検知の条件は正しいですが、Amazon CloudWatch LogsのメトリクスフィルターによりCloudWatchアラームを構成する場合、アラーム通知にはCloudWatch Logsのメッセージは含まれず、閾値を超過したことのみが通知されるので、「どのIAMユーザー／ロールによって行われたのか」が通知されません。

D. Configルールが定期的な評価であることから「速やかに通知を受信したい」という要件を満たさず、EC2インスタンスの終了保護を確認するだけでは終了（削除）されたことを確認するためには不十分です。終了保護を解除した後、インスタンスを終了する操作が連続して行われた場合に検知できません。

✓ 練習問題7の解答

答え：A

AWS Configルールのマネージドルールの評価タイミングは設定変更または定期的ですが、定期的の場合の評価間隔は最短で1時間のため、「速やかに修正したい」を満たすのは設定変更タイミングで評価されるConfigルールです。

第3章

信頼性と
ビジネス継続性

　この章では、信頼性を高めるための各種AWSサービスについて学習します。

　IPA（独立行政法人情報処理推進機構）によると、信頼性とは「指定された条件下で利用するとき、指定された達成水準を維持するソフトウェア製品の能力」となります。この信頼性はさらに分類されています。成熟性・障害許容性・回復性・信頼性標準適合性の4つです。つまり信頼性とは、障害に対して回避・維持・回復する能力になります。そのため、システムの信頼性はビジネスの継続性に非常に重要な要素となっています。

　第1節では障害を回避するために拡張性と伸縮性を高める方法を学び、続く第2節ではシステムを維持するために可用性と耐障害性を高める方法を学びます。最後の第3節では障害から回復するためにバックアップとリストアについて学びます。これらを通し、AWSを利用してシステムの信頼性を高めるための総合的な方法について解説していきます。

3-1

ユースケースに応じた
拡張性と伸縮性の実現

　システムの信頼性を高めるために拡張性と伸縮性が重要です。そこで、拡張性と伸縮性を実現するための例を各ユースケースに応じて説明していきます。

AWS Auto Scalingプランの作成と維持

Auto Scalingの概要

　Auto Scalingとは、様々な需要に合わせてAWSリソースを柔軟に増減（スケーリング）させるサービスです。Auto Scalingを利用しリソースをスケーリングすることで、システムの負荷が上がったときにリソース不足で利用できないというような障害を回避し可用性を高められます。

　Auto Scalingには次の3種類があります。

- AWS Auto Scaling
- Amazon EC2 Auto Scaling
- Application Auto Scaling

　それぞれの違いは次の2点です。

- スケーリングのオプション
- スケーリング対象

　これらををまとめたものが次の図になります。

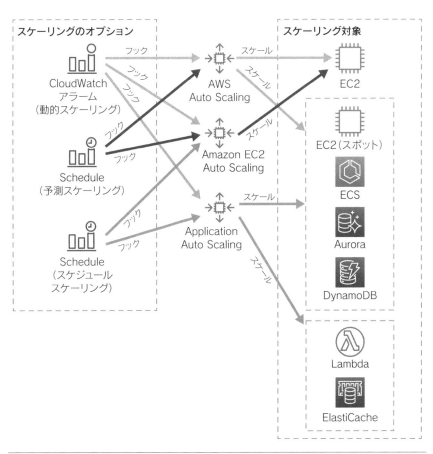

❏ AWSの各種Auto Scaling

AWS Auto Scalingは、Amazon EC2 Auto Scalingが発展的に拡張されたサービスです。サービスのスケーリングが可能であり、今後はAWS Auto Scalingを中心に利用するとよいでしょう。以降はAWS Auto Scalingについて説明します。

スケーリングのオプション

スケーリングのオプションとは、AWSリソースをどのような基準・方法で増減させるかの設定です。スケーリングのオプションは複数あり、それが次のようになります。

○ 手動スケーリング
○ スケジュールスケーリング
○ 動的スケーリング
　　○ 簡易スケーリング
　　○ ステップスケーリング
　　○ ターゲット追跡スケーリング
○ 予測スケーリング

　この中で、Auto Scalingでは動的スケーリングと予測スケーリングが関係するので、それらについて説明します。

　動的スケーリングとは、CloudWatchアラームをもとに動的にAuto Scalingグループの容量をスケールすることです。CloudWatchアラームとしては標準で用意されているEC2のCPU使用率、ネットワークインターフェイスへの送受信数、ALBのターゲットグループへのリクエスト数が利用できます。また、独自にカスタマイズしたメトリクスを利用することもできます。標準で用意されているアラーム定義以外を利用したい場合は、カスタムメトリクスを作ります。カスタムメトリクスの例としては、ALBへのリクエスト数やSQSのキュー数に応じたスケーリングなどがあります。

　動的スケーリングの中の**簡易スケーリング**は、CloudWatchメトリクスの閾値とスケーリング方法を設定し、閾値を超えると指定のスケーリングが実行されます。たとえば、CPU使用率が50％を超えるとEC2インスタンスを1つ追加するなどです。設定内容はシンプルですが、実行できることも少ないため、現在非推奨となっています。

　動的スケーリングの中の**ステップスケーリング**では、CloudWatchメトリクスの上限と下限、スケーリング方法のセットを複数設定でき、上限と下限の間になると指定のスケーリングが実行されます。たとえば、CPU使用率が60％から70％ならEC2インスタンスを1つ追加、70％から80％ならEC2インスタンスを2つ追加などが可能です。ただ、設定が少し複雑なことと、AWSとしては次に説明するターゲット追跡スケーリングを使うことを推奨しているため、より詳細にスケーリングをコントロールしたい場合に補助的に利用するという立ち位置になります。

　動的スケーリングの中の**ターゲット追跡スケーリング**とは、CloudWatchメトリクスで希望の値を設定し、その値になるように自動でスケーリングが行わ

れるものです。たとえば、CPU使用率の目標値が50%とすると、スケーリンググループ全体のCPU使用率が50%になるように、自動的にスケールアウト／スケールインの調整がされます。インスタンスを何台増やすなどの調整を自分でする必要がなく、設定項目が少ないというメリットがあります。

予測スケーリングでは、過去のCloudWatchのメトリクスを機械学習させてシステム負荷の動向を推測し、そのパターンに応じてスケーリングを行います。そのため予測スケーリングは、曜日や時間帯で負荷が繰り返されるパターンや、定期的なバッチ処理、データ分析を行うパターンなどに適しています。また、予測した結果でスケーリングされるのに不安を感じる場合は、予測だけを行うことも可能です。たとえば、まずは予測だけを実施し、その増減パターンを見て問題ないことを確認してからスケーリングが実施されるように切り替えることも可能です。

スケーリング対象がEC2であれば、まずはターゲット追跡スケーリングと予測スケーリングの利用がお勧めです。大まかなスケーリングは予測スケーリングで行い、細かい部分は負荷に応じてターゲット追跡スケーリングで行うようにすれば、様々な場面で対応できます。スケーリング対象がEC2以外の場合は予測スケーリングが利用できないため、ターゲット追跡スケーリングでスケーリングを行うことになります。

スケーリング対象

AWS Auto Scalingでスケール対象となるリソースは下記となります。

○ Amazon EC2 Auto Scalingグループ
○ Amazon EC2スポットフリートリクエスト
○ Amazon ECS
○ Amazon DynamoDB
○ Amazon Aurora

コンピューティングのEC2/ECS、データベースのDynamoDB/Auroraが揃っているため、基本的なリソースはカバーできています。そのため、コンピューティングとデータベースをスケーリングする場合は、AWS Auto Scalingを利用して統一的に制御できます。

ELBとの関係

Auto ScalingはよくELBと混同されがちです。セットで利用されることが多いため、役割の違いを意識せずに利用されるケースもあります。ELB（今回の例だとALB）とAuto Scalingの関係を表したのが次の図です。

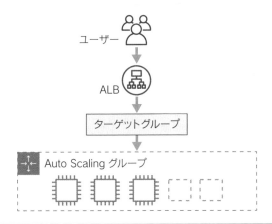

❏ Auto ScalingとALBとの関係

両者の違いについて見ていきましょう。ELBはユーザーからのアクセスに対してターゲットからの負荷を分散することが目的です。それに対してAuto Scalingは、そのターゲットに対してスケーリングを行うことが目的です。

ユーザーからELBにアクセスがきて、その接続をターゲットグループに流します。そのターゲットグループの向き先がグループ内のインスタンスに負荷分散されます。このとき、Auto Scalingをターゲットグループから設定していない場合、ターゲットの登録が手動になりスケーリングされませんが、登録したターゲットの負荷分散は行われます。

Auto Scalingのコンポーネント

スケーリングターゲットがEC2の場合、Auto Scalingのコンポーネントとしては次の3点があります。

- ○ Auto Scalingグループ
- ○ 起動テンプレート
- ○ スケーリングのオプション

この3つの関係性を示したものが次の図です。

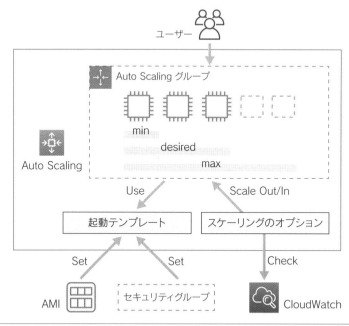

❏ Auto Scalingのコンポーネント

Auto Scalingグループは、スケーリングに関するインスタンスを管理する論理的なグループです。インスタンス数の最小・最大・希望の台数などが指定できます。

起動テンプレートは、Auto Scalingグループでスケールアウトが発生し、新たにインスタンスが作成となったときに、どのようなインスタンスを起動するかを事前に設定したものです。利用するAMIやインスタンスタイプ・セキュリティグループなどをパラメータとして指定します。起動テンプレートの前身に**起動設定**というものもありましたが、現在では利用を推奨されていません。

ライフサイクルフック

ライフサイクルフックとは、Auto Scalingグループでスケールアウト／スケールインが発生したときに、インスタンスが追加／削除される前に実行されるフックイベントのことです。ユースケースとしては次のようなものがあります。

信頼性とビジネス継続性

○ スケールイン時に、インスタンスが削除される前にアプリケーションで利用していたデータをS3にアップロードしたい
○ スケールイン時に、動画アップロード処理など時間がかかる処理が終わっていない場合に、処理が完了するまでスケールインを止めたい
○ 想定外のスケールアウト／スケールインが発生するため、障害調査をしたい

　基本的にインスタンス内にデータやステート情報を保持するステートフルなアプリケーションはAuto Scalingには向きません。しかし、インスタンス上のデータやステート情報を終了前に他のインスタンスへコピーすることがライフサイクルフックで可能になります。そのため、ライフサイクルフックを使ってAuto Scalingを利用するステートフルなアプリケーションも構築できます。

■ スケーリングクールダウンとウォームアップ

　スケーリングクールダウンとウォームアップは、それぞれAuto Scalingでスケーリングが実行された直後に再度スケーリングが実行されないようにする設定です。両者には細かい挙動の違いもありますが、大きな違いはスケーリングのオプションで、それぞれ次の関係となります。

○ **スケーリングクールダウン**：簡易スケーリング
○ **ウォームアップ**：ステップスケーリング／ターゲット追跡スケーリング

　スケーリングクールダウンは、簡易スケーリングが連続して行われないように、アラームが連続していても、スケーリング実行後に指定時間待機する設定ができます。

　ウォームアップは、メトリクスが急増したときに、連続した複数のアラームに対して余分にインスタンスの追加・削除をしないようにする設定で、その待機時間を設定できます。たとえば、次のようなスケーリング設定をして、ウォームアップ時間を300秒に設定します。

❏ スケーリング設定の例

CPU使用率	スケーリング設定
60%〜70%	インスタンスを1個追加
70%〜90%	インスタンスを3個追加

　まず、CPU使用率が65%になり、1つ目のスケーリングが実行され、インスタンスが1個追加されます。次に、ウォームアップ時間内の200秒の時点でCPU使用率が80%になると、スケーリング設定ではインスタンス3個が追加になりますが、既に1個追加されているので、3から1を引いた2個が追加されます。ちなみに、ウォームアップ時間を超えれば設定どおり3個追加になります。

キャッシングの実装

キャッシングの概要

　キャッシュとは、一時的にアクセスしたものを保存し、次回からその保存した場所にアクセスしてすばやく読み込めるようにする技術です。コンピューティングにおけるキャッシュは、高速にアクセスできるストレージのことで、以前に計算されたデータやオリジナルのストレージのデータをコピーしたものを保存して利用されます。キャッシュに保存することで、次回以降のデータアクセスは、オリジナルのストレージへアクセスするよりも高速になります。

　また、もしキャッシュを利用しない場合、データのアクセスがすべてオリジナルのストレージへのアクセスとなり、呼び出し量が増えると負荷が高まって悪影響が出る可能性もあります。オリジナルのストレージはデータベースであることが多く、負荷対策が取りにくくボトルネックになりやすいです。キャッシュを利用することにより、負荷を緩和してボトルネックを解消し、システム全体の性能を向上させやすい構造にできます。

　キャッシングが行えるAWSサービスには下記があります。

- ○ Amazon ElastiCache
- ○ Amazon DynamoDB Accelerator（DAX）
- ○ Amazon CloudFront
- ○ Amazon MemoryDB

　このうち本節では主にElastiCacheについて説明します。CloudFrontについては6-2節を参照してください。Amazon MemoryDBは試験の比重が低いので軽く触れる程度にしておきます。DAXについては割愛します。

ElastiCacheの概要

Amazon ElastiCache とは、Memcached または Redis プロトコルに準拠したインメモリデータベースサービスです。AWSがサーバーノードやクラスタを管理するマネージドサービスで、セッション管理やRDS、Auroraのデータのキャッシュによく利用されます。

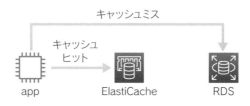

❏ ElastiCacheの概要

ElastiCacheのスケーリング

ElastiCache をプライマリインスタンスのみで運用すると、性能上限がインスタンスサイズで頭打ちとなり、性能向上が難しくなります。そのため、性能を増減させたい場合は、ElastiCache もクラスタ構成にすることをお勧めします。クラスタ構成にすると、ElastiCache はノードを増やすことでスケーリングできます。次の図はMemcachedの構成例です。

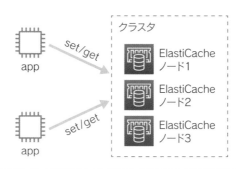

❏ Memcachedのスケール

Redisでは、次のような非同期でのリードレプリカが可能です。

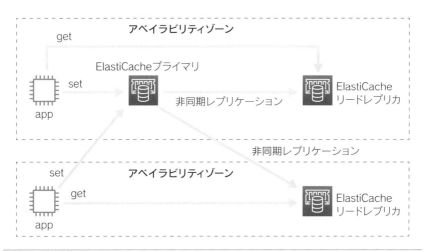

❏ Redisのスケール

プライマリインスタンスは1台のみの構成で、複数AZ（アベイラビリティゾーン）を利用する場合もプライマリインスタンスはどこか1つのAZに配置します。しかし、リードレプリカはAZをまたいで複数作成可能なので、AZ障害に対する耐性を向上させ、システム全体の可用性を向上させられます。

また、Redisの場合、ノードサイズの変更もできるので、CPU・メモリの増強によるスケールアップも可能です。これに対してMemcachedは、ノードサイズを変更する場合、新しく作る必要があります。

ElastiCacheの障害時の挙動

ElastiCacheのインスタンスで障害が起きると、MemcachedとRedisで挙動は変わりますが、基本的には自動でフェイルオーバーが起きノードの置き換えが発生します。

まずはMemcachedについてです。Memcachedではアプリケーションからノードへの接続はクラスタが自動で検出するため、1つのノードで障害が起こり置き換わっても、アプリケーションのクライアントからは適切に接続できます。自動検出機能は、クライアントにElastiCacheクラスタクライアントを利用していれば利用可能です。

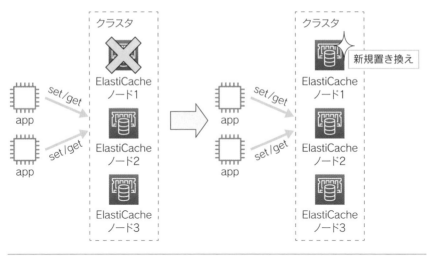

❑ ElastiCacheのプライマリのフェイルオーバー

　次にRedisについてですが、障害時の挙動としては障害対象がプライマリイ
ンスタンスかリードレプリカかで違ってきます。プライマリインスタンスの障
害時の動きは右ページの図のようになります。

　プライマリインスタンスは唯一書き込みができるインスタンスなので、プラ
イマリインスタンス障害時は書き込み処理が一時的にできなくなります。障害
発生後はリードレプリカから自動で選択されたものから昇格が行われ、プライ
マリインスタンスになります。これらの挙動はすべて自動で行われ、プライマ
リインスタンスのエンドポイントの切り替えは不要です。

　次にリードレプリカの障害時の動きは62ページの図のようになります。

　リードレプリカの障害時は読み込み動作をプライマリが請け負うため、影響
が出ません。ただし、新しいリードレプリカ起動時にその読み込み先をアプリ
ケーションから手動で切り替える必要がある点に注意が必要です。

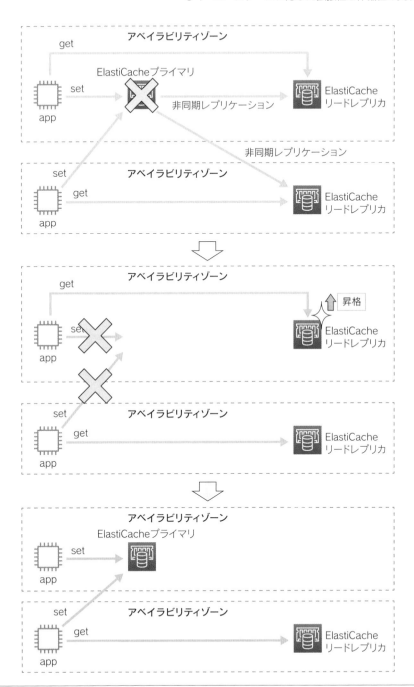

❏ ElastiCacheのプライマリのフェイルオーバー

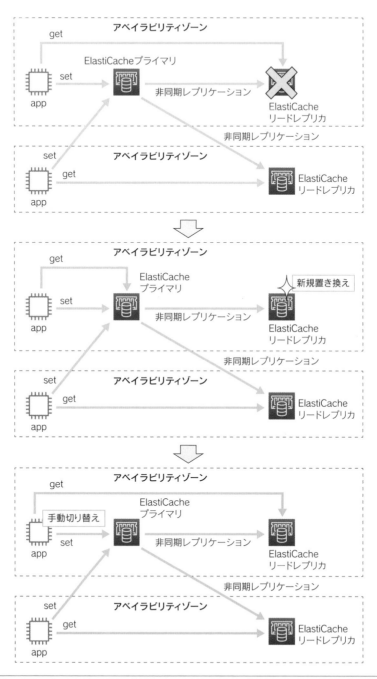

❏ ElastiCacheのリードレプリカのフェイルオーバー

ElastiCacheのモニタリング

ElastiCacheのモニタリングを行う場合、まずは下記を監視するとよいでしょう。このうち右側の3つのメトリクスはRedisにのみ存在します。

○ CPU使用率
○ Eviction（キャッシュメモリ不足起因
　のキャッシュアウト発生回数）
○ スワップ使用量

○ キャッシュヒット・ミス数
○ メモリ使用量
○ レプリケーション遅延時間

Amazon MemoryDBの概要

Amazon MemoryDBとは耐久性のあるインメモリデータベースサービスで、2022年5月現在、データベースエンジンはRedisのみ利用可能です。

今までAuroraとElastiCacheで運用していると、次の2つの課題がありました。

○ 同期性を維持するのにアプリケーションに追加コードが必要
○ AuroraとElastiCacheの両方への操作が必要で煩雑

MemoryDBは上記を解決するために開発されたものです。ElastiCacheとの主な違いは次の3点です。

○ データが永続化（耐久性）
○ 一貫性がある
○ 書き込み速度が遅い

それぞれにメリット・デメリットがあるので、それらを理解してサービスを選択する必要があります。ElastiCacheとMemoryDBを選択するケースとしては下記が想定されます。

○ **MemoryDB**
　○ マイクロ秒の読み取りと1桁のミリ秒の書き込みレイテンシーのパフォーマンスを提供する耐久性のあるデータベースを必要とするシステム
　○ Redisのデータ構造とAPIを使用するアプリケーションを耐久性のあるプライマリデータベースで構築したい
　○ 耐久性とパフォーマンスのためにデータベースの使用をキャッシュに置き換えることで、アプリケーションアーキテクチャを簡素化し、コストを削減したい

3

信頼性とビジネス継続性

○ ElastiCache
 ○ 既存のプライマリデータベースやデータストアで、データアクセスをマイクロ秒単位の読み書き性能が必要なキャッシュシステム
 ○ Redisのデータ構造とAPIを使用してプライマリデータベースやデータストアに格納されているデータにアクセスしたいが耐久性の必要性が低い場合

選択のポイントとしては、耐久性の有無と書き込み速度になるので、構築するシステムの要件から選択していきましょう。

Amazon RDSレプリカとAmazon Auroraレプリカの実装

RDSとAuroraの概要

Amazon RDSとは、インスタンスやスケーリングの管理をAWSが行うリレーショナルデータベースのマネージドサービスです。業界標準のリレーショナルデータベース向けに、費用対効果に優れた拡張機能を備え、一般的なデータベース管理タスクを管理します。RDSで利用可能なリレーショナルデータベースエンジンとしては、次のように多くの選択肢が用意されています。

○ Amazon Aurora   ○ MariaDB   ○ Oracle
○ MySQL   ○ PostgreSQL   ○ SQL Server

AuroraはRDSのデータベースエンジンの1つになり、MySQLおよびPostgreSQLと互換性のあるインターフェイスが提供されています。内部的な構造はAWSが独自に開発しています。また、パフォーマンスは、同一のコンピューティングリソースで標準的なMySQLと比べて最大5倍、標準的なPostgreSQLと比べて最大3倍の速度を達成しているとされています。

レプリカ

RDSとAuroraに書き込みと読み込みが可能なインスタンスをプライマリインスタンスと呼びます。Auroraのマルチマスターを除くとプライマリインスタンスは1個のみ存在します。このインスタンスに障害が起こるとシステムに影響が出てきてしまうため、非常に重要なインスタンスとなります。そのため、プ

ライマリインスタンスの障害をすばやく復旧させるのにレプリカが必要となります。RDSのレプリカにはスタンバイレプリカとリードレプリカの2種類があり、Auroraはリードレプリカのみになります。

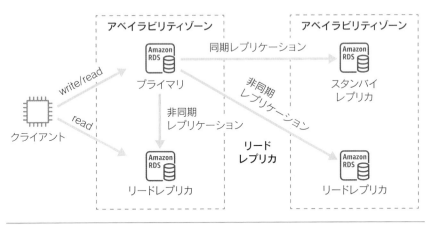

❏ RDSのレプリカ

リードレプリカとは、名前のとおり読み取り（read）のみ可能なレプリカで、プライマリインスタンスと違い書き込みができません。データのレプリケーションも非同期に行われるのでスタンバイレプリカに比べて簡単に増やせます。そのため、読み取りが多いユースケースでプライマリインスタンスへのアクセスをリードレプリカへ流してプライマリインスタンスの負荷軽減ができます。

また、プライマリインスタンスの障害時にリードレプリカをプライマリインスタンスに昇格させることができるため、ダウンタイムの軽減もできます。Auroraではこの作業が自動で行えますが、RDSの場合はクライアントから昇格したインスタンスへのトラフィックを手動で向ける作業が発生するので注意が必要です。

AuroraのリードレプリカはAWS Auto Scalingでオートスケーリングが可能で、次のメトリクスが利用可能です。

○ CPU使用率

○ 平均接続数

スタンバイレプリカはマルチAZにインスタンスをデプロイし、プライマリ障害時にフェイルオーバーすることで可用性と耐久性を上げることにより、信

3

信頼性とビジネス継続性

頼性を上げることができます。一方、リードレプリカは全体の読み込みスルー
プットを上げてパフォーマンスと耐久性が向上することにより、信頼性を上げ
ることができます。構築するシステムにおいて、どのように信頼性を上げるか
を考えてスタンバイレプリカとリードレプリカを利用していきましょう。

疎結合アーキテクチャの実装

疎結合の概要

　疎結合とは、各システム同士の結び付きが緩い関係のことを言います。一方
のシステムに障害や変更による影響が生じても他方に影響を与えることが少な
い関係となり、疎結合アーキテクチャをとることで拡張性が上がり、可用性が
高まります。

　また、障害の影響範囲のことをBlast radius（爆発半径）と呼び、Blast radius
を小さくすることが耐障害性の観点では重要になります。そしてその対策の1
つが疎結合アーキテクチャです。

Amazon SQSとは

　疎結合アーキテクチャを代表するAWSサービスの1つがAmazon SQS
（Simple Queue Service）です。Amazon SQSは、フルマネージドなメッセージ
キューイングサービスで、分散されたシステム間で非同期メッセージが行える
キューを提供します。

　主な利用方法としては、下図のようにプロデューサー（発行者）がSQSへメ
ッセージを送信して、コンシューマー（利用者）はSQSからメッセージを受信
し、処理を実行するという流れになります。ここでのコンシューマーとは、メッ
セージを取得して処理を行うアプリケーションのことで、EC2などで構築する
必要があります。

❏ SQSの基本

　SQSからコンシューマーという流れではなく、コンシューマーが取得の起点になっている部分が重要です。この構造によりコンシューマーはプロデューサーの処理が完了するまで待つ必要がなく、非同期で通信することが可能になります。重い処理などを実行したい場合、タスクを分割してSQSへキューを送信し、それを複数のコンシューマーが処理するようなスケーリングも可能になります。

❏ SQSのスケーリング

　コンシューマーのスケーリングはAWS Auto Scalingで可能です。次の図のようにキュー数などのメトリクスを取得し、その値をカスタムメトリクスとしてCloudWatchに入れるアプリケーションを作成することで可能になります。

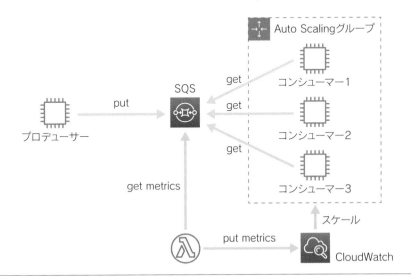

❏ Auto Scalingを使ったSQSのスケーリング

水平方向のスケーリングと垂直方向のスケーリングの区別

　可用性を上げる方法の1つとしてスケーリングがありますが、スケーリングには水平方向のスケーリングと垂直方向のスケーリングの2種類が存在します。

　垂直スケーリングとはCPUやメモリなどのリソースのスペックを変更する方法で、スペックを上げることをスケールアップ、スペックを下げることをスケールダウンと呼びます。リソースのスペックには上限があるので限界が存在し、かつ変更時に稼働中のシステムへの影響が発生してしまいます。

　水平スケーリングとはリソースの数を増減する方法で、増やすことをスケールアウト、減らすことをスケールインと呼びます。リソースの数は基本的には上限がありません。ただし、Auroraのリードレプリカなど、サービスクォータで制限があるリソースも存在します。また、スケーリング時はリソースの追加／削除になるので、稼働中のシステムへの影響はありません。

　水平スケーリングは、柔軟なリソース量の調整ができるため、まずはこちらを選択すべきです。ただし、ステートフルアプリケーションなどは水平スケーリングを利用できるシステム構成にできないため、垂直スケーリングを選択する必要があります。その場合、スケーリングの上限とシステムの運用への影響について認識しておく必要があります。

　たとえば、サーバー内にログイン情報などのセッション情報を持っている場合を考えます。もし、スケールインが起きるとどうなるでしょうか。スケールインが起こったサーバーにはセッション情報が入っていますが、その情報が失われてしまい、利用していたユーザーがログアウトされる影響が出てしまいます。

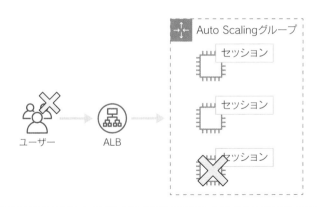

❏ ステートフル

　この場合の対処法としては、ステートフルになっているセッション情報をス
ケーリングの外にあるElastiCacheへ出してあげることが考えられます。これに
よりサーバーはステートレスとなるため、水平スケーリングが可能になります。

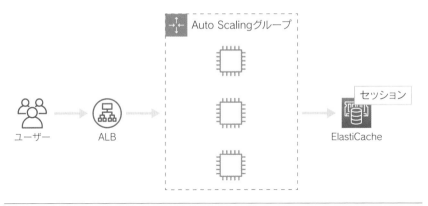

❏ ステートレス

3-1節のポイント

　この節では、拡張性と伸縮性を上げるAuto Scaling、キャッシュ、レプリカ、疎結合、垂直・水平スケーリングについて学習しました。最初に説明したAuto ScalingについてはSysOpsアドミニストレーター－アソシエイト試験でよく出題されるサービスになるので、しっかりと押さえておきましょう。また、他のElastiCache、RDS、SQSについてはAWSサービスの基礎となるようなサービスですので、試験の勉強をとおしてマスターしておくと様々な場面で活躍するでしょう。

 ## 練習問題1

　運用チームは、あるAuto Scalingグループのインスタンスが突然停止する現象を確認しました。インスタンスのログはCloudWatch Logsに出力されているので確認すると、あるファイルの挙動がおかしいことが確認されました。停止前のそのファイルの中身を確認したいのですが、どうすればよいでしょうか。

　A. SSMのRunCommandで対象のファイルをcatする処理を追加し、Event Bridgeで定期的に実行し確認する。

　B. Auto Scalingグループにライフサイクルフックを追加し、待機時間を設定する。その後、スケールインしたインスタンスに接続し、目的のファイルをダウンロードして確認する。

　C. インスタンスのcronに対象のファイルをcatする処理を追加し、定期的に実行する。

　D. 定期的にインスタンスにログインし、対象のファイルをダウンロードして確認する。

解答は章末（P.112）

3-2

高可用性と耐障害性のある環境の構築

　可用性とは、システムが使用できる状態を維持できる能力のことです。耐障害性とは、障害が起きてもシステムを維持できる能力のことで、フェイルソフト・フェイルセーフ・フールプルーフを含んだ総称になります。それぞれ障害時の方針が違い、フェイルソフトは稼働の継続を優先し性能の低下を許容することで、フェイルセーフは安全優先として稼働停止を許容することです。そしてフールプルーフとは、誤操作しても危険が起きない、もしくは誤操作できない設計にすることです。

　可用性と耐障害性は似ている概念のように思えますが、このように違います。ここでは、AWSにおける可用性と耐障害性の高い設計の仕方を学んでいきます。

ELBとRoute 53のヘルスチェックの設定

ELBの概要

　Elastic Load Balancing（ELB）とは、ターゲット（EC2インスタンス、コンテナ、IPアドレスなど）のトラフィックを自動分散させるフルマネージドな負荷分散サービスで、高い可用性、伸縮性を実現できます。名前の頭に「Elastic」とあるように、ELB自体も伸縮性が高く設計されており、負荷に応じてスケールアップやスケールアウトを行います。利用しているとELBのIPが変わることがありますが、それはELB自身がスケールアウトをしたためです。ELBは複数のAZへの負荷分散は可能ですが、リージョン間の負荷分散はできません。そのため、リージョンをまたぐ構成の場合は、Route 53やGlobal Accelerator、CloudFrontなど、別のサービスを利用して設計する必要があります。

ELBの種類

2022年5月現在、ELBは下記のとおり4種類あります。

○ Application Load Balancer（ALB） ○ Gateway Load Balancer（GWLB）
○ Network Load Balancer（NLB）   ○ Classic Load Balancer（CLB）

CLBは基本的にレガシー環境での利用となるため、これから利用するのであればALB、NLB、GWLBの3種類から選ぶことになります。ただし、試験ではCLBからALBやNLBへのリプレイスに関する問題も出てくるので、CLBについても押さえておく必要があります。また、GWLBもAWS re:Invent 2020で出たばかりのサービスなので、試験には出てこない可能性があります。

ELBのコンポーネント

ELBには下記コンポーネントが存在します。

○ ロードバランサー
○ リスナー
○ ターゲットグループ（CLBは存在しない）

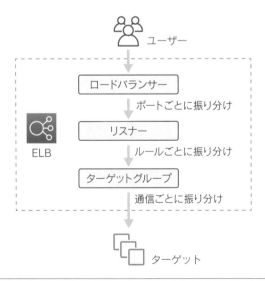

❏ ELBのコンポーネント

✴ ロードバランサー

ロードバランサーはDNSやVPC、セキュリティグループ、リスナーを管理している、ELBの主要なコンポーネントです。ELBには、一意なFQDN（Fully Qualified Domain Name）を使って接続し、まずロードバランサー機能により、接続されたプロトコルとポートによって各リスナーに振り分けます。

✴ リスナー

リスナーは、プロトコルとポート、ルールを管理しています。利用できるプロトコルは、次の表に示すように、ELBの種類によって大きく変わってきます。

❏ 各種ELBの対応プロトコル

ELBの種類	プロトコル
ALB	HTTP、HTTPS
NLB	TCP、UDP、TCP_UDP、TLS
GWLB	GENEVE
CLB	HTTP、HTTPS、TCP、SSL

DNS、SNMP、SyslogなどのUDPのサービスをロードバランシングしたい場合はNLBを利用します。また、HTTPSで受けるWebサービスをロードバランシングしたい場合はALBを選択することが考えられます。つまり、利用したいプロトコルによってELBのそれぞれのサービスを使い分けます。ALBの場合、証明書の管理サービスであるACM（AWS Certificate Manager）と連携できます。プロトコルにHTTPS、TLS、SSLを選択した場合は証明書が必須となるため、システム構築前に証明書発行の準備が必要となります。

リスナーにあるルールはALBが柔軟に設定でき、下記のようなルールが設定可能です。

○ ホストヘッダー

○ パス

○ HTTPヘッダー

○ HTTPリクエストメソッド

○ クエリ文字列

○ 送信元IP

3

信頼性とビジネス継続性

また、ルールに対するアクションも下記のように多くあり、様々なユースケースに対応できます。

○ ターゲットへ転送
○ リダイレクト
○ 固定レスポンス
○ Cognito認証（HTTPSのみ）
○ OIDC認証（HTTPSのみ）

ALBのみターゲットへ転送する際、複数のターゲットに対して重みを付けることができます。これを利用すれば、トラフィックの数パーセントを新しい環境へ流していくようなカナリアリリースが可能になります。

＊ ターゲットグループ

ターゲットグループは、ターゲットとヘルスチェックを管理しています。ターゲットに対してはグループ内で負荷分散してリクエストを行います。ターゲットには、ELBの種類にもよりますが、EC2、ECS、Lambda、IPなどが設定できます。また、NLBはALBもターゲットに設定できます。

ターゲットをIPに設定すると、設定したIPアドレスに対してELBから通信が行われます。その際は、ELBからネットワーク的に通信が可能なIPである必要があります。IPを利用すると、VPCピアリングしている他のVPCのインスタンスやAWS Direct Connectもしくはサイト間VPNで接続しているオンプレミスのサーバーも登録可能になります。設定可能なIPアドレスは下記のとおりです。

○ ターゲットグループのVPCサブネット
○ 10.0.0.0/8
○ 100.64.0.0/10
○ 172.16.0.0/12
○ 192.168.0.0/16

ELBのヘルスチェック

ヘルスチェックとは、ターゲットに対して設定したプロトコルでアクセスを行い正常にアクセスできるかをテストする操作です。ヘルスチェックに合格した正常なインスタンスにのみリクエストがルーティングされます。何らかの理由で異常になったインスタンスは不合格となり、リクエストが送られなくなります。

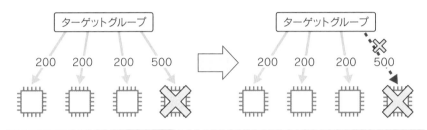

❏ ELBのヘルスチェック

ヘルスチェックは指定した間隔でリクエストを送り、指定回数失敗すれば異常と判断します。ただし、異常になっている間もヘルスチェックリクエストは送られ、指定回数合格すれば正常と判断され再びルーティングされるようになります。

HTTPとHTTPSを指定している場合、ヘルスチェック対象にパスを指定してアクセスが可能です。ただし、ステータスコードの確認のみで、サイトの文字列が入っているかどうかの確認はできません。

Route 53のヘルスチェック

次に、Route 53のヘルスチェックについて説明します。Route 53はDNSのマネージドサービスです。AWSでは唯一のSLA 100%が設定されています。

Route 53のサービスの1つにRoute 53ヘルスチェックがあります。これはDNS関連のサービスではなく、システムのエンドポイントに対するヘルスチェックサービスになります。ELBのヘルスチェックと違い、ステータスコードの確認だけでなくサイトの文字列の確認もできます。さらに、ターゲットにIPやドメイン名も指定でき、ヘルスチェックとして高機能です。また、複数のリージョンにある各システムに対してヘルスチェックを行うこともでき、Route 53ルーティングポリシー（本節で後述します）と併用することでリージョン間フェ

イルオーバーも可能になります。

　Route 53ヘルスチェックでは、設定したIPやドメイン名に対して、ヘルスチェッカーからヘルスチェックを行います。ヘルスチェッカーはヘルスチェックを行うサーバーであり、全世界に複数配置されています。瞬間的に1つのヘルスチェッカーからネットワークが繋がらなかった場合も、他の複数のヘルスチェッカーによるチェックがパスすれば正常と判断されるため、誤検知を防げます。

ALB

　ここからはそれぞれの種類のELBについて説明していきます。まずALB（Application Load Balancer）ですが、HTTPトラフィックおよびHTTPSトラフィックの負荷分散に最適です。ホストやパス、HTTPヘッダーなどでルーティングを行うことができます。HTTP（S）でロードバランシングをしたい場合、多くのケースでALBが最適です。

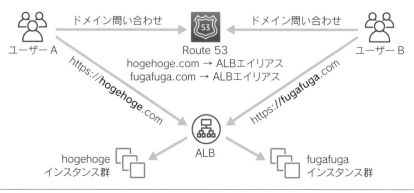

❑ ホストベースルーティング

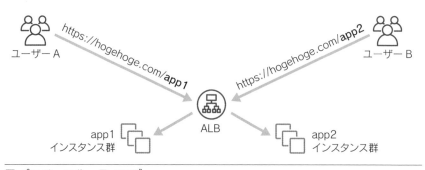

❑ パスベースルーティング

76

ALBのターゲットは次のように様々な選択肢が用意されています。

○ EC2

○ ECS

○ Lambda

○ IP

また、ターゲットへルーティングするだけではなく、リダイレクトや固定レスポンスを返すことができます。たとえば、80番ポートで接続されたら443番ポートへリダイレクトする、メンテナンス時にSorryページを自作せずにALBの機能のみで実装する、といったことが可能です。

ネットワーク的な観点だと、ターゲットへの通信はALB自身が行うため、ターゲットから見た接続元はALBになるので、いくらユーザーからのアクセスがあったとしても、接続元IPはALBとなります。接続したユーザーのIPを確認したい場合は、X-Forwarded-For HTTPヘッダーに接続元IPが記録されているので、このヘッダーをターゲット側で出力するようにする必要があります。

また、ALB自身にセキュリティグループを付けることができます。そのため、ターゲットのセキュリティグループにALBのセキュリティグループを設定すると、ターゲットへの接続をALBのみに制限し、外部から直接接続されないようにできます。

ALBの弱い部分として瞬間的なスパイクアクセスに耐えられない点があります。理由としては、アクセスが増加するとALB自身のスケーリングが自動で行われるのですが、完了するまで数分程度の時間が必要なためです。急激にアクセスが増加するとスケーリングが間に合わないケースがあります。そこで、たとえばテレビで放映される予定で、アクセス増加の時間がわかる場合は、暖機運転をしてALBのスケーリングを事前に行うことで対応できます。暖機運転の方法は、AWSサポートに連絡するか、自分たちで徐々に負荷を上げていく方法の2つになります。

NLB

NLB（Network Load Balancer）はきわめて高いパフォーマンスが要求されるトラフィックの負荷分散に最適で、TCP、UDPおよびTLSに対応しています。

NLBのターゲットには下記が用意されています。ALBとの違いはLambdaが

ないことです。

○ EC2   ○ ECS   ○ IP

　機能面でNLBとALBではいくつか違いがあります。

　まず、クライアントからNLBへ接続されるときに、NLBが宛先IPをターゲットのIPに書き換えるため、ターゲットに記録される送信元IPはNLBではなく元のクライアントのIPとなります。ターゲットとしては直接クライアントと通信しているように見えますが、実際は行き／帰り通信ともにNLBを通っています。そのため、いわゆるワンアーム構成のDSR（Direct Server Return）のような帰りの通信が直接クライアントへ流れる動きにはなりません。

　次の違いとしては、NLBにはセキュリティグループを付けることができません。そのため、通信の制御を行いたい場合、ターゲットにセキュリティグループを設定する必要があります。

　NLBは、急激なアクセスであるスパイクに強いため、ALBと違い暖機運転が不要です。そのため、急激なスパイクが予測されるサービスにはNLBをお勧めします。

　他の違いとしては、ALBと違いNLBはIPアドレスを固定できます。NLBはAZごとに固定されたIPを持つことができます。オンプレミスや外部のサービスとAWSを接続する際に、固定のIPアドレスで制限したいという要件があった場合にも、NBLのIPアドレスをオンプレミス側のファイアウォールなどに設定することが可能です。

GWLB

　GWLB（Gateway Load Balancer）は、サードパーティのセキュリティアプライアンスをAWSで利用するときに、ネットワーク構成をシンプルにでき、高い可用性を提供できるサービスです。外部→内部／内部→外部のインスタンスへの通信に対してネットワークトラフィックの検査・ブロックを行いたいときに利用できるアプライアンスの負荷分散、スケーリングに最適です。IDS・IPS（侵入検知・防御システム）にはネットワーク型とホスト型があり、GWLBはネットワーク型としてIDS・IPSのインスタンスに対するロードバランシングが可能になります。

CLB

CLB（Classic Load Balancer）は、EC2インスタンスにおける基本的な負荷分散を提供し、EC2-Classicネットワーク内のアプリケーションも対象です。CLBは2009年に登場したELBの一番最初のサービスです。その後、より高機能なELBとして、2016年にALB、2017年にNLB、2020年にGWLBが登場しています。そのため、EC2-Classicネットワーク内に構築されたアプリケーションでもない限り、新規に構築するサービスでは利用を推奨しません。また、EC2-Classicも2021年に廃止する計画が出たため、CLBの役目も徐々に終わっていくでしょう。

新機能は、CLBには追加されず、ALBやNLBに追加されていっており、移行が必要なケースが出てきています。たとえば、外部からのSQLインジェクションを防ぐためにWAFの導入をしたいとなってもCLBでは対応できず、セキュリティ要件にフィットしない場面があります。このような場合ではCLBからALB + WAFへの移行がよいでしょう。

ELBのポイント

ELBはターゲットの負荷分散を行うサービスで、種類としては4種類ありました。ALBはHTTP/HTTPSを扱うシステムで最適ですが、予期しないスパイクアクセスがある場合はNLBが安全です。NLBはUDPを扱うシステムや、静的IPでアクセスをしたい場合に最適です。GWLBはファイアウォールなどの仮想アプライアンスのトラフィック負荷分散に利用できます。CLBはレガシーなELBなので基本的には利用しませんが、SysOpsアドミニストレーター試験としてはCLBからALBやNLBへ移行する問題が出るので、CLBには対応できないがALBやNLBでは可能なことは押さえておきましょう。

ELBとRoute 53のヘルスチェックについても学習しました。ELBのヘルスチェックは同一リージョン内のターゲットに対して可能で、ターゲットグループ内での正常なターゲット判定に利用できます。Route 53ヘルスチェックはELBより高機能です。そのため、システムの監視として利用したり、リージョン間フェイルオーバーにも利用できます。

3

信頼性とビジネス継続性

単一のAZの使用と マルチAZのデプロイメントの違い

アベイラビリティゾーンの概要

アベイラビリティゾーン（AZ）はリージョンの中に複数存在し、それぞれ独立した電力源、ネットワーク、そして接続機能を備えています。イメージしやすいのは「AZ＝データセンター」になりますが、正確にはAZは1つ以上のデータセンターで構築されています。

過去に次のような理由でAZ単位の障害がAWSで発生したことがあります。

○ データセンターで利用している冷却装置が故障
○ 落雷による電源系統の故障

このとき、単一AZで運用していて、対象のAZで障害が起きるとシステムが全面的にダウンします。そのため、基本的にはマルチAZでネットワークを構築して可用性を高めることが推奨されています。複数のAZを利用することにより、単一AZの障害に対する耐障害性が上がり、可用性が高くなります。

EC2のマルチAZ化

EC2でマルチAZ化を行う場合、Amazon EC2の Auto Scaling グループに所属し、ネットワーク設定で複数のAZを指定することで可能になります。

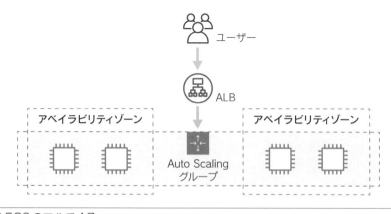

❏ EC2のマルチAZ

Auto ScalingグループをマルチAZ化すると、インスタンス数が最も少ないAZで新しいインスタンスが起動し、すべてのAZにインスタンスが均等になるように配置されていきます。また、各インスタンスへの接続はAuto Scalingグループが担っているので特にクライアント側で考える必要はありません。

ELBのマルチAZ化

ALBの場合は稼働させるAZを2つ以上選択することにより、マルチAZ構成として動作します。逆に言うとローカルゾーンという特殊なリージョンを除き、ALBを単一のAZのみで動かすことはできません。NLBとGWLBは単一AZで稼働できますが、耐障害性の観点ではできるだけ避けましょう。

ELBはサービス内部で可用性と耐障害性を維持した構成をとっており、内部のインスタンスがどのように稼働しているのかは利用者からは見えません。

RDSのマルチAZ化

RDSの場合、マルチAZの設定をすると、次のように別のAZにRDSインスタンスが構築されます。

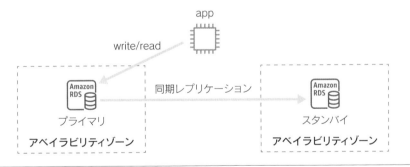

❏ RDSのマルチAZ

RDSの場合は、プライマリインスタンスとは別にスタンバイインスタンスが作成され、その間は同期レプリケーションでデータが同期されます。そのため、クライアントからはスタンバイインスタンスは意識されず、プライマリ側へ書き込みや読み込みが行われます。プライマリ側が異常になればスタンバイ側へ切り替えられます。スタンバイ側に切り替えられるとDNSレコードが自動でプライマリからスタンバイへ変更され、DNSレコードに紐付くIPアドレスが変

わります。そのため、アプリケーション側にDNSキャッシュさせていると、新たなプライマリインスタンスに切り替わらないので注意が必要です。

Amazon FSxのマルチAZ化

Amazon FSxはフルマネージドのファイルストレージサービスです。ファイルシステムによってそれぞれ3種類のサービスが提供されています。

- Amazon FSx for Windows File Server
- Amazon FSx for Lustre
- Amazon FSx for NetApp ONTAP

FSxでマルチAZを設定すると、次の図のようにスタンバイインスタンスが作られます。

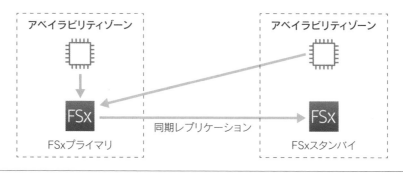

❏ FSxのマルチAZ

基本的にはRDSと同じで、プライマリインスタンスとは別のAZにスタンバイインスタンスが作成され、その間で同期レプリケーションされ、障害時には自動でスタンバイへ切り替えられます。

アベイラビリティゾーンのポイント

本項ではアベイラビリティゾーンについて学びました。今回紹介したEC2、ELB、RDS、FSxをマルチAZで稼働させることで、過去のAZ障害と同程度の障害に対して耐障害性が上がります。

フォールトトレラントなワークロードの実装

フォールトトレラントの概要

　フォールトトレラントとは、日本語で言うと**耐障害性があること**で、コンポーネントの一部が故障してもシステムがパフォーマンスを落とすことなく動作し続ける能力のことです。Amazon EFSやElastic IPアドレスを利用することで、フォールトトレラントを向上できます。

Amazon Elastic File System（Amazon EFS）

　Amazon Elastic File System（Amazon EFS）とは、LinuxからNFSで共有するファイルシステムストレージを提供するフルマネージドサービスです。インスタンスからEFSをマウントすることでデータのやり取りが可能になり、Auto Scalingするアプリケーションから EFSを利用することで、インスタンス間でファイルが共有できます。ECSのコンテナ同士でファイルを共有したい場合などにも利用できます。

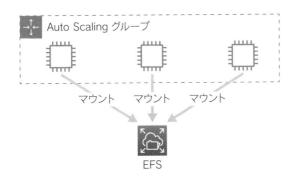

□ EFS

　EFS自体は可用性が高く設計されていて、AZ障害が発生した場合でも自動でフェイルオーバーされるため、EFSを利用することで耐障害性が上がります。
　EFSは複数AZ間でデータ同期がされていて、強い整合性を持ちます。そのため、クライアントが複数AZで稼働している場合、データ整合性も保たれているため耐障害性に優れています。

EFSでの暗号化については、データの暗号化と通信経路の暗号化のどちらも利用可能です。データに対する暗号化の場合、EFSを作成するときに設定でき、以降は自動でKMS（Key Management Service）により透過的に暗号化されます。そのため、アプリケーション側で暗号化設定などを行う必要はありません。EFS作成後に暗号化設定の変更はできないため、途中から暗号化が必要になった場合は、再作成が必要です。通信に対する暗号化に関しては、TLS 1.2を利用して暗号化されています。

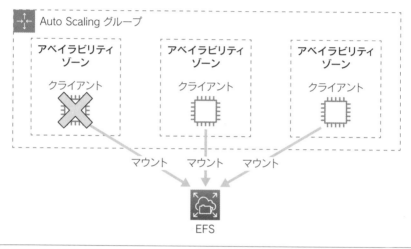

❏ EFSのマルチAZ

Elastic IPアドレス

Elastic IPアドレス（EIP）とは、EC2インスタンスで利用できるインターネットからアクセス可能なパブリックIPv4アドレスです。EIPを作成すると自動でグローバルIPが払い出され、解放するまでユーザーのアドレスとして利用できます。また、別のインスタンスに割り当て直すことも可能で、インスタンスに障害が発生しても別インスタンスを作成しEIPを付け替えることで、クライアント側での切り替えなしで利用を継続できます。

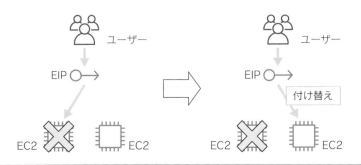

❏ EIP

フォールトトレラントのポイント

　本項では、耐障害性に関するEFSとEIPについて説明しました。EFSはデータ、EIPはIPをインスタンスから切り離すことが可能で、インスタンス障害時の影響を軽減することができます。このように、各コンポーネントごとに障害が発生するとどうなるかを考え、その障害が発生しても影響を抑えられる構成を考えることで耐障害性の高いシステムを設計できるでしょう。

　また、EBSやEFSなど、サービスごとにどのような耐障害性があるかを把握することが大事です。その上で、要件としてどのレベルの障害（単一AZ、リージョン）に対応する必要があるのか整理して設計していきましょう。

Route 53ルーティングポリシーの実装

Route 53ルーティングポリシーの概要

　Route 53の**ルーティングポリシー**とは、DNSの応答をカスタマイズすることでクライアントからのトラフィックをより適したリソースへルーティングする機能です。ルーティングポリシーはレコード作成時に決定でき、次の7種類があります。

○ シンプルルーティングポリシー

○ 加重ルーティングポリシー

○ フェイルオーバールーティングポリシー

信頼性とビジネス継続性

○ 複数値回答ルーティングポリシー
○ レイテンシールーティングポリシー
○ 位置情報ルーティングポリシー
○ 地理的近接性ルーティングポリシー

　位置情報ルーティングポリシーと地理的近接性ルーティングポリシーは第6章で説明するので、ここではこれら以外のポリシーについて説明します。

シンプルルーティングポリシー

　シンプルルーティングポリシーは、標準のDNSレコードを設定でき、トラフィックを1つのリソースにルーティングする場合などに使用します。複数のレコードを同じ名前と型で作成はできませんが、同一レコードに複数のIPアドレスなどの複数の値を指定できます。複数の値を設定するとランダムに値が返される、DNSラウンドロビンと呼ばれる負荷分散が可能です。

加重ルーティングポリシー

　加重ルーティングポリシーは、ドメイン名に対して複数のリソースを関連付けることができ、それぞれのリソースにルーティングされる割合を決めることができます。これを利用して、新しくなったアプリケーションへ徐々にトラフィックを流していくカナリアデプロイやA/Bテスト、性能の偏りがあるアプリケーションの負荷分散に利用できます。

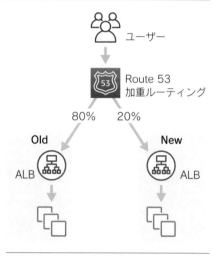

□ 加重ルーティングポリシー

フェイルオーバールーティングポリシー

フェイルオーバールーティングポリシーは、リソースが正常なほうへトラフィックをルーティングできます。正常かどうかの判断にはRoute 53ヘルスチェックを利用します。異常になればスタンバイ側にルーティングされ、正常に戻ればアクティブ側に戻ります。このルーティングポリシーを利用すれば、リージョン障害への対策も可能です。

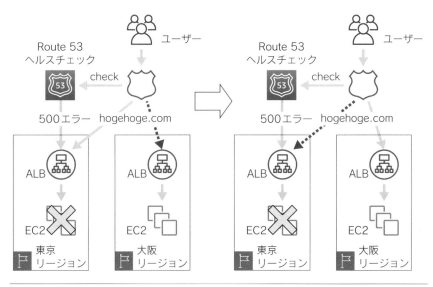

❏ フェイルオーバールーティングポリシー

複数値回答ルーティングポリシー

複数値回答ルーティングポリシーは、シンプルルーティングポリシーの複数値をセットしたときの挙動が違い、ヘルスチェックを設定でき、正常なリソースのみ値を返すことが可能になります。そのため、シンプルルーティングポリシーより可用性が高いルーティングを可能にします。ELBより上位のレイヤーでフェイルオーバーが必要な場合は、このルーティングの利用を検討するとよいでしょう。

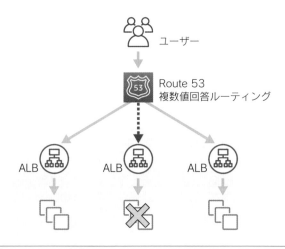

❏ 複数値回答ルーティングポリシー

レイテンシールーティングポリシー

　レイテンシールーティングポリシーは、ネットワークレイテンシーが最も低いAWSリージョンにもとづいてリクエストをルーティングできます。これにより、ユーザーのパフォーマンスを向上させることができます。

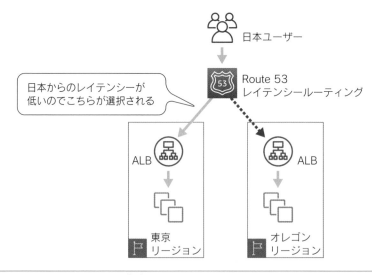

❏ レイテンシールーティングポリシー

Route 53 ルーティングポリシーのポイント

　Route 53 ルーティングポリシーの中から５つを学習しました。シンプルルーティングポリシーや加重ルーティングポリシー、複数値回答ルーティングポリシーを利用することで、DNS ラウンドロビンとしてターゲットへの負荷分散を行い可用性を上げられます。フェイルオーバールーティングポリシーで DNS フェイルオーバーが可能になるので、リージョン障害の対策として利用できます。

　このように可用性や耐障害性を高めるために Route 53 ルーティングポリシーを利用していきましょう。

 ## 練習問題２

　ALB の背後に複数の EC2 インスタンスが起動している構成で運用しています。ときどきアクセスが急増し、その度に一時的にサイトが 503 エラーを返すようになってしまいました。調査をすると、EC2 インスタンスのアプリケーションからエラーは出ておらず、ALB でエラーが多く出ていました。この急増するアクセスに耐えるために変更するコストはかけられるものの、運用コストはなるべく抑えたいと考えています。どうすればよいでしょうか。

　A. EC2 の個数を増やす。

　B. ALB ＋ EC2 のセットをもう１つ作り、Route 53 の加重ルーティングポリシーでそれぞれの ALB に対して 50％ずつ設定して負荷分散を行う。

　C. サポートに依頼して ALB の暖機運転を行う。

　D. ALB から NLB に構築し直す。

解答は章末（P.112）

3-3

バックアップ・リストア戦略の導入

データのバックアップとリストアの戦略を考える上で、RPO（目標復旧時点）とRTO（目標復旧時間）は重要な指標です。

RPOとは「Recovery Point Objective」の略で、障害が発生したときにどの地点までのデータを復旧させるかの目標になります。つまり、バックアップ戦略を考える上で必要になります。たとえば、RPOが1日であれば、毎日1回バックアップを取得し、障害時はそのバックアップからリストアすれば目標を達成できます。

RTOとは「Recovery Time Objective」の略で、障害発生時からどれくらいの時間でシステムを復旧させるかの目標になります。つまり、リストア戦略を考える上で必要になります。たとえば、RTOが3時間の場合、データコピーや代替システムの構成に3時間以上かかると要件を満たせません。その場合は、常時データコピーして、障害時に同じ構成を作成してDNSを切り替えるような構成をとるといったことが考えられます。

つまり、RPOとRTOを考えることは、障害時にビジネスがどの程度継続できるかという部分を考えることです。そのため、データのバックアップ・リストアについて考えることはビジネス継続性の観点で非常に重要になります。

本節では、バックアップ・リストアに関連するAWSサービスであるRDS、Backup、DLM、S3について学習し、最後にDR（ディザスタリカバリー、災害復旧）の構成パターンについて学びます。

ユースケースにもとづいたスナップショットとバックアップの自動化

バックアップ自動化の必要性

バックアップを取る理由はデータ消失からデータを守るためです。データ消失の原因には人為的ミスやシステムの不具合、災害による障害などがあり、いつデータが消えるかわからない状況です。そのため、データを守るためにバッ

クアップを取る必要があります。

　しかしそのバックアップを手動で行っている場合、こちらも人為的ミスが起こりバックアップを取れていないこともあります。その場合、データ消失が想定より多く起こり、RPOを守れない可能性があります。そのため、バックアップを自動化することでそのようなリスクを極力下げる必要があります。

　ここでは、AWSでバックアップ自動化が行えるサービスとして、RDSのスナップショット機能、AWS Backup、Amazon Data Lifecycle Managerについて学んでいきます。

RDSスナップショット

　RDSのバックアップ機能として、自動スナップショットと手動スナップショットがあります。自動スナップショットを設定すると、1日に1回スナップショットを、5分に1回トランザクションログをS3に出力します。手動スナップショットはその名のとおり自動ではなく、任意のタイミングでスナップショットが取得できます。

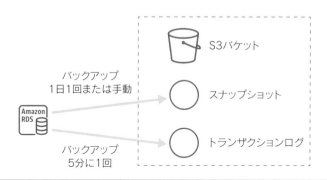

❏ RDSバックアップ

　自動スナップショットを利用することで、人為的なミスによるデータ削除から復旧することができたり、ウイルスやソフトウェア不具合などからの復旧など、データを失うことからシステムを守ることができます。自動スナップショットが実行される時間は、バックアップウィンドウと呼ばれる、DB作成時に決められる時間帯です。この時間帯にバックアップが開始されます。スナップショットの作成がバックアップウィンドウの期間より時間がかかる場合は、バックアップが完了するまでバックアップが継続されます。また、スナップショッ

ト取得時、取得するインスタンスのI/Oが数秒から数分止まるため、シングルAZだとデータの読み書きができません。マルチAZだと、MariaDB、MySQL、Oracle、PostgreSQLの場合はスタンバイレプリカ側からスナップショットを取得するので影響が出ません。SQL Serverの場合はマルチAZでもプライマリインスタンスから取得するため、影響が出るので注意が必要です。

　また、DR対策として別リージョンへバックアップでき、バックアップ対象のスナップショットとトランザクションログをバックアップしたS3バケットから別リージョンのS3バケットへレプリケーションできます。

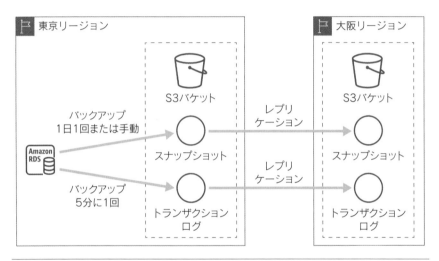

❏ クロスリージョンRDSバックアップ

▎AWS Backup

　AWS Backupは、RDSも含む様々なAWSリソースのバックアップ・リストアを一元管理することができるサービスです。バックアップ可能なサービスは下記のとおりです。

- ○ Amazon EC2
- ○ Amazon EBS
- ○ Amazon S3
- ○ Amazon RDS
- ○ Amazon DynamoDB
- ○ Amazon Neptune
- ○ Amazon DocumentDB
- ○ Amazon EFS
- ○ Amazon FSx
- ○ AWS Storage Gateway
- ○ Amazon Redshift

考え方はAWS Auto Scalingと同じで、個々のサービスで行っていたバックアップ・リストアの操作をまとめて管理できるようにしたものです。それにより可視性を上げ、漏れのない自動バックアップ・リストアを管理できます。

AWS Backupでは、バックアップに関するルールとバックアップ対象のAWSリソースをまとめたバックアッププランを作成して、バックアップの自動化を行います。バックアップルールではどの頻度でバックアップを実行するかというスケジュールを決めることができ、RDSのスナップショットと同じようなバックアップウィンドウも設定できます。また、バックアップルールにはライフサイクルも設定でき、古いバックアップデータを削除する機能もあります。さらに、セキュリティを高めるためにバックアップデータの暗号化も設定可能です。

耐障害性要件やRTOによって、他リージョンや他アカウントへのバックアップが必要になるケースがあり、AWS Backupではどちらも対応可能です。

また、バックアップの自動化も重要ですが、そのバックアップの設定が、求められているすべての要件を達成できているかを定期的に確認することも重要です。そこで、AWS Backup Audit Managerを利用することで、定期的なバックアップの監査が可能です。たとえば、すべての対象のリソースで毎日バックアップができているかであったり、そのバックアップが暗号化されているかなどを確認できます。その監査結果は1日おきにS3へ保存され、閲覧することができます。

Amazon Data Lifecycle Manager

Amazon Data Lifecycle Manager（Amazon DLM）は、EBSスナップショットとEBS-backed AMIの作成、保持、削除を自動化ができます。DLMで可能なことはAWS Backupでもほぼ可能になったのでDLMが活躍する場面はあまりないのですが、世代管理についてはDLMとBackupで多少違いがあります。

AWS Backupは設定した世代管理の数だけバックアップを実行し、成功したものだけ残ります。それに対してDLMは、バックアップに失敗したときに、設定した世代管理の数だけ直近のバックアップが残ります。そのため、明確に世代管理する数が決まっている場合はDLMが適します。しかし、たとえば、最低5世代管理できていればよいなど、明確に世代管理する必要がない場合はAWS Backupが適しています。また、EBS以外のリソースにはAWS Backupがよいでしょう。

バックアップ自動化のポイント

　バックアップ自動化について、RDSスナップショット、AWS Backup、Amazon DLMについて学習しました。

　バックアップでは要件に応じてバックアップ先を考える必要があります。たとえば、リージョン障害のDRをしたい場合は他リージョンへバックアップしますし、バックアップデータを集中管理したい場合はバックアップ用アカウントへバックアップします。このように、バックアップ要件に応じてバックアップ先は変えていきましょう。クロスリージョンのバックアップについては後で説明します。

データベースのリストア

リストアの重要性

　バックアップについては自動化や資料化ができているが、リストアについては考えられていないというケースがあります。しかし、バックアップの目的は障害時のデータ復旧なので、リストアについて考えないことには目的が達成できません。そのため、リストアの自動化や資料化はバックアップと同様に実施する必要があります。

ポイントインタイムリストア

　RDSは、DBインスタンスを指定した時点に復元し、新しいDBインスタンスを作成できます。この方法は**ポイントインタイムリストア**や**ポイントインタイムリカバリー**と呼ばれます。復元にはスナップショットだけでなく、5分に1回バックアップされるトランザクションログが利用されるため、指定できる時点は5分前以前となります。そのため、運用するシステムのRPOが5分以上で問題ない場合はこのリストア手法が利用できます。

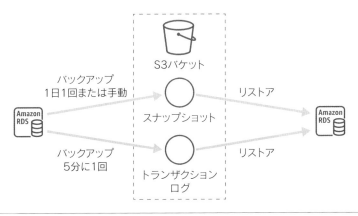

❏ RDSバックアップ

また、他リージョンへバックアップしたスナップショットやトランザクションログも同様にリストア可能なので、DRを実行する場合に他リージョンのバックアップからリストアできます。

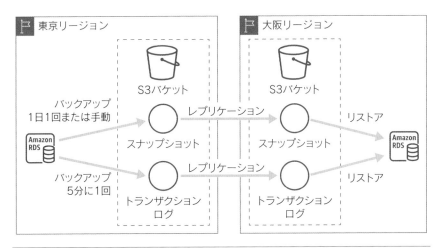

❏ クロスリージョンRDSバックアップ

リードレプリカの昇格

ポイントインタイムリストアには5分以上必要という制約があるため要件にフィットしない場合があります。その際はリードレプリカを利用します。非同期ではあるもののデータが低レイテンシーでレプリケーションされていて、リー

ドレプリカをプライマリに昇格可能です。プライマリの昇格はDNS切り替えのみで短時間で実現可能なため、RPOが5分未満の要件も満たすことができます。

またRTOも、ポイントインタイムリストアの場合よりリードレプリカのほうがより高い要件への対応が可能です。ポイントインタイムリストアの場合は、スナップショットとトランザクションログからRDSインスタンスを作成する必要があります。しかし、リードレプリカから昇格する場合はインスタンスの再起動を実行すると昇格できるので、再構築より時間が短く済みます。

リードレプリカはSQL Server以外だと同一リージョンだけでなく別リージョンに作成することもできます。そのため、DR対策として別リージョンへリードレプリカを作成し、リージョン障害が起こると自動で昇格でき、DR後の復帰も早くなります。ただし、PostgreSQLは自動で昇格が行われないので、手動で昇格する必要があります。

リストアのポイント

リストアの方法について、RDSのポイントインタイムリストアとリードレプリカ昇格について学習しました。それぞれの使い分けとしては、RPOが5分以上か以下かで判断できます。5分以上でも問題ない場合はポイントインタイムリストアを、5分以内にする必要がある場合はリードレプリカを用いてリストアしましょう。また、それぞれクロスリージョン対応も可能なので、リージョン障害のDR対策としても利用できます。

バージョニングとライフサイクルルールの実装

Amazon S3の概要

Amazon S3 は、高い可用性・耐久性を持つ容量無制限のオブジェクトストレージサービスです。静的なWebサイトのホスティングはもちろんのこと、ログやデータの保管庫として利用したり、データレイクやデータ分析基盤として利用できます。様々な用途でS3が登場するため、AWSの肝と言えるサービスです。

Amazon RDS、Amazon Aurora、Amazon CloudFront、Amazon EBS、VPCフ

ローログなど幅広いAWSサービスからS3への連携が可能です。また、ユーザーからは見えないものの、AWSサービスの内部でS3を利用しているケースも多々あるようです。

データ保護

S3の1年間の可用性は**99.99%**で、データ耐久性は**99.999999999%**になります。データ耐久性に関しては**イレブンナイン**と言われていて、1万個のオブジェクトを保存した場合、平均して約1,000万年に1個の割合で失われるという耐久性を誇ります。たとえば、毎日写真を100枚撮るとして、100年間続けると約400万枚撮ることになります。このデータが失われるのは約25,000年に1回という確率になるので、撮り続けている間に消えることはほぼありません。

アクセス制限

S3はデータを入れるだけで利用できるので簡単なサービスですが、アクセス制限を考えると急に難易度が上がります。基本的にはS3にアクセスする側の権限と、アクセスされる側、つまりS3側の権限の2種類が存在するので、誰がどこにアクセスしたいか、もしくはしてほしくないかを考え、そこから設計するとよいでしょう。アクセスする側の権限としてはIAMポリシーを利用し、S3側の権限としてはバケットポリシーとACLを利用します。

それぞれの制限方法について説明していきましょう。

IAMポリシーはアクセス元の制限で、対象はIAMユーザーおよびIAMロールです。IAMポリシーはS3だけに利用されるものではなく、他のリソースも含めて、対象のユーザーやロールのアクセス制限を行います。たとえば、Administratorのロールはバケットの作成／削除が可能、Developerのロールはバケットの作成／削除はできないがオブジェクトの配置などは可能、などの制御が可能です。また、あるバケットのみ削除可能とするような制御もできます。

バケットポリシーはアクセス先の制限で、S3バケットに対して制限をかける方法です。名前のとおり、バケットに対してかけるIAMポリシーのようなもので、記述方法も似ています。バケット単位でアクセス制限したい場合や、クロスアカウントでの利用を想定している場合はバケットポリシーを利用するとよいでしょう。たとえば、MFA制限をしているユーザーのみアクセスを可能にしたり、あるアカウントに読み取り権限を付けたい場合などに有効です。

3

信頼性とビジネス継続性

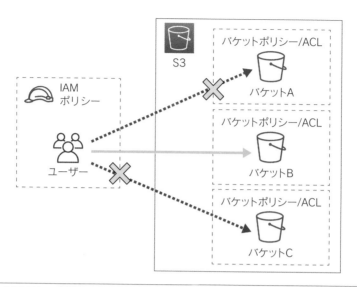

❏ S3のアクセス制限

ACL（アクセスコントロールリスト）はバケットポリシーと同じくアクセス先の制限で、S3バケットとその中のオブジェクトに対して制限をかけることができます。ACLはバケットポリシーより弱い権限で、バケットポリシーとACLの両方を設定している場合はバケットポリシーが優先されます。ACLはオブジェクト単位で制限をかけたい場合に有効ですが、オブジェクト単位で制限をすると制限が追いづらくなり、運用負荷が高まるのでお勧めしません。オブジェクト単位で制限をしたい場合は、バケットを分けてバケットポリシーで制御できないか考えたほうがよいでしょう。ちなみに、ACLを強制的に利用できない設定が可能なので、ポリシーのみを設定したい場合はその設定を入れることをお勧めします。

　まとめると次の表のようになります。

❏ アクセス制限の比較

アクセス制限	制限対象	制限の単位	主な用途
IAMポリシー	アクセス元	IAMユーザーまたはIAMロール	ユーザーロール単位の制限
バケットポリシー	アクセス先	S3バケット	バケット単位の制限・クロスアカウントの制限
ACL	アクセス先	S3バケットまたはオブジェクト	オブジェクト単位の制限

　他にも署名付きURLやCross-Origin Resource Sharing（CORS）などの
アクセス制限の方法が存在します。こちらもアクセス元かアクセス先の制限
方法と捉えると簡単です。署名付きURLであれば、署名するユーザーロールの
制限を受け継ぐのでアクセス元の制限になります。CORSは異なるドメインの
アクセス制限を行うもので、アクセス先の制限となります。S3へのアクセスを
CloudFrontのみに制限したい場合はCORSを利用します。

バージョニング

　S3のデータ耐久性はイレブンナインとなっており、S3障害が起こりデータ
を失う可能性を考える必要はほぼありません。しかし、人為的な操作ミスやプ
ログラムミスでオブジェクトが削除される可能性はあります。そのため、S3オ
ブジェクトのバックアップ・リストアについて考える必要があります。

　S3オブジェクトのバックアップ・リストアはバージョニングを使い、複数の
オブジェクトやバケット全体のバックアップ・リストアはAWS Backupを利用
することでことで対応可能です。バージョニングとは、オブジェクトをバージ
ョン管理して保持する方法です。オブジェクトを更新／削除した場合、新しい
オブジェクトのみ見ることができ、元のオブジェクトは通常の方法だと見られ
ずに過去のバージョンとして存在します。その過去のバージョンを復元するこ
とでオブジェクトのリストアができます。AWS Backupでは、オブジェクトの
復元をまとめて実行でき、事前にバックアップをとった地点まで戻すことがで
きます。

　オブジェクトを削除した場合、削除マーカーと呼ばれるデータを持たないオ
ブジェクトが最新のオブジェクトとなり、オブジェクトとしては存在しないよ
うに見えます。この削除マーカーは通常の操作では見えません。そのため、空の
バケットと思い削除してもオブジェクトが存在していてエラーが出ます。バー
ジョニングされたバケットを削除したい場合はオブジェクトのバージョン一覧
を確認し、それらを指定して削除すると、バケットの削除もできるようになり
ます。削除マーカーもこの方法で見ることが可能です。CLIだと、バージョン一
覧や削除マーカーの確認は「**aws s3api list-object-versions**」コマンドで見
られます。それらの削除は「**aws s3api delete-object**」コマンドで可能です。

ストレージクラス

　ストレージクラスとは、耐久性、可用性、格納されるAZ、格納・取り出し費用、取り出し時間がそれぞれ違う複数のクラスのことです。オブジェクトに対するアクセスパターンによってストレージクラスを適切に選択することで費用が最適化されます。たとえば、高頻度でアクセスするのであればStandardのクラスがよく、保管のために置いておきたいもののアクセスはほぼしないものであればAmazon S3 Glacierのクラスが最適となります。ただし、Glacierで取り出す頻度が多くなると、時間や取り出し費用がかかってくるため、アクセスパターンを認識することが重要になります。

　2022年5月現在8種類のストレージクラスがありますが、低冗長化ストレージは非推奨なので説明を省きます。それ以外の7種類のストレージクラスをまとめたのが次の表です。なお、既存のS3 Glacierの名前がS3 Glacier Flexible Retrievalに変更されているので、表では変更後の名前を記載しています。

❏ ストレージクラス

ストレージ クラス名	耐久性	可用性	格納される AZ	取り出し 費用	取り出し 時間
S3 Standard	99.999999999%	99.99%	3AZ以上	なし	ミリ秒
S3 Intelligent- Tiering	99.999999999%	99.9%	3AZ以上	一部あり	ミリ秒・分・ 時間
S3 Standard-IA	99.999999999%	99.9%	3AZ以上	あり	ミリ秒
S3 1ゾーン-IA	99.999999999%	99.5%	1AZ	あり	ミリ秒
S3 Glacier Instant Retrieval	99.999999999%	99.9%	3AZ以上	あり	ミリ秒
S3 Glacier Flexible Retrieval	99.999999999%	99.99%	3AZ以上	あり	分・時間
S3 Glacier Deep Archive	99.999999999%	99.99%	3AZ以上	あり	時間

　格納費用は表の下にいくほど安くなり、取り出し費用は下にいくほど高くなります。また、S3 Intelligent-Tieringだけ他と違い、各オブジェクトのアクセス頻度によってS3 Standard・S3 Standard-IA・S3 Glacier Flexible Retrieval・S3 Glacier Deep Archive相当のクラスに自動的に切り替えられます。そのため、アクセス頻度が変化するケースや読めないケースで利用します。

ライフサイクル

バージョニング設定を入れてオブジェクトを更新／削除する機会が増えると、その分過去バージョンのオブジェクトが増えるためS3のコストが増加します。そんなときにライフサイクルを利用すると、コスト削減が見込めます。ライフサイクルとは、S3の機能の1つで、時間の経過とともに削除処理やストレージクラス変更などのストレージ操作が自動化できる機能です。

削除処理では、オブジェクトが作成／更新／削除されてからの日数やバージョンの数によって自動削除ができます。経過日数やバージョン数が一定以上を超えると削除できるので、コスト削減が可能です。

バージョニングとライフサイクルのポイント

本項ではAmazon S3について学習しました。S3はデータ耐久性がイレブンナインを誇るサービスで、S3障害によるデータ削除を考える必要がないため、データを保存する際にはまず考えるべきサービスです。ただし、人の操作ミスでデータが消える可能性もあるため、バックアップ・リストア戦略としてバージョニングやAWS Backupを考えるべきです。

バージョニングとは、オブジェクトをバージョン管理して保持する方法です。オブジェクトを更新／削除すると元のオブジェクトは過去のバージョンとなり、通常の方法では見えなくなります。このような過去のバージョンを復元することでリストアを行えます。

ただしバージョニングを設定するとコストが増加するので、ライフサイクルの設定も適切にしていきましょう。ライフサイクルとは、時間の経過とともに削除処理やストレージクラス変更などのストレージ操作が自動化できる機能です。

ストレージクラスとは、耐久性、可用性、格納されるAZ、格納・取り出し費用、取り出し時間がそれぞれ違う複数のクラスのことです。オブジェクトに対するアクセスパターンによってストレージクラスを適切に選択することで費用が最適化されます。

これらの知識はSysOpsアドミニストレーター試験だけでなく他の試験でも頻繁に取り上げられます。Amazon S3とそれに関連する概念はよく理解しておく必要があります。

Amazon S3 クロスリージョンレプリケーションの設定

S3 レプリケーション

S3 バケットでオブジェクトを利用していると、下記のケースのようにバケット間でコピーしたい場合があります。

○ 本番環境の S3 バケットと開発環境のバケットで同じオブジェクトを利用したい
○ ミスによる S3 バケット自体の削除の対策をしたい

このような場合、S3 のレプリケーション機能が利用できます。この機能を利用すると、非同期でオブジェクトをコピーできます。ただし、レプリケーション機能を利用する場合、レプリケーション元とレプリケーション先のバケットでバージョニングが必要になり、レプリケーション設定をしたときに既に入っているオブジェクトはレプリケーションされません。もし既存のオブジェクトをレプリケーションしたい場合は、S3 バッチレプリケーションを利用することで可能です。また、多段レプリケーションはできないので、1つのバケットから複数バケットへコピーしたい場合は多段ではなく、1つのバケットから複数バケットへのレプリケーションを設定しましょう。レプリケーションは一方向だけでなく双方向にも対応しています。そのため、たとえば本番・開発バケットでまったく同じ状態にしたい場合は、双方向にレプリケーション設定を入れることで可能になります。

クロスリージョンレプリケーション

S3 のレプリケーション要件として、下記のようなさらに高い要望が出てくる場合もあります。

○ リージョン障害対策として他リージョンへオブジェクトをバックアップしたい
○ オブジェクトを利用するユーザーやアプリケーションが複数リージョンに存在し、ユーザーやアプリケーションからの S3 オブジェクトのアクセスのレイテンシーを最小化したい

　この場合、S3では他リージョンへのレプリケーションが可能なクロスリージョンレプリケーションを利用できます。

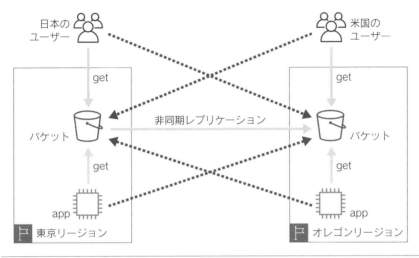

❏ クロスリージョンレプリケーション

　クロスリージョンレプリケーションと同一リージョンレプリケーションでは、できることの差はなく、リージョンを考えることなく設定が可能です。ただし、リージョン間のデータ転送料金は追加でかかるのでその点には注意が必要です。ちなみに、S3レプリケーション機能はクロスリージョンレプリケーションのほうが同一リージョンレプリケーションより先に実装されました。

レプリケーションのポイント

　本項ではS3バケットのオブジェクトレプリケーションについて学びました。バックアップが求められるケース、あるいは環境間・リージョン間で同じオブジェクトを利用したいケースでレプリケーション機能を使うとよいでしょう。オブジェクトのコピーをLambdaやスクリプトで実装しているケースがよく見られますが、S3レプリケーションで楽に設定できるので、ぜひ利用してください。

災害復旧手順の実行

災害復旧とは

災害復旧（DR、ディザスタリカバリー）とは、自然災害または人為的災害後のシステム復旧のための、あるいは被害を最小限に抑えるための予防措置のことです。DRの基本的な方針として、バックアップを取り、災害の影響がおよばない別のリージョンへリストアできるように設計します。DRの構成パターンは4つ存在し、次の表の上から下に向かって可用性が高くなりますが、その分コストも高くなります。

❏ DRの構成パターンとRPO・RTO

構成パターン	RPO	RTO
バックアップ・リストア	数時間以内	24時間以内
パイロットライト	数分以内	数時間以内
ウォームスタンバイ	数秒以内	数分以内
マルチサイト	なし、または数秒	数秒以内

バックアップ・リストア

バックアップ・リストアのパターンは最もシンプルな構成です。DRサイト側へ起動に必要なデータをバックアップし、コンピューティングなどは作成しません。つまり、DRサイトにあるのはバックアップされたデータのみで、コストが最も低いです。また、RPOはそれぞれがバックアップしているタイミングによります。RDSの自動スナップショットであれば5分程度になり、AMIバックアップを1時間おきに実施しているなら1時間程度となります。

メインサイトで障害が起きDRをする場合、バックアップされたデータしかないため、それらからリストアを行い起動する必要があります。そのため、RTOは切り替えに加えて起動の時間が必要となります。

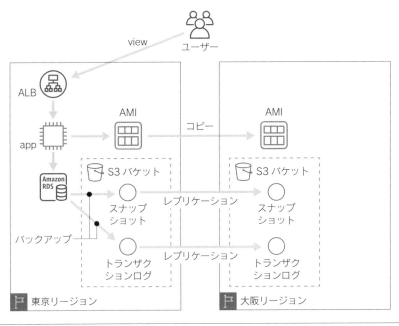

❏ バックアップ

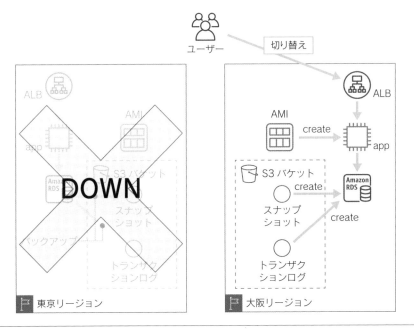

❏ 災害時のリストア

パイロットライト

パイロットライトは、DRサイトでシステムの最も重要なコア要素を常に実行している環境の最小バージョンを維持します。他のパターン名より特徴的な名前ですがその由来は、ガスストーブの小さな火種を常につけていて点火すると瞬時に点火できる、というところからきています。先ほどのバックアップ・リストアの構成で言うとRDSがコア要素となるため、RDSをリードレプリカで常時起動とし、他は同じ構成となっています。

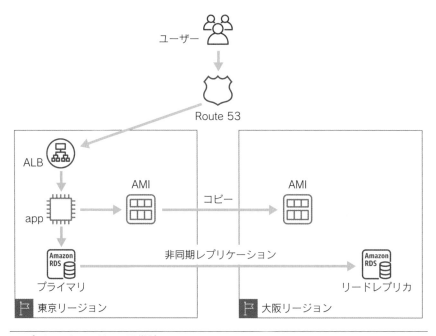

❏ パイロットライトの正常時

復旧の必要が生じたときに、重要なコアを中心として完全な本番環境をすばやくプロビジョニングできます。今回の例だと、RDSはリードレプリカからプライマリへ昇格し、その他のリソースは作成するという流れになります。RPOはリードレプリカになったためより少なくなり、RTOもRDSが再作成から昇格になったので少なくなります。

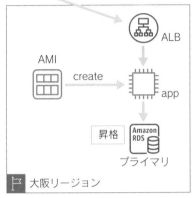

❏ パイロットライトの障害時

ウォームスタンバイ

　ウォームスタンバイは、パイロットライトの準備するリソースを拡張したもので、リソースを常に起動させて、サイズは最低限動くくらいの大きさで稼働させる方式です。

　復旧時、リソース自体は既に起動していて、サイズをメインサイトと同等にするだけなので、RTOはパイロットライトより小さくなります。また、Route 53のフェイルオーバールーティングを利用して切り替えが可能なので、ネットワーク的な切り替えも自動化ができます。

信頼性とビジネス継続性

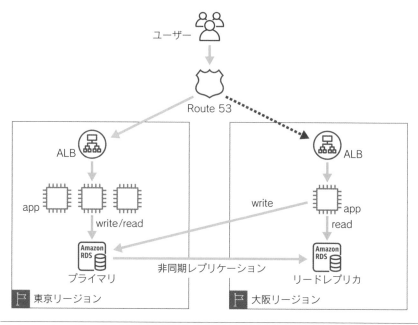

❏ ウォームスタンバイの正常時

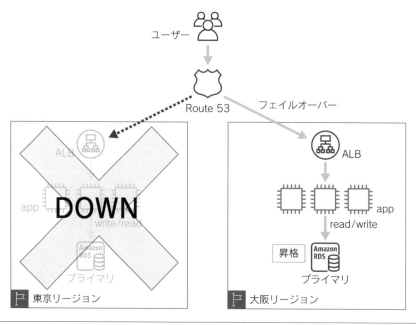

❏ ウォームスタンバイの障害時

マルチサイト

マルチサイトは、メインサイトとDRサイトの両方が稼働していて、ユーザーからも両サイトへアクセスされる方式です。つまり、マルチリージョンでの負荷分散と、マルチマスターデータベースが必要な高度な構成となります。その分、コストが増える他に、さらに考慮すべき部分が出てきます。

ネットワーク層で言うと、マルチリージョンへの負荷分散になります。パターンとしては、Global Acceleratorを利用したり、Route 53の加重ルーティングポリシーを利用するパターンで、各サイトへのルーティング量を制御する必要があります。

DB層が最も厄介で、RDSだとマルチリージョンのマルチマスター構成ができないため、AuroraかDynamoDBが選択肢となります。Auroraのマルチマスタークラスタを利用する場合、複数リージョンで同じレコード更新が発生してしまい、デッドロックが発生することになるので適切ではありません。そのため、DynamoDBのグローバルテーブルを利用することになります。しかしこの場合でも、競合は発生する可能性があったり、強力な整合性のある読み込みがサポートされていないなど、制限や考慮点が多く出てきます。また、NoSQLになるのでアプリケーションもRDSのときと大きく変わってきます。

しかし、復旧時は他のパターンより簡単に切り替えが可能です。元々両サイトが稼働しているので、メインサイトが落ちたところで特に何かを行う必要性はありません。そのため、RPOは非常に小さくなります。また、RTOもマルチマスターで稼働しているので、ほぼゼロに近い値となります。

3

信頼性とビジネス継続性

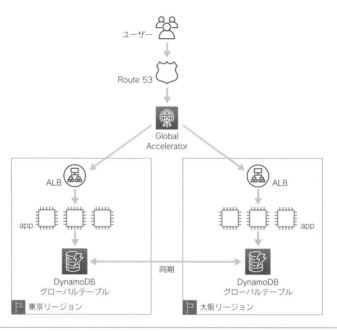

❏ マルチサイトの正常時

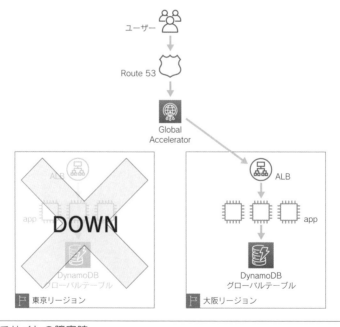

❏ マルチサイトの障害時

ᅟ

ᅠ

災害復旧手順のポイント

本項では、災害復旧（DR）の手順について学びました。災害復旧とは、自然災害または人為的災害後のシステム復旧のための、あるいは被害を最小限に抑えるための予防措置のことです。

DRの構成パターンは4つあります。バックアップ・リストアは最もシンプルな構成で、DRサイト側へ起動に必要なデータをバックアップします。パイロットライトは、DRサイトでシステムの最も重要なコア要素を常に実行している環境の最小バージョンを維持します。ウォームスタンバイはパイロットライトの準備するリソースを拡張したもので、リソースを常に起動させて、サイズは最低限動くくらいの大きさで稼働させる方式です。マルチサイトは、メインサイトとDRサイトの両方が稼働していて、ユーザーからも両サイトへアクセスされる方式です。つまり、マルチリージョンでの負荷分散と、マルチマスターデータベースが必要な高度な構成となります。

 練習問題3

東京リージョンにあるS3バケットの中身を大阪リージョンのバケットへレプリケーションする必要が出てきました。S3のレプリケーション機能を利用して同期しようとしましたが、エラーが出ました。この現象の原因として可能性が最も高いものとその対処法はどれですか。

A. 大阪リージョンのバケットにライフサイクルポリシー設定がされていないので、ライフサイクルポリシー設定を追加する。

B. 東京リージョンと大阪リージョンのバケットにライフサイクルポリシー設定がされていないので、ライフサイクルポリシー設定を追加する。

C. 大阪リージョンのバケットにバージョニング設定がされていないので、バージョニング設定を追加する。

D. 東京リージョンと大阪リージョンのバケットにバージョニング設定がされていないので、バージョニング設定を追加する。

解答は章末（P.112）

練習問題の解答

✓ 練習問題1の解答

答え：B

　ライフサイクルフックを利用すれば、スケールアウト／スケールインしたときにカスタムアクションを実行したり、インスタンスを待機させることができます。

✓ 練習問題2の解答

答え：D

　ALBはスケーリングに時間がかかりスパイクアクセスに弱いため、スパイクに強いNLBへ切り替えるDが正解となります。AはEC2が正常にリクエストを返せているため、対策にならずNGです。CはALBを増強するためにサポートへ依頼する必要がありますが、スパイクのタイミングが予測できないのでNGです。Bは多少の対策にはなりますが、それ以上のスパイクがくる場合に耐えられないのと、運用コストが倍になるのでNGです。

✓ 練習問題3の解答

答え：D

　レプリケーション機能を有効にするためには、レプリケーション元とレプリケーション先のバージョニング設定が必要となるので、Dが正解です。

第4章
展開、プロビジョニング、オートメーション

　この章では、AWSでの各種リソースの構築を支援するサービスについて学習します。

　AWSでは、EC2インスタンスやS3のバケットなど、クラウド上に構築する様々な構成要素をリソースと呼びます。リソースの構築は、コンソールから簡単かつ迅速に行うことができますが、手作業ではミスが発生するリスクも伴います。実際のアプリケーションについても同様です。手作業では作業ミスによるサービスへの障害に繋がりかねません。これらの構築、展開作業を自動化することより、ミスのない安全なクラウド上への展開が可能になります。

　SysOpsアドミニストレーターーアソシエイト試験では、各種リソースやアプリケーションをどのように安全かつ効率的にクラウド上へ構築できるか、また問題が発生したときにどのように対処するかの知識が求められます。

4-1　クラウドリソースのプロビジョニングとメンテナンス

4-2　手動または反復可能なプロセスの自動化

4-1

クラウドリソースの
プロビジョニングとメンテナンス

AWSの各種リソースの構築（プロビジョニング）を自動化することで、以下のような恩恵を受けることができます。

1. **リソースを柔軟に変更できる**：クラウドのメリットとして、リソースを必要な分だけ使うことが挙げられます。たとえば、一時的にEC2インスタンスの台数を増やし、不要になったら台数を減らすことも簡単に行えます。こういった変更作業は繰り返し行われますが、作業の自動化によりミスに対するリスクを最小化することができます。

2. **環境間の差分を減らすことができる**：ソフトウェア開発においては、開発環境、本番環境、テスト環境など複数の環境を構築することが一般的です。特に、クラウドの浸透により複数環境の構築も迅速に行えるようになりました。一方で、複数環境が存在することで作業ミス・漏れなどで環境間に差分が生じ、障害に繋がったりメンテナンス負荷が上がることも多々あります。構築作業を自動化することで環境間の差分を最小化し、障害のリスクを減らすことができます。

AWSからは、リソース構築の自動化やアプリケーションのビルド、デプロイ自動化を支援するサービスが多数提供されています。本節では、これらのサービスを学習します。

AMIの作成と管理

AMIの概要

EC2ではAMI（Amazon Machine Image）を作成することで、OS、ミドルウェア、アプリケーションなどのソフトウェア構成をイメージファイルとしてまとめることができます。AMIには、サーバーのディスクであるEBS（第5章で学習）に格納されるデータや構成情報が含まれておりバックアップとして有効です。また、AMIからEC2インスタンスを起動することで、同じ構成のサーバ

ーを増やすことも容易となります。実際にEC2のコンソールでは、サーバーの
OSとなるAmazon LinuxやWindowsのAMIを選ぶことが可能です。

　加えて、サードパーティの企業が自社のソフトウェア製品を提供するマーケ
ットプレイスでもAMIは利用されます。利用者はマーケットプレイスからAMI
を取得することで、AWS上で簡単にそのソフトウェアを使い始めることがで
きます。

AMIの管理

　AMIを効率的かつ安全に管理するためには、次の2つが利用できます。

○ **AMIのタグ付け**：複数種類のサーバーを運用している場合AMIの数も増えていき
　ますが、タグ付けを行うことで管理が行いやすくなります。特定のタグが付いてい
　ないAMIは起動を許可しない、といった設定も可能です。
○ **暗号化による保護**：AMIは暗号化による保護が可能です。AMIの実態は、EBS内の
　データとインスタンスを構成する管理情報をまとめたものです。そのため、ディス
　クであるEBSの暗号化により作成されるAMIも保護されます。EBSの暗号化につ
　いては第5章で学習します。

EC2 Image Builder

　サーバーにはOSのパッチ当てやアプリケーションのリリースなど多くの更
新作業があります。AMIは作成した時点のイメージとなりますので、サーバー
に更新があった場合にはその都度AMIを更新する作業が生じてしまいます。

　こういった運用や、AMIの作成を支援するのがEC2 Image Builderです。
EC2 Image Builderは、最新のAMI作成や管理を自動化してくれるマネージド
サービスです。また、更新したAMIに対するテストを定義して実行することも
できます。

　EC2 Image Builderに登場する概念を簡単に紹介します。

○ **イメージパイプライン**：AMIを作成するための自動化したプロセスを意味します。
○ **レシピ**：ベースイメージやコンポーネントが何か、といったパイプラインの構成情
　報です。
○ **ベースイメージ**：AMIを作りたいサーバーのOSです。Amazon LinuxやWindows、
　Ubuntuなどが利用可能です。

○ コンポーネント：ベースイメージに対して、追加でインストールするソフトウェアやライブラリのことです。たとえば、JavaやPythonの実行環境もコンポーネントになります。サーバー機能として必要なビルドコンポーネントと、構築した環境のテストに必要なテストコンポーネントに分類されます。独自のコンポーネントをインストールしたい場合は、インストールコマンドをYAMLファイルで定義します。

○ ランタイムステージ：実際にEC2 Image BuilderがAMIを作成するときには、ビルドとテストという2つのステージがあります。ランタイムステージはこれらの総称です。ビルドステージではコンポーネントのインストールなどサーバーの構築が行われ、テストステージでは構築したサーバーに対するテストが行われます。

具体的な利用シーンを挙げてみましょう。たとえば、Amazon LinuxをOSとするJavaアプリケーションのAMIを作成するプロセスを自動化したいとします。この自動化したプロセス全体がイメージパイプラインと呼ばれます。また、パイプラインでは、Amazon LinuxやJavaを使うといった構成情報をレシピと呼びます。パイプラインでは、レシピに従ってAMIを作成します。

1. ベースイメージ（Amazon Linux）を起動する。
2. ビルドステージでは、ビルドコンポーネント（Javaのランタイムやアプリケーション、その他必要なソフトウェア）をインストールする。
3. テストステージでは、テストコンポーネントを実行する。
4. 構築されたEC2インスタンスからAMIを作成する。

AWS CloudFormationの作成、管理、およびトラブルシューティング

概要

AWS CloudFormationは、コードによりAWSリソースの構築を行うためのサービスです。コード化されることにより、リソース構築を自動化でき人為的なミスも極小化できます。また、インフラリソースがGit管理可能になり、チームでの作業や変更の追跡も容易となります。

このようなインフラのコード化は、Infrastructure as Code（IaC）として近年普及しており、様々なサードパーティのツール・サービスが登場しています。CloudFormationはAWSが提供する純正のIaCツールと言えます。

CloudFormationの作成と管理

CloudFormationで重要になる概念を紹介します。

○ テンプレート：リソースを定義するファイルです。YAMLまたはJSONで記述できます。CloudFormationのコアと言えます。主要な要素としては以下があります。

❏ テンプレートの主要な要素

要素	概要
Parameters	CloudFormationの利用者が指定したい値を定義できます。外部APIの接続先URLなど変数化したい値に設定できます。一方で、DBのパスワードなどのセキュアな情報には利用すべきではありません
Resources	必須の属性です。作成するリソースやリソースごとのプロパティ情報を記載します。たとえば、EC2をt3.mediumで起動する、といった情報が記載されます
Conditions	リソースを作成するための何らかの条件を記載できます。たとえば、本番環境・開発環境の区別のためParametersで「EnvironmentType」という変数を指定し、この値が「prod」（本番）だったらリソースを作成する、といった動きが可能です
Transform	テンプレートの処理に利用するマクロを定義します
Outputs	スタックの構築後に出力したい情報を定義します。EC2インスタンスに自動で割り当てられたIPアドレスなど、構築後にはじめてわかる情報を確認するために利用できます

その他の要素や実際のテンプレート例は公式のドキュメントを確認しておきましょう。

📖 AWS CloudFormationテンプレートの使用

URL https://docs.aws.amazon.com/ja_jp/AWSCloudFormation/latest/UserGuide/template-guide.html

○ スタック：テンプレートファイルから作成されるリソースの集合です。これをもとに、実際のAWSリソースが構築されます。たとえば、VPC、EC2、ELBといった複数のリソースを集合として定義すると、それらが一括で構築されます。また削除も一括で行うことが可能です。
○ 変更セット：CloudFormationの実行により影響を受けるリソースを事前に確認することができる機能です。これにより、予想していなかったリソースの変更点に気付くことができます。
○ ドリフト：CloudFormationから作成したリソースも、コンソールなどから手作業で変更されることがあるかもしれません。この場合には、スタックと実際の

展開、プロビジョニング、オートメーション

リソースに差分が生じることになります。この差分をドリフトと呼びますが、CloudFormationではドリフトを検出する機能があります。これにより、テンプレート以外からの変更がないかの確認が行えます。

　CloudFormationを使ったリソース構築の流れを図に示します。テンプレートからスタックが作られ、スタックから実際のリソースが構築される仕組みになっています。

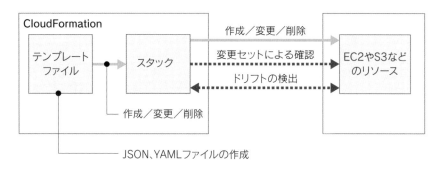

❏ CloudFormationを使ったリソース構築の流れ

AWS CDK

　CloudFormationのテンプレートは、JSONやYAMLで直接記述して作成する以外にも、TypeScript、Java、Pythonなどのプログラミング言語から生成することが可能です。これを実現するツールがAWS Cloud Development Kit（AWS CDK）です。

　開発チームが慣れ親しんだ言語を利用することで、学習コストが少なくIaC（Infrastructure as Code）を導入できるメリットがあります。また、JSONやYAMLと比較してコード量が少なく記述できる他、プログラミング言語の多くはエディタによる補完やチェック機能がありますので、それらを活用することも可能です。

　2022年5月時点で一般公開されているプログラミング言語は以下のとおりです。

O TypeScript　　　　O Python　　　　O C#
O JavaScript　　　　O Java　　　　　O Go

CloudFormationでのトラブルシューティング

ここではCloudFormationで遭遇するトラブル例と、その対応方法をいくつか紹介します。

○ **依存関係のエラー**：リソースによっては、順番どおりに構築しないとエラーになる場合があります。たとえば、インターネットゲートウェイを構築する場合、先にElastic IPアドレスを取得しておく必要があります。こういった依存関係を指定しない場合エラーが発生する可能性があります。これはDependsOn属性で定義できます。

○ **IAMアクセス権限の不足**：CloudFormationを実行する際には、スタックを作成するときに利用するIAMロールに対して、構築対象のリソースへのアクセス権限（IAMポリシー）が必要になります。たとえば、EC2やS3といったリソースを構築する場合、IAMロールにそれらを作成できる権限の付与が必要です。

○ **サービスクォータの超過**：AWSの各サービスには、リソースの数や割り当て量に上限が設けられていることがあります。たとえば、VPCはデフォルトだと1つのアカウントに5つまでの上限があります。これを超えるようなリソースの構築はCloudFormationでエラーの原因となります。

公式のドキュメントには他のトラブルシューティング例が載っていますので確認しておきましょう。

📖 CloudFormationのトラブルシューティング
URL https://docs.aws.amazon.com/ja_jp/AWSCloudFormation/latest/UserGuide/troubleshooting.html

複数のAWSリージョンとアカウントにまたがってリソースをプロビジョニングする

システムの冗長性や可用性を向上させるため、AWSの複数リージョンに対してリソースを構築することがあります。また、AWSでは1つのシステムに複数のAWSアカウントを利用することも一般的です。たとえば、開発環境と本番環境を別アカウントに構築しつつ、さらに別アカウントを用意してログはそこに集約する、といった方法もよく使われます。

こういった、複数リージョン、複数アカウントでAWS利用に役立つ機能やサービスを学習します。なお、複数リージョンやアカウントをまたいだ方法を、それぞれ「クロスリージョン」「クロスアカウント」と呼ぶことがあります。

サービス内の個別機能

✳ AMIのコピー

AMIは別リージョンへのコピーや、アカウントをまたいだコピー（クロスアカウントでのコピー）が可能です。これにより、同じAMIから様々なリージョン、アカウントでEC2インスタンスを起動することができます。

なお、KMSで暗号化されたAMIの場合、キーの種類によってコピーに必要な手順が異なります。KMSの詳細は第5章で学習します。

○ カスタマー管理CMKの場合、キーをコピー先のアカウントに共有する。

○ AWS管理CMKの場合、キーを別アカウントに共有できないため、別のキーであるカスタマー管理CMKを用意して再暗号化を行う。

✳ CloudFormation StackSets

CloudFormation StackSetsでは、複数のリージョンやアカウントに向けてリソースの構築を行うことができます。別リージョンや別のアカウントIDを指定すると、選択した環境でまとめてスタックが作成されます。

別アカウントで作成した開発環境と本番環境に、同一のリソースを構築したい場合などに利用できる機能です。

AWSサービス

✳ IAMクロスアカウントアクセス

IAMロールを利用することで、あるアカウントから別のアカウントのリソースを操作することが可能になります。代表的な方法として、AssumeRoleを利用する方法があります。

AssumeRoleでは、アクセス先のAWSアカウントにIAMロールを用意し、許可する対象のアクセス元アカウントIDを指定します。一方、アクセス元のアカウントでも、アクセス先のアカウントのIAMロールに対する**sts:AssumeRole**のActionを許可したポリシーを用意します。これにより、アクセス元のアカウントから、アクセス先アカウントのリソース操作が可能になります。

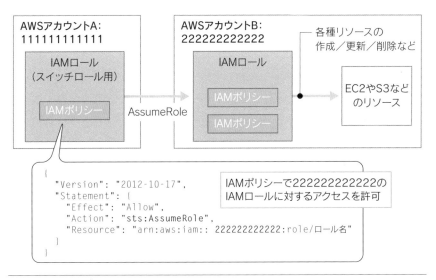

```
{
  "Version": "2012-10-17",
  "Statement": {
    "Effect": "Allow",
    "Action": "sts:AssumeRole",
    "Resource": "arn:aws:iam:: 222222222222:role/ロール名"
  }
}
```

❏ AssumeRole

＊ AWS Resource Access Manager

　AWS Resource Access Manager（RAM）は、AWSアカウント間でのリ
ソース共有を実現するサービスです。RAMから共有したいリソースを選択す
ることで、共有された側のアカウントでもリソースの操作が可能になります。
対象アカウントを選択する方法としては以下の2つがあります。

○ AWS Organizationsで有効化して対象のアカウントにまとめて共有する方法
○ 共有したいアカウントを個別に指定する方法

　なお、RAMで共有できるサービスは一部となります。サービスはアップデー
トにより日々追加されていますので、一覧はドキュメントから確認しましょう。

📖 共有可能AWSリソース
URL https://docs.aws.amazon.com/ja_jp/ram/latest/userguide/
shareable.html

＊ AWS Backup

　AWS Backupはクロスリージョンでのバックアップをサポートしていま
す。たとえば、東京リージョンで作成されたEBSやRDSなどのデータを大阪リ
ージョンにバックアップする、といったユースケースに利用できます。

デプロイメントシナリオとサービスの選択

　アプリケーションをクラウドへデプロイするには様々な方法があります。ここでは、クラウドでよく使われるデプロイ方法と、それをAWSで実現するための方法を学習します。

Blue/Greenデプロイ

　Blue/Greenデプロイでは、新旧バージョンのアプリケーションを並存させ、ロードバランサーなどの機能でトラフィックを旧から新に切り替えることで、新バージョンのリリースを行います。アプリケーションのバージョンをBlue/Greenと見立てることから、このような名前となっています。

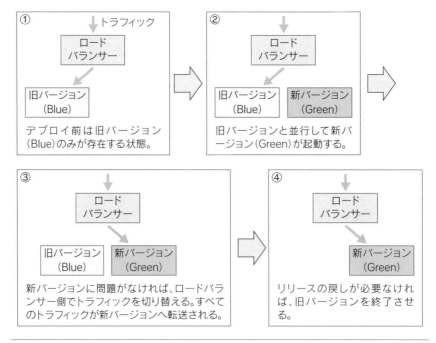

❏ Blue/Greenデプロイ

　Blue/Greenデプロイには次のメリットがあります。

○ ダウンタイムなくアプリケーションをリリースできる。

○ 新バージョンの起動後、ヘルスチェックなどにより正常に動作しているか確認して から切り替えが行える。

○ 新バージョンに問題があった場合、簡単に旧バージョンへ戻すことができる。

AWSでのBlue/Greenデプロイは以下の方法で実現できます。

○ **ELBを使った方法**：AWSのロードバランサーであるELBを利用します。ELBのターゲットグループを切り替えることにより、トラフィックの転送先のインスタンスやアプリケーションをBlueからGreenに変更します。

○ **Lambdaのエイリアスを利用した方法**：LambdaにはLambda関数のバージョンに対してエイリアスを付与する機能があります。これを利用して、動作させたいLambda関数のエイリアスを切り替えることによりBlue/Greenデプロイを実現できます。

○ **Elastic Beanstalkを使った方法**：Elastic Beanstalkでデプロイされたアプリケーションでは、環境のスワップ（eb swapコマンド）によりBlue/Greenデプロイが実現できます。Elastic Beanstalkについては4-2節で学習します。

カナリアリリース

カナリアリリースでは、新旧バージョンのアプリケーションを並存させ、一部のトラフィックのみを新バージョンに流します。たとえば、全ユーザーのリクエストのうち80%を旧バージョン、20%を新バージョンといったトラフィックの制御を行います。その後、新バージョンへの割合を徐々に増やしていき、新バージョンへ切り替えていきます。

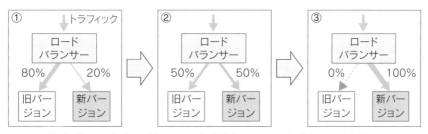

徐々に新バージョンへのトラフィックの割合を増やしていき、切り替えを行う。

❏ カナリアリリース

カナリアリリースには以下のメリットがあります。

○ 新バージョンに問題があった場合でも影響が出るユーザーを限定できる。
○ 一部ユーザーのみ新機能のテストを行いフィードバックを得られる。

　AWSでのカナリアリリースは以下の方法で実現できます。

○ **ALBのターゲットグループに対する加重ルーティング**：ALBに属する複数のターゲットグループに対して、トラフィックの割合をコントロールすることができます。たとえば、旧バージョンをターゲットグループA、新バージョンをターゲットグループBとした場合、Aに80%、Bに20%というトラフィックの制御を行います。
○ **Route 53の加重ルーティング**：Route 53には加重ルーティングの機能があります。これにより、複数のAuto Scalingグループを用意して、Route 53から流すトラフィックの割合を制御できます。ALBのターゲットグループに対する加重ルーティングは2019年のアップデートで登場した機能であり、それまではこちらの方法が使われていました。

　なお、ALBおよびRoute 53いずれの加重ルーティングでも、トラフィックの割合を0%から100%に切り替えることで、Blue/Greenデプロイも実現できます。

■ ローリングアップデート

　ローリングアップデートは、主にコンテナのデプロイで利用できる方法です。稼働しているタスクを徐々に終了しつつ新しいタスクに置き換えていきます。徐々に切り替えが行われるため新旧タスクが混在する時間が生じますが、カナリアリリースのように途中でトラフィックの制御を行うことはできません。
　ECSでのデフォルトのデプロイ方法であり、ELBの用意は不要です。

■ デプロイメントの問題を特定し、修正する

　デプロイメントやリソースの構築で問題が発生した場合、その原因を特定して対処することが求められます。ここでは、よくある問題とその対処法を紹介します。

IAM権限の不足

デプロイやサービスの構築には、そのサービスに対するIAM権限が必要です。リソースの構築を行うIAMユーザーやIAMロールに対して必要なIAMポリシーが割り当てられていなければ、構築の実行時にエラーが発生します。

また、アプリケーションの疎通でも同様です。たとえば、EC2からS3のファイルを読み取るようなアプリケーションの場合、EC2に割り当てるIAMロールにはS3への読み取り権限が設定されたIAMポリシーが必要です。

問題に対する対処法として、IAMの権限確認はまず最初に選択肢に挙がると言えます。

サービスクォータの超過

CloudFormationの項でも紹介しましたが、AWSではサービスごとにリソースの数や割り当て量に上限が設けられていることがあります。これをサービスクォータ（Service Quotas）と呼びます。この上限を超過するようなデプロイは失敗します。

サービスクォータの上限に達した場合、Service Quotasコンソール、またはAWSサポートセンターから引き上げの申請を行うことができます。ただし、サービスクォータによっては引き上げの調整ができない項目もあります。

❏ サービスクォータの例

項目	クォータ値	調整可否
起動できるEC2の上限	合計1152個のvCPUまで[1]	可
リージョンあたりのVPC数	5	可
Elastic IPアドレスの数	5	可
S3バケット数	100	可
CloudFormationテンプレートで宣言されたパラメータ	200	不可

各サービスクォータは公式のドキュメントで紹介されています。各サービスの数字を覚えることは現実的ではありませんが、デプロイ失敗時に問題点の候補として検討できることが重要です。

---

[1]　オンデマンド標準（A、C、D、H、I、M、R、T、Z）インスタンスの場合

📖 サービスエンドポイントとクォータ

`URL` https://docs.aws.amazon.com/ja_jp/general/latest/gr/
aws-service-information.html

サブネットのサイズ上限

　VPCおよびサブネットのCIDR設計によっては、割り当てられるIPアドレスの数が上限に達してEC2などの構築が失敗することがあります。

　たとえば、あるサブネットを/28で設計していた場合、割り当てられるIPアドレスの数は16となります。定常時は十分だったとしても、Auto Scalingを設定した場合には一時的なリソース増加によるIPアドレスの利用が行われます。上限に達した場合にはAuto Scalingの条件を満たしていてもEC2が起動できない、といったことが起こり得るので余裕を持ったサブネットの設計を行う必要があります。

4-1節のポイント

　この節では、クラウドリソースの構築を自動化するCloudFormationや、EC2のOSイメージ（AMI）の管理について学習しました。また、リージョンやアカウントをまたいでリソースを構築するための機能や、Blue/Greenデプロイといったアプリケーションの具体的な展開方法についても学習しました。

　クラウドを利用する大きなメリットの1つは「使いたい分だけ使う」というリソースの柔軟性です。柔軟な分、リソースの変更といった作業が多く発生しますが、これらの機能やサービスを利用して自動化を行うことで、クラウドの恩恵をより多く受けることができます。

　なお、リソース構築の自動化では何らかのエラーが発生することが多々あります。エラーの原因は様々なので、ログや出力されるエラーメッセージの内容をよく確認して原因を検討することが求められます。

練習問題1

あなたはRDSインスタンスの構築にCloudFormationテンプレートを利用しよう
としています。実行後、作成されたインスタンスのメタ情報を確認したいと考えてい
ます。

このときに利用できるテンプレートの要素はどれですか。

A. Resources

B. Init

C. DependsOn

D. Outputs

解答は章末（P.136）

4

展開、プロビジョニング、オートメーション

4-2

手動または反復可能なプロセスの自動化

　システム運用において、繰り返し行ったり手動で行うプロセスを自動化することは重要です。繰り返し実行するプロセスであるデプロイメントやパッチ適用などの操作を自動化することで、その分の運用負荷が下がります。また手動で実行しているプロセスを自動化することで、運用のミスによる障害が避けられるため、積極的に自動化していきましょう。

デプロイメントプロセスの自動化

AWSでのデプロイメント

　AWSでシステムを作る場合、構築対象としてサーバー（EC2）とAWSリソースの2つがあります。EC2のデプロイを行う場合、サーバーに必要なミドルウェアのインストールなどのプロビジョニングが必要となります。有名なサーバープロビジョニングツールと利用可能なAWSサービスの一覧を次の表に示します。

❏ サーバープロビジョニングツール

ツール	AWS OpsWorks	AWS Systems Manager
Chef	○	○
Puppet	○	×
Ansible	×	○

　AWS OpsWorksやAWS Systems Manager（SSM）からサーバープロビジョニングを行うことで、AWSからAPI経由でプロビジョニングを行うことができ、インフラのコード化が促進されます。SSMは実行するアプリケーションのパッケージ配布の自動化なども行えます。

　AWSリソースのデプロイを行う場合は、AWS CloudFormationを利用でき、ほぼすべてのAWSリソースを対象としています。また、サーバーとAWSリ

ソースの両方をプロビジョ
ニングできるツールとして
AWS Elastic Beanstalk が
あります。各AWSサービス
がサーバーとAWSリソース
のどこをプロビジョニング
できるのかを右表に示します。

❑ AWSプロビジョニングサービスの適用対象

AWSサービス	サーバー	AWSリソース
AWS OpsWorks	○	×
AWS Systems Manager	○	×
AWS CloudFormation	×	○
AWS Elastic Beanstalk	○	○

AWS OpsWorks

　AWS OpsWorks は、サーバープロビジョニングツールである Chef や Puppet を利用してアプリケーションを設定および運用するための設定管理サービスです。デプロイメントの対象はEC2とオンプレミスの2種類です。また、デプロイ戦略として Blue/Green デプロイメントも可能です。

　ユースケースとしては、オンプレミスでの構築・運用で Chef または Puppet を既に利用していて、AWSでそのコードを流用して AWS へデプロイしたいときに有用です。

AWS Systems Manager

　AWS Systems Manager（SSM）は、AWSでインフラストラクチャを表示および制御するために使用できるサービスです。SSMはデプロイの自動化だけでなく、タスク自動化やスケジューリング、インスタンスのデータ収集、コンプライアンス遵守確認など多岐にわたる運用タスクが実行でき、20個を超える機能があります。

　EC2インスタンスをSSMから操作する場合、マネージドインスタンスにする必要があります。マネージドインスタンスにすると、たとえばインスタンスへの接続をSSHを利用せずSSMから接続できたり、サーバーのプロビジョニングやパッケージ配布がSSMから操作できるようになります。マネージドインスタンスにするには、サーバーにSSMエージェントを入れてネットワーク・IAMロール的に通信できれば可能です。ちなみに、マネージドインスタンスはEC2だけでなく、オンプレミスのサーバーにも設定できます。

　SSMを利用したデプロイメント自動化でできることはサーバープロビジョニングとパッケージ配布で、それぞれ次のサービスを利用します。

○ **サーバープロビジョニング**：AWS Systems Manager Run Command
○ **パッケージ配布**：AWS Systems Manager Distributor

　AWS Systems Manager Run Command は、マネージドインスタンスの設定を安全にリモートで管理できる機能で、その機能の一部にサーバープロビジョニングがあります。マネージドインスタンスの操作をするアクションを定義する SSM ドキュメントが AWS から数多く提供されており、そこから選択してアクションをマネージドインスタンスへ実行できます。また、SSM ドキュメントは自分で定義することもできます。その中で Ansible と Chef のレシピを実行できる SSM ドキュメントがあり、それを利用してサーバープロビジョニングができます。Ansible のプロビジョニングするアクションを定義する Playbook や Chef のレシピを S3 に配置して実行します。

　AWS Systems Manager Distributor は、ソフトウェアエージェントなどのソフトウェアパッケージを安全に配信およびインストールできます。これを利用して、配布するパッケージを一元的に管理できます。配布する操作は Run Command で実行します。

AWS CloudFormation

　AWS CloudFormation は、インフラ構成のコード化やデプロイの自動化を行う場合はほぼ必ず利用される重要なサービスです。CloudFormation は、Cloud Development Kit（CDK）、SAM、AWS Amplify、AWS Proton、AWS Cloud9 など様々なツールで利用されています。

　デプロイの流れは次のページの図のようになります。

　まずテンプレート（Template）と呼ばれる、JSON/YAML 形式で記載されたリソース定義を作成します。それを CloudFormation からデプロイすると、スタック（Stack）と呼ばれるンプレートの内容を AWS リソースに変換したものが作成されます。このスタックをもとに実際の AWS リソースがデプロイされます。

　スタックの単位でリソースが操作されるので、もし削除したい場合はこのスタックを削除することで関連するリソースがすべて削除されます。また、他の開発者や他のサービスが作った CloudFormation スタックを見れば、何のリソースが作成されるのかがわかるので、調査をするときにも有効です。

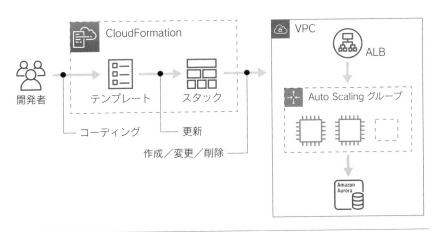

❏ CloudFormationのデプロイの流れ

AWS Elastic Beanstalk

AWS Elastic Beanstalk は、インフラの知識がなくてもアプリケーション を簡単にデプロイできるサービスです。Elastic Beanstalk を利用すると、インフラ部分はAWSに任せることができ、アプリケーションコードに集中できるため、運用負荷が下がります。対応するプログラミング言語は下記のとおり豊富です。

- Java
- PHP
- Ruby
- Python
- Node.js
- .NET
- Docker
- Go

デプロイするインフラ構成は次の表のとおりWebサーバー環境とワーカー環境の二通りあり、ユースケースによって使い分けます。これら以外の構成にしたい場合はCloudFormationでデプロイするとよいでしょう。

❏ Elastic Beanstalkがデプロイするインフラ構成

環境	構成	ユースケース
Webサーバー環境	ELB + EC2 (Auto Scaling)	Webサイト
ワーカー環境	SQS + EC2 (Auto Scaling)	バッチ

EC2へのデプロイ方法も様々です。1つは、動いているインスタンスのアプリケーションを更新する方法です。もう1つは、新しくインスタンスを起動して古いインスタンスから通信を切り替え、古いインスタンスを削除する方法です。それらに加え、インスタンスの更新をまとめて行う方法と、徐々に切り替える方法の2種類があります。それらのデプロイメントの名前は次の表のとおりです。

❏ Elastic Beanstalkで利用できるデプロイメント

	まとめて切り替え	徐々に切り替え
インスタンスを更新	In Place	ローリング
インスタンスを作成／削除	Blue/Green	カナリア

Elastic Beanstalkは上記4つのデプロイメントの利用が可能なので、切り替え時間が許容できれば、Blue/Greenやカナリアがお勧めです。

自動化されたパッチ管理の導入

パッチ管理を自動化するメリット

サーバーやアプリケーションを運用すると、脆弱性や機能追加、バグなど様々な理由でパッチを適用する場面がよくあります。また、パッチを適用する場合、該当する同じサーバーすべてに適用するケースもあります。そのため、パッチ適用の作業を手動で行うと、作業コストが高くなり、作業ミスからの障害を起こしてしまい影響が出るケースもあります。そこで、パッチ適用を自動で行うAWS Systems Manager Patch Managerを利用して運用負荷を下げる必要があります。

AWS Systems Manager Patch Manager

AWS Systems Manager Patch ManagerはSSMの機能の1つで、マネージドインスタンスにパッチを適用するプロセスを自動化します。Patch Manageの概念を次の図に示します。

内部ではSSMの他のサービスであるRun Command、Document、Maintenance Windowsを利用して、パッチを当てる時間やどうやってパッチを当てるかの方法を定義しています。

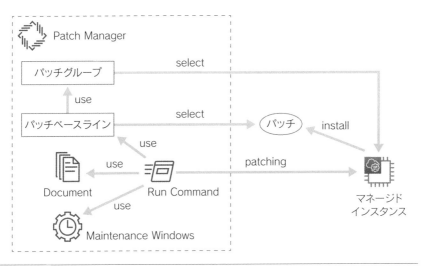

❏ パッチマネージャーの概要

　また、その他にパッチグループとパッチベースラインという概念があります。**パッチグループ**とは、どのマネージドインスタンスに対してパッチ適用するかを定義するものです。**パッチベースライン**とは、どのパッチグループに対してどのパッチを適用するかを定義するものです。これにより、たとえば開発環境はパッチが出てから1日後に利用するが、本番環境は1か月後まで待って利用するというような自動化が可能です。

　さらに、パッチを実際にインストールするのではなく、適用するパッチを確認するだけという方法も可能です。そのため、インストールまで自動化するのは不安なので適用するパッチの確認に留めたい、といったニーズにも対応できます。

自動タスクをスケジュールする

スケジュールの重要性

　プロセスを自動化することは重要ですが、それが実際に実行されなければ意味がありません。そのためプロセスをスケジュールし、自動で実行されるようにすることが重要です。

AWS Config

AWS Config は、AWS リソースのインベントリ管理・構成変更のためのサービスです。AWS リソースはコンソールから操作したり CloudFormation から変更したりと、変更が常に発生します。その AWS リソースの変更を AWS Config が管理できます。

また、AWS Config ルールを利用して、AWS リソースがルールに沿っているかを確認できます。たとえばセキュリティグループの SSH ポートが全開放になっていないか、といったセキュリティ的なチェックが可能で、準拠／非準拠を一覧で確認することができます。そして、この AWS Config ルールの実行はスケジュールできます。スケジュールを利用して毎日実行するようにすれば、24 時間以内のリソースはルールに準拠できているということを証明できます。

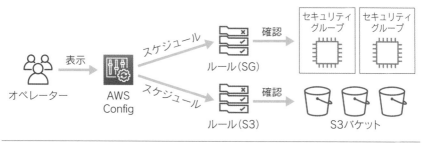

❏ Config ルール

Amazon EventBridge

Amazon EventBridge は、アプリケーションを様々なソースからのデータへ接続するために使用できるサーバーレスのイベントバスサービスです。アプリケーション、SaaS アプリケーション、および AWS サービスからのリアルタイムデータのストリームを、AWS Lambda 関数、API エンドポイントなどのターゲットに配信します。

EventBridge を利用してアプリケーションとアプリケーションを繋ぐとそれぞれの影響が他方に与えづらくなり、疎結合な状態にできます。たとえば AWS Config のイベントを EventBridge で検知でき、Config ルールが非準拠なら、SNS で Slack 通知したり、Lambda で強制的に戻すということも可能になります。

EventBridge は、スケジュールを設定してターゲットを実行できます。これを

利用すれば、毎朝出社後にEC2のステータスを確認するといった手動のタスクを自動化できます。EventBridgeのスケジュールで毎朝9時に起動するように設定し、ターゲットのLambdaからEC2のステータスを確認し、結果をSNS経由のEmailで通知するようなことも可能になります。

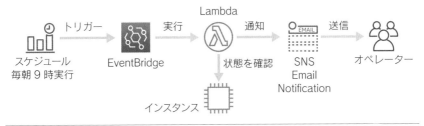

❏ EC2のステータスチェック

 練習問題2

運用チームは、Linux/WindowsのEC2インスタンスを各10台常時稼働で運用しています。ある運用ツールを導入する必要が出てきたため、各サーバーへインストールしなければなりません。今後サーバー数は増える傾向となっているため、楽に実行したいと考えています。導入したいツールが新たに出てきたとしても、最も効率がよく運用に影響を出さずに導入ができる方法はどれですか。

A. インストール用のスクリプトを作成し、SSM Distributorで配布してインストールを実行する。

B. 対象のサーバー一覧はLambdaからEC2のタグをフィルター・取得しDynamoDBに格納する。格納されたデータを別のLambdaが読み込み、各インスタンスへ接続してインストール実行を行う。各Lambdaの実行はEventBridgeで毎日スケジュールする。

C. インストール用と配布用のスクリプトを作成し、ローカル端末から配布スクリプトを実行しEC2インスタンスへ配布する。各EC2にはSSM Session Managerで接続し、インストールを実行する。

D. EC2のユーザーデータにインストールするスクリプトを埋め込み、インストールを実行する。

解答は章末（P.136）

4

展開、プロビジョニング、オートメーション

練習問題の解答

✓ 練習問題1の解答

答え：D

　メタ情報は、インスタンスのIDやIPアドレスといった付随する情報を指します。Outputs
はCloudFormationによるリソース構築後に生成された情報を出力するのでDが正解です。

　AのResourcesはCloudFormationで作成するリソースの種類を指定する要素です。Bの
Initは、ヘルパースクリプトであるcfn-initで実行する内容を記載します。EC2構築時に特
定のスクリプトを実行したり、ミドルウェアをインストールする場合に利用します。Cの
DependsOnは、リソース構築に依存関係がある場合に指定します。たとえば、EC2の前に
RDSを構築したい、といった場合に利用します。

✓ 練習問題2の解答

答え：A

　SSM Distributorは、ソフトウェアエージェントなどのソフトウェアパッケージを安全に配
信およびインストールできる機能で、今回の要件にフィットします。

　Bも可能ですが、構成が複雑になり運用コストがAよりもかかります。Cはインストールが
手動になるためミスの可能性があり、配布スクリプトも端末依存になりがちなので不正解で
す。Dは新しく起動させるインスタンスに対して可能ですが、常に起動しているインスタンス
は再起動が必要となるため、運用に影響が出ます。そのため不正解となります。

第 5 章

セキュリティと
コンプライアンス

　本章では、データやインフラストラクチャを保護するために不可欠なセキュリティについて解説します。AWSにはセキュリティ関連のサービスが数多くあるため、よく整理して把握しなければなりません。また、そのためには関連する概念を確実に理解しておく必要があります。

5-1
AWSにおけるセキュリティポリシーの導入と管理

　ここでは、AWSにおけるセキュリティポリシーの考え方と、導入・管理について学びます。AWSに限らずクラウドを利用する際には、システムだけをどれだけ堅牢に作っていたとしても不十分です。クラウドを操作するアカウント管理に不備があると、設定を変更され簡単に侵入経路を作られてしまうからです。AWSにはアカウントのセキュリティとガバナンスを保つためのサービスがいくつもあります。非常に重要なサービスなので、最低限ここに書いていることは理解しておくようにしましょう。

　セキュリティの対応方法とAWSのサービスの対応は、次の図のようになります。本書ではすべてのサービスを紹介することはできませんが、サービスの概要は押さえておきましょう。

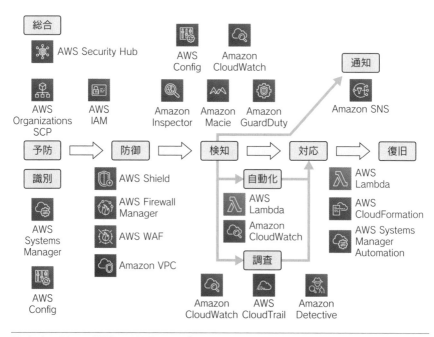

❏ セキュリティ関連のAWSサービス

IAM機能を実装する

　AWSのアカウント管理の肝は、AWSリソースへの認証・認可のサービスである AWS Identity and Access Management（IAM）となります。AWSを操作するには、アカウント作成時に作られるルートユーザーとIAMのどちらかを利用します。ルートユーザーは、その名のとおり根幹となるユーザーで、アカウント内のすべてのAWSサービスとリソースに対してアクセス権限を持つユーザーです。このように権限が強すぎるため、日常的な運用で利用するには不向きです。AWSの構築・運用にはIAMを利用すべきです。

IAMユーザー

　IAMは、AWSを操作するための認証・認可の仕組みです。AWSリソースを利用しているのが誰であるかを特定し、ユーザーごとに利用できるリソースを制限する機能を提供します。IAMの構成要素としては、IAMユーザー、IAMグループ、ポリシー、ロールがあります。それ以外にも派生的な機能は多くありますが、ここではまず基本の4つの機能の解説をします。

　まず認証を司るIAMユーザーです。IAMユーザーの認証方法は2種類あり、ID・パスワードの組み合わせと、アクセスキーID・シークレットアクセスキーの組み合わせが利用できます。AWSマネジメントコンソールへのログインはID・パスワードを利用し、API操作についてはアクセスキーID・シークレットアクセスキーを利用します。認証をより安全にするために、MFA（Multi-Factor Authentication、多要素認証）をオプションとして付けることができます。MFAを利用することで、セキュリティをより強固にできます。MFAには、ハードウェアMFAや仮想MFAが利用可能です。

　また大切なポイントとして、IAMユーザーは必ず利用者ごとに作成しましょう。共用のIAMユーザーを作ると、実際に誰が使っていたのか追跡不能になります。またプログラムやツールから利用するためのIAMユーザーを作る際も、複数のプログラムから共用するのではなく、プログラム・ツールごとにIAMユーザーを作ることをお勧めします。

IAMグループ

IAMグループは、同一の役割を持つIAMユーザーをグループ化する機能です。IAMユーザー同様にアクセス権限を付与することができます。グループに権限を付与しIAMユーザーを参加させることにより、役割別グループを作成できます。たとえば、すべての権限を持った管理者グループや、インスタンスの操作ができる開発者グループといった具合です。また、IAMユーザーは複数のグループに所属することもできます。

IAMグループを利用することにより、権限を容易かつ正確に管理することができます。IAMユーザーに直接権限を付与すると、権限の付与漏れや過剰付与など、ミスが発生する確率が高くなります。一般的なIAMの運用として、IAMユーザーには直接権限を付与せず、IAMグループに権限を付与することが推奨されています。権限の付与方法については、管理ポリシーとインラインポリシーがあります。

IAMポリシー

IAMポリシーは、AWSリソースへのアクセス権限をまとめたものです。ポリシーはJSON形式で記述しますが、AWSが提供するビジュアルエディタにより選択式で作成することも可能です。「Action（どのサービスの）」「Resource（どういう機能や範囲を）」「Effect（許可または拒否）」という3つの大きなルールにもとづいて、AWSの各サービスを利用する上での様々な権限を設定します。作成されたポリシーはIAMユーザー、グループ、ロールに付与することで、AWSのリソースの利用制御を行います。

AWSが最初から設定しているポリシーを利用することもできます。これをAWS管理ポリシー（AWS Managed Policies）と言います。一方、各ユーザーが独自に作成したポリシーをカスタマー管理ポリシー（Customer Managed Policies）と呼びます。

IAMポリシーは、認可管理の肝となります。役割ごとに必要とする最小限の権限をIAMポリシーに付与していくのが望ましいです。これを最小権限の原則と呼びます。

IAMロール

IAMロールは主にAWSのリソースやアプリケーションに対してAWSの操作権限を与える仕組みです。EC2に対してIAMロールを割り与えることにより、EC2上で実行するアプリケーションはアクセスキー ID・シークレットアクセスキーを設定することなく、そのEC2に割り当てられたAWSの操作権限を利用することができます。また、サーバーレスのコード実行基盤であるLambdaや、コンテナサービスであるECSなど、実行している個々のタスクに対してIAMユーザーを割り振れないようなサービスに対してもIAMロールを利用します。

IAMユーザーからIAMロールにスイッチするということも可能です。これを利用することにより、IAMユーザーには認証に関する権限を付与しておき、実際の利用はIAMロールに切り替えて利用するといった運用も可能となります。

IAMのポイント

AWSアカウントのセキュリティの肝はIAMです。利用者ごとにIAMユーザーを作成し、アカウントの共有を防ぎます。IAMユーザーには原則として権限を直接付与するのは避けましょう。権限設定は、役割ごとにIAMグループを作成し、IAMポリシーにより権限を付与します。その上で、グループにIAMユーザーを参加させることにより、グループに設定した権限を利用できるようにします。IAMロールは、主にAWSのリソースにAWSの操作権限を与える機能です。IAMロールを利用することにより、プログラム中にIAMユーザーのアクセスキー ID・シークレットアクセスキーの埋め込みを防ぐことや、LambdaやECSといったAWS上で動くリソースに対しても権限を付与することができます。

これらの4つの機能を正しく理解して、利用者に過大な権限を与えないことが構築・運用上で重要になります。これを最小権限の原則と呼びます。

アクセスに関する問題のトラブルシューティングと監査

AWSには、アクセスに関する問題のトラブルシューティングや監査のサービスがいくつか用意されています。IAMの利用状況を分析するツールとして、AWS IAM Access Analyzerがあります。またAWSアカウント全体に対する脅

威を検出するサービスとして、Amazon GuardDutyがあります。さらにセキュリティデータを分析して視覚化するツールとしてAmazon Detectiveがあります。これらサービスの概要を見ていきます。

AWS IAM Access Analyzer

AWS IAM Access Analyzerは、AWSアカウント外部からの、AWSリソースの利用状況を分析するためのサービスです。ここで言う「AWSアカウント外部」というのは、他のAWSアカウントのリソースを指します。たとえば、別のアカウントのIAMユーザーやフェデレーションユーザー、IAMロール、あるいはAWSサービス自体などがあります。また分析の対象となるサービスはすべてのサービスではなく、IAMロールやS3・KMSなど一部のサービスのみとなっています。分析対象については追加されていくと見込まれるので、公式ドキュメントを随時確認してください。

📖 AWS IAM Access Analyzerを使用する

URL https://docs.aws.amazon.com/ja_jp/IAM/latest/UserGuide/
what-is-access-analyzer.html

IAM Access Analyzerは、CloudTrailのログを分析して疑いのあるアクセスを検出します。検出結果をEventBridgeを利用してSNSで通知することも可能です。問題のあるアクセスに対しての検知や、自動的な対応が可能になります。またIAM Access Analyzerを有効にすると、自動的にAccess Analyzer for S3も有効になります。これはS3に対する分析に関するビューをまとめたものです。

なおIAMには、IAMアクセスアドバイザーという機能もあります。これはIAMリソースがアクセス可能なサービスや過去のアクセス履歴を取得するIAMアクションの1つです。これを利用してAWSマネジメントコンソールやCLIなどから、過去の活動状況を見ることができます。こちらもアクセスに関するトラブルシューティングに利用できるので、合わせて確認しておきましょう。

Amazon GuardDuty

Amazon GuardDutyは、脅威検出と継続的なモニタリングを行うサービスです。

ここで、一般的にリスク統制の方法として、予防的統制と発見的統制があ

ります。**予防的統制**は、そもそも問題が発生しないように事前に防ぐ手法で、**発見的統制**は問題が発生したことを検知して対応する手法です。すべて未然に防ぐ予防的統制でいいのではと思われるかもしれませんが、すべての事象に対して未然に防ぐというのは困難です。そこで発見的統制が必要となります。GuardDutyは発見的統制に分類され、脅威の自動検出とそれに対応した防御を機械的に行うことが可能になります。

GuardDutyの分析対象は、CloudTrail、VPCフローログ、DNSログの3種類です。これらのログから悪意のあるIPや異常パターンなどを検出します。その際には、AWSが保有する過去のパターンから機械学習したインテリジェントな仕組みが活用されます。

ただし、GuardDuty単体では、検知するだけで対処は行いません。そこで、検知結果をSNSを利用して通知したり、Lambdaと連携して自動的に対処したりします。まずはAWSマネジメントコンソールで起きている問題を確認し、それから対応方法を検討しましょう。

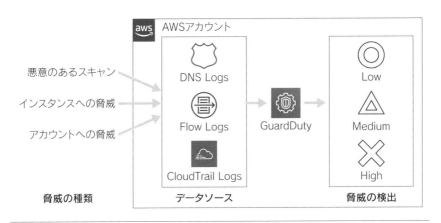

❏ Amazon GuardDuty

Amazon Detective

Amazon Detectiveは、ログデータをもとにセキュリティに関する分析、視覚化をするサービスです。セキュリティの潜在的な問題、あるいは実際に起きた問題を調査する際には、膨大な情報を分析する必要があります。また、分析するには高度な技術と時間が必要になります。その部分を代行してくれるのがDetectiveです。

CloudTrail、VPCフローログ、GuardDutyの情報を受け取り分析します。分析内容は、脅威検出結果に対しての詳細分析、インシデントの影響範囲の特定、侵害痕跡の調査などです。それらを分析した上で視覚化して提供します。GuardDutyで発見した問題の兆候をさらに詳細に深堀りする用途などで使います。

サービスコントロールポリシーとパーミッション

前述のGuardDutyやDetectiveは、リスク統制の中では発見的統制にあたるものです。それに対して、これから紹介するサービスコントロールポリシー（SCP）は予防的統制にあたるサービスです。

SCPはAWS Organizationsの機能の1つです。OrganizationsはAWSのアカウントを管理するサービスで、複数のアカウントを組織としてまとめることができます。その上で、組織内の役割ごとにグループ化し（組織ユニット）、グループごとに統制をかけることが可能です。SCPは、統制をかける際に利用する機能です。

SCPはAWSアカウントに対するポリシーという形でホワイトリスト／ブラックリスト形式で権限を管理する機能です。上位で決めたポリシーは、個々のアカウント単位で打ち消すことはできません。この機能があるために、AWSアカウントに対して強力な統制をかけることができるのです。

たとえば、SCPでVPCにインターネットゲートウェイ作成禁止のポリシーを作成し、対象のアカウントに適用したとします。そのアカウントでは、たとえAdministrator権限を付与したIAMユーザーであったとしても、インターネットゲートウェイを作成することはできなくなります。

このように、アカウント単位でパーミッションをコントロールするのがSCPです。組織のポリシーに従ってAWSアカウントを統制する用途で使います。

SAML 2.0を使用したフェデレーション

外部の認証機関を利用してAWSリソースにアクセス許可を与える方法として、SAML 2.0を使用したフェデレーションがあります。SAML（Security Assertion Markup Language）は、複数の独立したシステムの間で認証要求や認証の可否などの情報をやり取りするための仕様です。外部の認証機関を利

用する利点としては、組織内の認証管理の一元化ができることです。Active Directoryのような組織内の認証を一手に担うIDプロバイダー（IdP）を用意することで、組織・利用者の認証に関する管理負荷を下げることができます。ひいてはセキュリティリスクの軽減にも繋がります。

　AWSアカウントに対してSAML 2.0を使用したフェデレーションを設定する場合は、IAMロールを利用します。IAMロールのプリンシパルの設定でSAMLプロバイダーに対して信頼関係を設定します。信頼関係とはそのIAMロールを持つ権限を委譲する相手の設定のことです。IAMロールの書式の中で、プリンシパルで指定されます。IDプロバイダー側にも、AWSをサービスプロバイダーとして設定した上で、組織のユーザーまたはグループをIAMロールにマッピングするアサーションを定義します。これにより外部のIDプロバイダーを認証局としたフェデレーションが実現可能です。

　SAML 2.0の具体的な設定方法については、IDプロバイダーごとの設定方法を参考にしてください。ここではIAMロールのプリンシパルの役割を理解することが重要です。どのようなリソースに対して権限の委譲ができるのか、ぜひドキュメントにて確認してください。

📖 AWS JSONポリシーの要素：Principal
URL `https://docs.aws.amazon.com/ja_jp/IAM/latest/UserGuide/reference_policies_elements_principal.html`

AWS Directory ServiceによるIdPの構築

　IDプロバイダーとしてよく利用される製品としては、Active DirectoryやLDAPがあります。IDプロバイダーは組織の認証を一手に引き受けることが多いので、組織のシステムの中で非常に重要な役割を担います。EC2上に自前で構築することも可能ですが、AWSのマネージドサービスであるAWS Directory Serviceを利用することで、構築・運用の負荷を最小限にその機能を利用することが可能です。

　AWS Directory Serviceには、次の3つのタイプが用意されています。

○ Simple AD
○ AD Connector
○ AWS Managed Microsoft AD

145

Simple AD は Samba 4 を使用した Microsoft Active Directory 互換のディレクトリサービスで、小規模な組織での認証に向いています。AD Connector は、Active Directory に対するプロキシのようなサービスです。オンプレミス上に構築済みの Active Directory がある場合などに、AD Connector を経由して認証をすることができます。最後に AWS Managed Microsoft AD は、Server Active Directory を構築するマネージドサービスです。Active Directory そのものが必要な場合に選択します。

AWS Directory Service を利用することにより、AWS 上に簡単に ID プロバイダーを構築することができます。AWS 上に構築したシステムの認証局として利用することや、AWS SSO など AWS リソースの利用に対しての認証局としても利用可能です。

安全なマルチアカウント戦略の導入

組織内で AWS の利用が進むにつれて、安全に利用するためにはマルチアカウント戦略が必要になってきます。マルチアカウント戦略の例としては、たとえば、本番環境、テスト環境、開発環境をアカウントとして分離するといったことや、システムの用途ごとにアカウントを分離するといったことなどがあります。また、より高度な戦略としては、すべてのアカウントのログを集約するアカウントや、全体にガバナンスを効かせるためのセキュリティ状況を可視化するためのアカウントを用意するといったことがあります。AWS ではベストプラクティスにもとづいて構成したアカウント管理手法を、Landing Zone という概念にまとめて提唱しています。

この Landing Zone にもとづいたアカウント管理を簡単に実施するためのサービスとして、AWS Control Tower という、アカウント統制のためのサービスが提供されています。Control Tower は AWS Organizations を下敷きとするサービスで、次のような機能を提供します。

○ AWS Organizations を使用したマルチアカウント環境の作成
○ AWS Single Sign-On (SSO) を使用した ID 管理
○ AWS CloudTrail のログや AWS Config のログの集中管理
○ AWS IAM および AWS SSO を使用したクロスアカウントセキュリティ監査

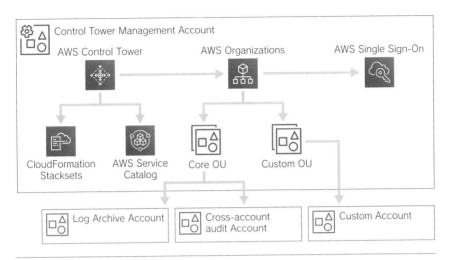

❏ AWS Control Tower

AWS Trusted Advisorのセキュリティチェック

AWS Trusted Advisorは「コスト最適化」「パフォーマンス」「セキュリティ」「フォールトトレランス」の観点からAWSの利用状況を自動的にチェックし、改善ポイントの推奨設定を通知してくれるサービスです。推奨設定はこれまでAWSが長年にわたって蓄積してきた情報にもとづいたベストプラクティスとなっています。

❏ AWS Trusted Advisor

通知されるどの項目も重要ですが、特にセキュリティについての問題を放置しないようにしましょう。なお、Trusted Advisorからの通知はメールのみです。SNSなどのプッシュ型の通知をするためには、Trusted Advisorの設定をして、Trusted Advisorの変更を監視する必要があります。

練習問題1

　A社で管理するあるS3バケットのデータを、B社が構築したAWS上のシステムから参照させたいという要件があります。A社のセキュリティーポリシーとして、パスワードを発行する場合は定期的に変更するというルールがあります。また、データにアクセスした個人を特定できる必要があります。できるだけ手間をかけずにB社にデータを参照させるには、A社はどのようにすればよいでしょうか。

A. 該当のS3バケットに参照権限のあるIAMユーザーをB社向けに発行する。定期的にB社にパスワード変更をしてもらう。

B. B社のIAMユーザーに対して、該当のS3バケットの参照権限のあるIAMポリシーを付与する。

C. 該当のS3バケットの参照権限のあるIAMロールを作成する。そのIAMロールに対して、B社の特定のIAMユーザーからのみ一時的な認証情報を付与する。

D. 該当のS3バケットにバケットポリシーを設定し、B社のシステムの特定のIPアドレスのみアクセス可能にする。

解答は章末（P.166）

5-2
データおよびインフラストラクチャ保護戦略の導入

データ分類スキームの実施

　クラウド上では、アプリケーションのデータやインフラのログなど多種多様なデータが扱われます。これら扱うデータを分類することで、そのデータに適した保持方法でデータを管理できるようになります。

　ここでは、分類したデータを適切に保護する方法を学習します。

ワークロード内のデータを特定する

　ワークロード（システム）内のデータは、そのデータがどのような特徴を持つかによって必要な保護やアクセス統制のレベルが異なります。たとえば、以下のような観点があります。

○　一般公開してもよいデータか

○　顧客の個人情報（PII）か

○　データが知的財産であるか、法的な秘匿特権があるか

　一般公開されるデータは誰でもアクセスできる一方、機密性の高いデータにはアクセスの制限や暗号化を行い復号のための承認プロセスを設ける、といったデータの特徴を考慮した保護を行うことが求められます。

データ保護コントロールを定義する

　AWSでは、ユーザーやサービスに割り当てられたIAMロール、リソースに付けられたタグ、アカウントや組織など様々な方法でアクセス制御を行うことができます。これにより、データの特徴に応じて誰がどのようにデータへアクセスできるか、といった制御を実現します。

　具体的には次のような方法があります。

サービス	方法
IAM	・IAMポリシーを使い、適切なロールに対してのみサービスへのアクセスを許可する ・EC2などに対してタグ付けを行い、IAMポリシーにタグの条件を記載してアクセス制御を行う（属性ベースのアクセスコントロールと呼ばれる）
S3、KMSなど	・リソースベースのポリシーを使い、リソースにアクセスできる対象の制御を行う （例1）S3：バケットポリシーを使いオブジェクトへのアクセスを制御 （例2）KMS：キーポリシーを使い暗号化キーへのアクセスを制御
Organizations	・SCP（サービスコントロールポリシー）を使い、適切な組織やアカウントに対してサービス、リソースへのアクセスを許可する

データのライフサイクル管理を定義する

データには保管されてから削除されるまでのライフサイクルがあります。ライフサイクルも、機密性や、法的および組織の要件といったデータの特徴により異なります。

たとえば、個人情報データは5年間保管する、といった法的な要件が存在するケースもあります。データの要件を考慮し、データのアクセス統制と使いやすさのバランスを取った設計を行うことが求められます。

識別および分類を自動化する

データの識別や分類作業を自動化することで、作業の効率化や人為的なミスの防止に役立ちます。AWSには、Amazon Macieという機械学習によるデータ分類、識別の自動化サービスがあります。

たとえば、S3のデータに個人情報と思われるデータが含まれていた場合にアラートを発する、といった機能を提供します。これにより、機密データを意図しない方法で保管していたことを検知することが可能です。これは、AWSにおけるベストプラクティスを集めたAWS Well-Architectedフレームワークの「セキュリティの柱」に記載されています。

📖 セキュリティの柱－データ分類

URL https://docs.aws.amazon.com/ja_jp/wellarchitected/latest/security-pillar/data-classification.html

暗号化キーを作成、管理、保護する

KMSの概要

　AWSでの暗号化キーの管理には、AWS Key Management Service（KMS）が利用されます。KMSは暗号化キーの作成と管理を行うマネージドサービスです。AWSの他サービスからも利用され、AWSで暗号化処理が行われる場合、KMSのAPIが利用されることがほとんどです。マネージドサービスのため、キーの可用性、物理的セキュリティ、ハードウェア管理はAWS側の管理となり、利用者が意識する必要はありません。

エンベロープ暗号化

　KMSではエンベロープ暗号化と呼ばれる仕組みを利用しています。これは、暗号化のために使用するキーをさらに別のキーで暗号化する仕組みです。暗号化のために使用するキーをCustomer Data Key（CDK）と呼び、CDKを暗号化するキーをCustomer Master Key（CMK）と呼びます。KMSは、CMKの管理をAWSに委ねることができるマネージドサービスです。

KMSのAPIと暗号化／復号の流れ

　KMSのAPIからCMK、CDKを用いてどのように暗号化／復号が行われるかを表したのが次ページの図です。

　暗号化時には**GenerateDataKey** APIを用いることで、KMSから暗号化のためのCDK（データキー）を取得できます。利用者はこれを使ってデータを暗号化します。

　一方、復号時には**Decrypt** APIを使います。利用者は暗号化時に暗号化されたCDKを保存しておき、Decrypt APIを使って復号します。その後、復号したCDKを使って暗号化されたデータを復号します。

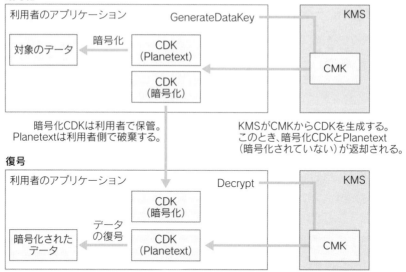

暗号化

利用者のアプリケーション　　　GenerateDataKey　　　KMS

対象のデータ ← 暗号化 ← CDK（Planetext）　　　CMK

CDK（暗号化）

暗号化CDKは利用者で保管。
Planetextは利用者側で破棄する。

KMSがCMKからCDKを生成する。
このとき、暗号化CDKとPlanetext
（暗号化されていない）が返却される。

復号

利用者のアプリケーション　　　Decrypt　　　KMS

CDK（暗号化）

暗号化された ← データ ← CDK（Planetext）← CMK
データ　　　の復号

暗号化CDKを指定してDecryptを実行する。
KMSではCMKを使って暗号化CDKを復号する。

❏ KMSデータ暗号化の流れ

　KMSには、その他にも以下のようなAPIが用意されています。

❏ KMSの主要なAPI

API	概要
CreateKey	新規のCMKを生成します
EnableKeyRotation	CMKには、定期的に新しいキーを生成してそれを利用するローテーション機能があります。これを有効化するAPIです
Encrypt	指定したデータキーを暗号化するためのAPIです。ただし、GenerateDataKeyやGenerateDataKeyWithoutPlainTextにより暗号化されたデータキーが生成されるため、Encrypt自体は頻繁には利用されません
GenerateDataKey WithoutPlaintext	上図のとおり、GenerateDataKeyでは、暗号化されたデータキーと暗号化されていないデータキー（Plaintext）の2つが返却されます。暗号化されたCDKのみを利用したい場合に利用するAPIです

■ キーポリシー

　KMSにはリソースベースのポリシーとして**キーポリシー**を定義できます。これによりキーごとのアクセス制御が可能になります。

キーポリシーはIAMポリシーのようなJSON構文で表現されます。以下の例では、ExampleRoleというロールに対して、Actionに定義されたKMS APIの利用を許可しています。

❏ キーポリシーの例[†1]

```json
{
    "Version": "2012-10-17",
    "Id": "key-sample-policy",
    "Statement": [{
        "Sid": "Allow use of the key",
        "Effect": "Allow",
        "Principal": {"AWS": [
            "arn:aws:iam::111122223333:role/ExampleRole"
        ]},
        "Action": [
            "kms:Encrypt",
            "kms:Decrypt",
            "kms:ReEncrypt*",
            "kms:GenerateDataKey*",
            "kms:DescribeKey"
        ],
        "Resource": "*"
    }]
}
```

保存時の暗号化を実装する

AWSではデータの暗号化を「保存時」と「転送時」に分けて考えます。ここでは、保存するデータに対する暗号化の方法を学習します。

保存に使うストレージの種類

一般的に、データを保存するストレージには次のような種類があり、AWSからも対応するサービスが提供されています。データの特徴に応じて利用するサービスが異なりますが、それぞれ暗号化が可能です。

[†1] 出典：「AWS KMS のキーポリシー」(https://docs.aws.amazon.com/ja_jp/kms/latest/developer guide/key-policies.html) から一部抜粋して修正

❏ ストレージの種類と対応するAWSサービス

ストレージの種類	概要	対応するサービス
オブジェクト ストレージ	・ ファイルをオブジェクトとしてフラットな形式で 保存する ・ データを無制限に格納できる特徴がある	S3
ブロック ストレージ	・ データをブロック単位に分割して保存する ・ サーバーのハードディスクなどに利用される	EBS
ファイル ストレージ	・ ディレクトリとファイルの構造を持つ形式でファ イルを保存する ・ 一般向けのPCなどに利用される馴染みのある形 式	EFS

S3の暗号化

　まず、多くのケースで利用されるS3のデータ暗号化について学習します。S3 に保存するデータの暗号化には、暗号化のタイミングによりサーバーサイド暗 号化とクライアントサイド暗号化の2つの方式があります。

＊ サーバーサイド暗号化

　サーバーサイド暗号化は、S3にデータが到達した後、S3側でデータの暗号化 を行う方法です。暗号化はS3によって行われるので、ユーザーはデータの暗号 化を意識せずに保存されたデータにアクセスできます。通信経路上はデータが 暗号化されませんが、簡単に実装することができます。

　暗号化には以下のキーを使った方法があります。

○ AWS所有CMK (SSE-S3) (コンソールでは「AmazonS3キー」)

○ カスタマー管理CMK (SSE-KMS) (コンソールでは「AWS Key Management Service」)

○ ユーザーが指定したキーによる暗号化 (SSE-C)

暗号化キータイプ
お客様が用意した暗号化キー (SSE-C) を使用してオブジェクトをアップロードするには、AWS CLI、AWS SDK、または Amazon S3 REST API を使用します。

◉ **Amazon S3 キー (SSE-S3)**
Amazon S3 が作成、管理、使用する暗号化キー。詳細 ▸

○ **AWS Key Management Service キー (SSE-KMS)**
AWS Key Management Service (AWS KMS) で保護されている暗号化キー。詳細 ▸

❏ サーバーサイド暗号化のキータイプ (コンソール画面)

　SSE-S3およびSSE-KMSは、KMSを利用した暗号化です。SSE-S3はAWSアカウントの利用者には見えないCMKであり、AWSサービスが裏側で利用しているものです。一方、AWS利用者側で独自にキーの作成や管理を行いたい場合は、SSE-KMSを利用することもできます。この場合、別途KMSの料金が発生します。

　SSE-CではKMSを利用しません。セキュリティ要件などに対応するため、AWS環境とキー情報の保存場所を分けたい場合にはSSE-Cを利用します。SSE-Cはコンソールからは利用できず、AWS CLI、AWS SDK、またはS3のREST APIを使用する必要があります。

✳ クライアントサイド暗号化

　クライアントサイド暗号化は、クライアント側でデータを暗号化してS3にアップロードする方法です。アプリケーション側で暗号化処理を実装します。S3に保存するとき、通信経路上もデータは暗号化された状態になるため、よりセキュアに取り扱うことができます。

　暗号化の方法としては、KMSに保存されたCMKを利用する方法や、AWSの提供する暗号化SDK、または独自実装の暗号化方式などを選択することができます。KMSを利用しない場合、暗号化のキーは利用者側で大切に管理する必要があります。

EBSの暗号化

　EBSはEBSボリュームとスナップショットのいずれも暗号化が可能です。暗号化にはS3同様にKMSが利用されます。また、EBSボリュームは、ブートボリューム、データボリュームのいずれも暗号化が可能です。EBSボリュームを暗号化すると、以下も合わせて暗号化が行われます。

○ 暗号化されたEBSボリュームから作成されたスナップショット

○ そのスナップショットのコピー

○ そのスナップショットから作成されたEBSボリューム

　この関係を図に表すと以下のとおりです。

5
セキュリティとコンプライアンス

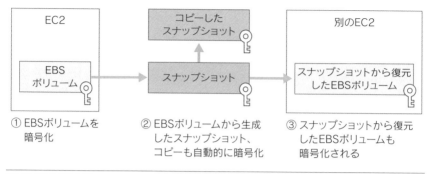

① EBSボリュームを
　暗号化

② EBSボリュームから生成
　したスナップショット、
　コピーも自動的に暗号化

③ スナップショットから復元
　したEBSボリュームも
　暗号化される

❏ EBSの暗号化

✳ デフォルト暗号化の強制

　アカウントの設定によりEBSの暗号化を強制する（デフォルトで暗号化する）ことができます。デフォルト暗号化はリージョンごとの設定です。有効化した場合、そのリージョンで利用者が個々のEBSボリューム、またはスナップショットを暗号化せずに生成することができなくなります。

　設定は、既に作成したEBSボリューム、スナップショットには影響しません。ただし、ボリューム、スナップショットを復元およびコピーする場合には暗号化が必須となります。たとえば、デフォルト暗号化を有効にして、暗号化されていないEBSボリュームから復元すると、復元されたEBSボリュームは暗号化されます。

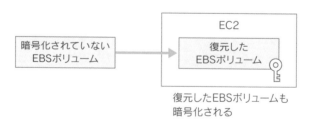

復元したEBSボリュームも
暗号化される

❏ デフォルト暗号化が有効な場合

EFSの暗号化

　EFSはファイルシステムの作成時に暗号化するか選択できます。コンソールから作成した場合はデフォルトで暗号化が有効になりますが、CLIから作成した場合は有効にはなりません。暗号化の仕組みとしては、他と同様にKMSが利

用されています。

　EFSで暗号化を行うと、保存されるデータとメタデータはファイルシステム
に書き込まれる前に暗号化されます。

✳ 暗号化の強制

　EBS同様に、EFSでも暗号化の強制が可能です。暗号化されたファイルシス
テムの作成のみを許可します。方法としては、IAMポリシーの「condition」の
「elasticfilesystem:Encrypted」を使う方法や、AWS OrganizationsのSCPにより
組織全体として暗号化を強制する方法が利用できます。

RDSの暗号化

　データベースの暗号化についても学習しておきましょう。Auroraを含むRDS
についてもDBインスタンス、スナップショットが暗号化できます。RDSでは、
インスタンスを新規に作成するときのみ暗号化の設定が可能です。暗号化され
ていないインスタンスから作成されたスナップショットは暗号化されません
が、スナップショットのコピーを暗号化することは可能です。また、暗号化済み
コピーからDBインスタンスを復元する場合、新規に暗号化されたインスタン
スが起動することになります。

転送時の暗号化を実装する

　保存時に続いて、転送時のデータに対する暗号化の方法を学習します。

ACMの概要

　ネットワーク上のデータ暗号化には、SSL/TLSの利用が一般的です。AWS
Certificate Manager（ACM）は、SSL/TLSで用いる証明書の発行と管理を
行うマネージドサービスです。ACMでは、コンソール等から証明書の発行を簡
単に行うことができます。

　一般に、証明書の発行には秘密キーの作成と管理が伴いますが、ACMがこれ
らをマネージドに行うため利用者の負荷が軽減されます。また、ACMでは他サ
ービスと統合された証明書の自動更新も行われるため、証明書の更新忘れとい

ったミスのリスクを減らすことも可能です。

他にもACMの特徴には以下のようなものがあります。

○ パブリック証明書とプライベート証明書の両方が発行可能
○ 外部で発行した証明書のインポートが可能

✳ 他サービスとの統合

ACMで発行した証明書は他のAWSサービスと統合ができます。代表的なサービスを2つ紹介します。

○ Elastic Load Balancing (ELB)
   ○ ロードバランサー (ELB) に証明書を適用することで、外部からのアクセスをSSL/TLSで暗号化することができます。
   ○ ACMで発行した証明書をEC2に直接インストールすることはできないので、ELBに適用する必要があります[2]。
○ Amazon CloudFront
   ○ ディストリビューションに証明書を適用することで、CloudFrontで配信されるコンテンツへのアクセスを暗号化することが可能です。
   ○ CloudFrontでACM証明書を使用するには、米国東部 (バージニア北部) リージョンの証明書を利用する必要があります。

✳ ACMの制約

ACMには以下のような制約があります。もしシステムの制約上ACMが利用できない場合には、外部での証明書発行を検討しましょう。

○ ACMはドメイン検証 (DV) の証明書です。拡張検証 (EV) 証明書または組織検証 (OV) 証明書を利用するには、外部での発行を行いACMにインポートする必要があります。
○ EV証明書のようなインポートした証明書の場合、自動更新は行われません。
○ プライベート証明書のエクスポートはできますが、パブリック証明書はエクスポートできません。

---

[2] AWS Nitro Enclavesという機能を使った場合にはEC2に対してインストール可能ですが、比較的新しいアップデートでありインストール不可の認識でよいかと思います。

各サービスでの暗号化設定

AWSの各サービス内でも通信の暗号化設定が可能です。特に、外部からの接続先になる以下のようなサービスでSSL/TLSのみアクセス可能とすることで、よりセキュアな通信を実現できます。

❏ 通信の暗号化が可能なAWSサービス

サービス	設定内容
CloudFront	・ **ビューワープロトコルポリシー**に**Redirect HTTP to HTTPS**または**HTTPS Only**を設定することで、ビューワー（アクセス元）からディストリビューションへのリクエストをHTTPSにすることができます ・ **オリジンプロトコルポリシー**で**HTTPS Only**を設定することで、ディストリビューションとオリジン間の通信をHTTPSに設定できます。また、ビューワープロトコルポリシーがHTTPS設定の場合には、**Match Viewer**も利用できます
ELB	・ ACMの「他サービスとの統合」の項で紹介したとおり、ロードバランサーに証明書を適用することが可能です。また、ACM以外で発行した証明書も利用できます。これにより、ALBにHTTPSに対応したリスナーを作成することができます。これはSSLオフロードとも呼ばれます ・ NLBに関してはネットワーク層でのTLSリスナーが利用可能です

AWS VPN

Virtual Private Network（VPN）は、インターネットを利用して仮想のプライベートネットワークを構築する技術です。AWS VPNでは、AWS上のネットワークとオンプレミスやその他リモート拠点のネットワークをVPNによって接続することで、セキュアにAWSへアクセスすることが可能になります。

接続方法としては以下のようなものがあります（これらの他に、サードパーティ製のクライアントVPNソフトも利用可能です）。

○ AWS Site-to-Site VPN：オンプレミスとAWSの拠点間のネットワークを、IPsecおよびVPN接続する仕組みです。オンプレミス側にVPN接続のための機器（カスタマーゲートウェイデバイス）を用意する必要があります。社内ネットワークとAWSのネットワークを接続したい場合などに利用します。

○ AWSクライアントVPN：AWSのネットワークやリソースに対して、各クライアントからTLS VPNセッションにより接続する仕組みです。たとえば、リモートワークのようなケースで、社員が利用する端末にVPNクライアントとなるソフトをインストールすることで、各端末からのVPN接続が可能になります。

AWSのサービスを使用して
シークレット情報を安全に保管する

アプリケーションで利用するパラメータには、DBのパスワードやサードパーティのAPIアクセスキーといったシークレット情報が含まれることがあります。これらの情報はアプリケーションにハードコードすることなく、環境変数で読み込ませたり外部から取得して利用することが望ましいです。

ここでは、シークレット情報の管理やアプリケーションでの利用を補助するAWSのサービスを学習します。

AWS Secrets Manager

AWS Secrets Managerは、シークレット情報の管理やローテーションを行うマネージドサービスです。管理するシークレット情報は、Secrets ManagerのAPIや環境変数を介して取得可能で、アプリケーションにハードコードすることなく情報を利用できるメリットがあります。

Secrets ManagerはRDSやRedshiftと統合されており、データベースのパスワードを自動的に更新するローテーション機能も備えています。

✳ アクセス制御

Secrets Managerへのアクセス制御には、IAMポリシーとリソースベースのポリシーの2種類が利用できます。IAMポリシーでは、Secrets Managerへのアクセスを許可するユーザーやロールを指定でき、リソースベースのポリシーではシークレット単位でのアクセスの制御が可能です。

また、Secrets Managerはシークレットを暗号化して管理しており、このためにKMSが利用されています。デフォルトでは、Secrets Managerが裏側でKMSを利用しているため利用者はあまり意識しませんが、カスタマー管理CMKを利用する場合には、ユーザーが指定したキーを利用することができます。この場合、KMSの利用料金が発生します。

✳ 利用上の注意

アプリケーションからSecrets Manager APIを利用するには、IAMロールの割り当てが必要になるので注意が必要です。また、Secrets ManagerのAPI呼び

出しにはサービスクォータが設けられているため、大量のシークレット呼び出しを行う場合には注意が必要です。

Systems Managerパラメータストア

AWS Systems Manager（SSM）は、インフラを統合的に管理する多数の機能を提供するサービスです。その中の一機能であるパラメータストア（Parameter Store）は、シークレットを含むパラメータ情報を統合的に管理する機能を提供しています。Secrets Manager同様に、アプリケーションからSSMのAPIを利用してパラメータを取得可能なので、ハードコードせずに情報を利用できるメリットがあります。

その他、パラメータストアには以下のような機能があります。

○ 変更された場合に通知したり、それをトリガーに別のアクションを実行することが可能
○ パラメータにラベルを持たせて、特定のバージョンを利用することが可能
○ アクセス制御はIAMポリシーにより行う。パラメータごとのアクセス制御はタグ付けと合わせて行う
○ EC2やLambda、ECSなど多用なサービスから読み込むことが可能
○ 階層構造でパラメータを設定可能

❏ 階層構造の例

```
/ABC-Project/dev/database-user
/ABC-Project/dev/database-password
/ABC-Project/prod/database-user
/ABC-Project/prod/database-password
```

Secrets Managerとパラメータストアの使い分け

Secrets Managerとパラメータストアはいずれもシークレット情報の管理を行えるサービスであり、セキュリティレベルにも違いはありません。そのため、どちらを使えばよいかという問いに単純な答えがないのが実情です。

詳細な機能レベルで見ると、次のような使い分けが考えられます。

5 セキュリティとコンプライアンス

- ○ **Secrets Managerを利用するケース**
  - ○ シークレットのローテーション機能を利用したい場合
  - ○ タグではなくリソースベースのポリシーによるアクセス制御を行いたい場合
- ○ **パラメータストアを利用するケース**
  - ○ シークレット情報とそれ以外のパラメータをまとめて管理したい場合
  - ○ 階層構造でパラメータを管理したい場合

以下のWebページも参考にしてください。

📖 AWS Systems Managerのよくある質問
`URL` https://aws.amazon.com/jp/systems-manager/faq/

レポートまたは調査結果を確認する

データやインフラストラクチャを保護するには、各リソースやAWSアカウント上での不審な操作や挙動を記録したり、検知することも重要です。これらのユースケースに利用できるサービスを学習します。

AWS CloudTrail

AWS CloudTrailは、コンソールやAWS CLI、SDKといったAWSに対して行う操作を記録して提供するサービスです。これにより、AWSアカウント上で不審な操作やインシデントが発生した際に、誰がいつ作業したか、といったAWSの操作ログ(イベント履歴)を取得することが可能になります。

なお、CloudTrailはデータやアカウントの保護に重要なサービスですので、アカウント作成時に自動で有効化が行われます。CloudTrailについては2-3節も合わせて確認しましょう。

その他、CloudTrailの以下の機能もアカウントの保護に役立ちます。

- ○ CloudTrailでは無料で90日分のイベント履歴が記録されています。証跡の作成を有効化することで、90日以上過去のログを記録してS3などに保管することが可能です。
- ○ ログファイルの整合性の検証を有効にすることで、ログ自体が改ざんされていないことが保証されます。

○ SNSと統合することで、特定の操作が発生したときにEメールなどで通知すること
が可能です。

AWS Config

AWS Config は、各リソースの設定内容を評価、監査できるサービスです。
2-4節で学習したAWS Configルールおよび修復アクションを利用することで、
設定内容に問題があった場合には、検出・通知・修復することができます。また、
設定の変更履歴も記録されるため、問題があった場合の原因特定にも利用でき
ます。

Amazon Inspector

Amazon Inspector は、EC2インスタンスの脆弱性を評価および検出するサ
ービスです。Amazon InspectorエージェントをEC2インスタンスにインストー
ルすることで、EC2の評価が可能となります。評価後には、結果を記した評価レ
ポートを生成できます。

Amazon GuardDuty

Amazon GuardDuty は、リソースやAWSアカウントに対する不審なアク
ティビティやインシデントを自動検知するサービスです。概要は5-1節で学習
したとおりですが、たとえば以下のような事象を検知できます。

○ マルウェアに侵害されたEC2インスタンス
○ これまで使用されたことのないリージョンへのインスタンスのデプロイ
○ アカウントへの異常な操作（例：パスワードの強度が下げられるなど）

GuardDutyはアカウント保護に重要なサービスですので、全リージョンでの
有効化が推奨されています。

AWS Security Hub

ここまでいくつかのサービスを紹介してきましたが、サービスの数が増える
とそれらの結果を確認したり管理する負荷が高まります。これに対して、AWS
Security Hub は、AWSアカウントにおけるセキュリティの状態と、セキュリ

セ
キ
ュ
リ
テ
ィ
と
コ
ン
プ
ラ
イ
ア
ン
ス

ティのベストプラクティスに準拠しているかどうかを包括的に把握する機能を提供しています。つまり、各サービスの検出結果をまとめて確認することができるサービスです。

　AWS ConfigやGuardDuty、Amazon Macieなどの各種サービスとも統合されるので、それらが検出した内容をまとめて確認できます。

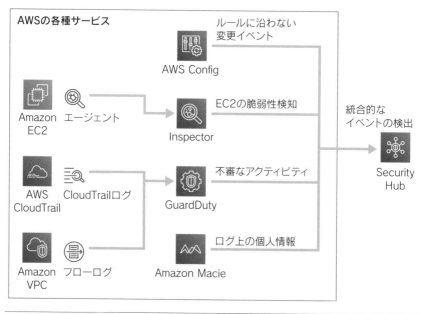

❑ Secutiry Hub

　チェックの基準となるベストプラクティスには以下があります。

○ CIS AWS Foundations Benchmark
○ Payment Card Industry Data Security Standard（PCI DSS）
○ AWSのセキュリティベストプラクティス

　これらの基準に対して、現在のAWSアカウントおよび各リソースがどの程度準拠しているかを、セキュリティスコアとして確認できます。

AWS Artifact

　企業がAWSなどのクラウドサービスを利用する場合、クラウドサービス側

でセキュリティやコンプライアンスが適切に守られているかの評価を行うことがあります。AWS Artifactは、AWSに対するISO認定、PCI、SOCなどの監査レポートをダウンロードできるサービスです。

5-2節のポイント

　AWSにおけるベストプラクティスの1つとして、多種多様なデータを分類してそのデータに適した保護や管理を行う考え方があります。この節では、AWSでデータ保護を行うためのサービスや機能を学習しました。

　データの保存時にはKMSなどを利用して、サーバーサイドおよびクライアントサイドでの暗号化を行うことで保護することができます。一方、データの転送時にはACMによる暗号化やAWS VPNが活用できます。また、アプリケーションから利用するシークレット情報はSecrets Managerやパラメータストアを利用することで保護できます。

　加えて、データを保護するためにはAWSアカウントに対する不審な操作や挙動を記録、検知することも必要です。AWSには、CloudTrailやSecurity Hubといった様々なサービスが用意されており、アカウントの保護に利用できます。

 練習問題2

　ある企業は画像共有ストレージとしてS3を利用しています。社内のセキュリティポリシーでは、保管されたデータの暗号化が求められています。一方、伝送経路が暗号化されていれば、クライアント側でのデータ暗号化までは求められていません。また、暗号化キーは自社で作成する必要があります。暗号化キーはオンプレミスまたはクラウドのセキュアな環境で管理される必要があります。

　この要件を満たしつつ、管理の負荷を減らすことができる暗号化方式を選択してください。

　A. SSE-S3
　B. SSE-KMS
　C. SSE-C
　D. CSE

解答は章末（P.166）

練習問題の解答

✓ 練習問題１の解答

答え：C

A. 誤り。B社からのS3へのアクセスは実現できます。ただし、A社管理のIAMユーザーをB社に渡すことになり、ユーザーはA社で管理するもののパスワード変更がB社任せなことで責任分界点として曖昧です。IAMユーザーにカスタムパスワードポリシーでパスワード変更を義務付けることも考えられますが、もっと適切な選択肢はありそうです。

B. 誤り。別のAWSアカウントのIAMユーザーに対して、IAMポリシーを付与することはできません。

C. 正解。IAMロールは、他のAWSリソースやAWS以外の外部IDに対して一時的な認証情報を付与することができます。IAMロールを使うことにより、利用者の管理はB社側に任せることができます。参照権限のコントロールはA社側にあるので、責任分界点としてわかりやすい形にできます。

D. 誤り。ネットワーク境界による防御の例です。この方法だと、B社のシステムを利用できる不特定多数の人にS3上のデータが参照可能になります。またA社側としては、誰がアクセスしたかも特定できません。何らかのユーザー認証を行う必要があります。

✓ 練習問題２の解答

答え：B

この問題では、「サーバーサイド暗号化が可能であること」と「暗号化キーを自社で作成すること」の2つが条件となっています。この2つに該当するのはBとCです。BのSSE-KMSは、KMSでカスタマー管理CMKを作成し暗号化を行う方式です。一方、CのSSE-CはKMSを使わずに独自の暗号化キーを作成する方式です。

両者を比べると、AWSのマネージドなサービスであるKMSを利用したほうが暗号化キーの管理負荷は小さいため、Bが正解になります。

AのSSE-S3は、S3が裏側で暗号キーを生成する方式なので要件を満たしません。

DのCSE（クライアントサイド暗号化）でもセキュリティポリシーは満たしますが、サーバーサイド暗号化に比べて管理負荷が大きい点から正解ではありません。

第6章

ネットワークとコンテンツ配信

　AWSに限らず、ネットワークはシステムの設計を行う上で欠かすことのできない非常に重要な概念です。AWSには大小様々なネットワーク関連サービスがあり、AWSのネットワーク設計を行うためにはそれぞれのAWSサービスの機能や特性を理解する必要があります。

　認定試験においては、各AWSサービスの基本的なネットワーク機能や、AWS環境からコンテンツを配信する機能、AWSネットワーク内で発生した問題をトラブルシュートする方法を理解しておく必要があります。また、Amazon Route 53とAmazon CloudFrontを理解できれば、AWS環境から手軽にすばやくコンテンツ配信を行うことができるようになるので、実業務でも非常に役に立つでしょう。

　本章ではAWSのネットワークサービスの中心であるAmazon Virtual Private Cloud（Amazon VPC）の基本的なネットワーク機能、ドメイン名とIPアドレスの変換を担うDNSサービスであるAmazon Route 53、Webコンテンツ配信を高速化するContent Delivery Network（CDN）サービスであるAmazon CloudFrontについて触れた後、トラブルシュート時に理解しておくべきいくつかのポイントについて解説します。

6-1

ネットワーク機能と接続性の実装

VPCの設定

Amazon Virtual Private Cloud（VPC）は、AWSのネットワークサービスの中心です。まずVPCの機能を理解した上で、様々な事象への対応を学んでいきましょう。

VPC

VPC（Amazon Virtual Private Cloud）はAWS上に利用者ごとのプライベートな仮想ネットワーク環境を作成するサービスです。AWSで仮想ネットワーク環境の作成を行う際はまず大枠としてこのVPCを作成し、VPCに紐付ける形で必要なネットワーク設定を追加して仮想ネットワーク環境を作成していくことになります。

VPCはリージョン単位で任意のIPアドレス範囲をCIDRブロック形式で/16から/28の範囲で指定して作成することができます。一般的には次のようなクラスAからクラスCのプライベートIPアドレス範囲のいずれかの値を使用してネットワーク設計を行います。ただし、VPCで指定するIPアドレス範囲として、プライベートIPアドレス範囲以外のグローバルIPアドレス範囲も指定できてしまうので注意してください。

○ **クラスA**：10.0.0.0 〜 10.255.255.255.255
○ **クラスB**：172.16.0.0 〜 172.31.255.255
○ **クラスC**：192.168.0.0 〜 192.168.255.255

次の図は、東京リージョンにプライベートIPアドレス範囲が10.0.0.0/16のVPCを作成した例です。AWS全体に対してのリージョンとアベイラビリティゾーン（AZ）の配置に注目してください。VPCは東京リージョン内に配置され、かつVPC内に複数のAZを含むことができるという関係性です。また特定のリ

ージョン内のVPCはその他リージョンとは関係性を持ちません。

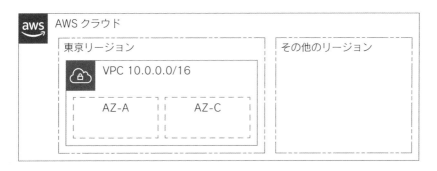

❏ 東京リージョンに作成したVPC

　VPCではサブネット分割、ルーティングテーブル、通信の許可設定などのネットワーク制御を柔軟に行うことができます。またVPCには、ネットワーク制御された様々な仮想ネットワーク環境を柔軟に作成できます。たとえば次のようなものです。

○ インターネットゲートウェイ（IGW）と呼ばれるインターネットへの出入口を紐付けた、インターネットと通信可能な仮想ネットワーク環境

○ 仮想プライベートゲートウェイ（VGW）を出入口として、専用線のサービスであるDirect ConnectやVPN経由で直接的にインターネットに出ることなく各オンプレミス環境とローカル通信可能な仮想ネットワーク環境

　AWSサービスにはEC2やRDS、ELBなど、ユーザーが作成したVPC内で起動するサービスがあります。S3やCloudWatch、DynamoDBなど、ユーザーが作成したVPC外のAWS Cloud内で起動するサービスもあります。VPC内にあるAWSリソースからVPC外のAWS Cloud内にあるAWSリソースへ接続する方法は設計上、重要なポイントになるため、本章で合わせて説明します。

サブネット

　VPC内にEC2インスタンスなどのAWSリソースを起動するためには、VPCネットワークをさらに分割したサブネットを作成する必要があります。EC2インスタンスやRDSインスタンスなどのAWSリソースはこのサブネット上で起動することになります。サブネットはVPC内に設置し、VPCに設定したCIDR

ブロックの範囲に収まる小さなCIDRブロック形式で指定して作成することができます。サブネット作成時に指定したIPアドレス範囲のうち、最初の4つ、および最後の1つのアドレスはAWSにより予約されているためユーザーは使用することができません。

たとえば24ビットのサブネットである10.0.0.0/24の場合は次のIPアドレスは使用することができません。

- ⭘ 10.0.0.0/32
- ⭘ 10.0.0.1/32
- ⭘ 10.0.0.2/32
- ⭘ 10.0.0.3/32
- ⭘ 10.0.0.255/32

また、サブネットはVPCとは異なりAZ単位で作成する必要があります。VPCのようにAZをまたいで配置することはできません。AWSのベストプラクティスのうちの1つである「故障に備えた設計で障害を回避」を実現するため、サブネット設計では、同じ役割を持ったサブネットを複数のAZに配置し、EC2などを各AZに冗長的に配置するよう設計することが重要となります。EC2やRDSをAZに冗長的に配置することで、AZ障害を考慮した耐久性の高い設計にすることができます。この構成は一般的にマルチAZ構成と呼ばれ、AWSにおけるネットワーク設計の基本となっています。

次の図は、先ほどの東京リージョンに10.0.0.0/16で作成したVPCに、役割ごとのサブネットをマルチAZ構成で作成した例です。

❏ マルチAZ構成

役割ごとにマルチAZ構成されているサブネットの位置関係に注目してください。同じ役割のサブネットを異なるAZに配置しています。また、それぞれのサブネットを**パブリックサブネット**（Public Subnet）、**プライベートサブネット**（Private Subnet）と命名してますが、これはサブネットの設定や機能としてそういったサブネットの指定方法があるわけではありません。後に紹介するインターネットゲートウェイやルーティングテーブルなどを利用して、そのような役割を割り当てたネットワーク設計を行っているというだけに過ぎません。

ルートテーブル

VPCとサブネットを通してAWSにおけるネットワーク配置設計やアドレス設計について紹介しました。次はネットワーク設計の要点であるルーティング設計です。複雑なルーティング設計となっているネットワーク構成に苦手意識がある方も多いと思いますが、大小どんなネットワーク構成の場合でもそれぞれのルーティング設定を1つ1つ追って紐解くことが重要です。また、認定試験でもルーティングに関する問題が出題されますが、ルーティングを理解することはシステム構築・運用業務でも役立ちますので押さえておきましょう。

VPCにおける通信経路の制御には、**ルートテーブル**を利用します。また、通信経路に関係する要素として、後で紹介するネットワークACLと各種ゲートウェイがあります。これらを用いることにより先述したパブリックサブネット、プライベートサブネットといったように、ネットワークにそれぞれの役割を持たせることができます。

具体的にはVPC内とサブネット内に仮想ルーターがあり、その仮想ルーターがルートテーブルとネットワークACLの設定により、VPC内部の通信やインターネット外部への通信を制御しています。

ではまずルートテーブルについて紹介します。ルートテーブルの主な概念は次のとおりです。

○ **メインルートテーブル**：VPCに自動的に割り当てられるデフォルトのルートテーブルです。他のルートテーブルに明示的に関連付けられていないすべてのサブネットのルーティングを制御します。
○ **サブネットルートテーブル**：サブネットに関連付けられたルートテーブルです。
○ **ゲートウェイルートテーブル**：インターネットゲートウェイまたは仮想プライベートゲートウェイに関連付けられたルートテーブルです。

6

ネットワークとコンテンツ配信

サブネットには1つのルートテーブルしか関連付けることはできませんが、複数のサブネットを同じルートテーブルに関連付けることができます。たとえば、AZ-AとAZ-Cのパブリックサブネットには同じパブリックサブネット用のルートテーブルを、AZ-AとAZ-Cのプライベートサブネットにはこれまた同じプライベート用のルートテーブルを関連付ける、といった設計が可能です。このようにサブネット1つ1つにそれぞれルートテーブルを作成するのではなく、サブネット用途ごとにルートテーブルを1つ作成し、その同じ用途の複数のサブネットに1つのルートテーブルを関連付けるといった設計が一般的です。

パブリックサブネット用ルートテーブル

送信先	ターゲット
10.0.0.0/16	local
0.0.0.0/0	インターネットゲートウェイ

プライベートサブネット用ルートテーブル

送信先	ターゲット
10.0.0.0/16	local

❏ パブリックサブネットとプライベートサブネット用のルートテーブル

インターネットゲートウェイ（IGW）

　EC2などのVPC内のAWSリソースからVPC外の環境へ通信を行うためにはVPCに通信の出入り口が必要となります。AWSではVPCの通信の出入り口となるいくつかのゲートウェイがあります。

　VPCからインターネットへ通信する場合は、**インターネットゲートウェイ**（**IGW**）を利用します。インターネットゲートウェイは各VPCに1つだけアタッチ（関連付け）することができます。インターネットゲートウェイ自体にはユーザー側で行う設定は特にありません。また、ユーザー視点では論理的に1つしか見えないため、可用性の観点で単一障害点（SPOF）になるのではと懸念されることがありますが、インターネットゲートウェイはAWSのマネージドサービスであり、冗長化と障害時の復旧はAWSにより自動的に実施されます。

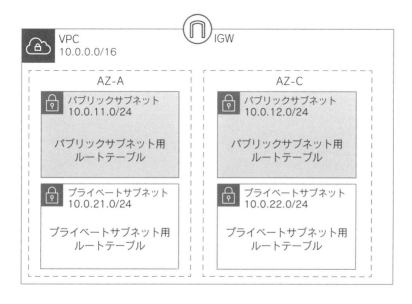

パブリックサブネット用ルートテーブル

送信先	ターゲット
10.0.0.0/16	local
0.0.0.0/0	インターネットゲートウェイ

プライベートサブネット用ルートテーブル

送信先	ターゲット
10.0.0.0/16	local

❏ インターネットゲートウェイ

　インターネットゲートウェイを利用する場合、インターネットへ接続したいサブネットのルートテーブルのデフォルトルートとして、「0.0.0.0/0」宛は「インターネットゲートウェイ」にルーティング指定するのが一般的です。デフォルトルートをこの指定にすると、特別に設定したルーティング設定以外のその他すべての通信を、インターネットゲートウェイに流れるように指定したこと

になります。先述の**パブリックサブネット**の条件の1つは、ルーティングでインターネットゲートウェイを向いていることになります。逆に言うと**プライベートサブネット**とは、ルーティングが直接インターネットゲートウェイに向いていないネットワークになります。

NATゲートウェイ

　サブネットをプライベートサブネットとして設定すれば、インターネット経由の脅威から直接攻撃を受けることがなくなり、セキュリティを高めやすい設計にすることができます。一方で、プライベートサブネット内に配置したEC2インスタンスがパッチをダウンロードするためにインターネットにアクセスしたい場合、先述したインターネットへの出入口であるインターネットゲートウェイへのルーティング経路を持っていないためアクセスすることができません。

　このような場合、AWSのゲートウェイの1つである**NATゲートウェイ**を利用することで、インターネットからプライベートサブネットへのアクセスは受け付けないままプライベートサブネットからインターネットへアクセスできるようになります。また、NATゲートウェイ以外の選択肢として、ユーザー側でEC2にNAT機能を持たせた**NATインスタンス**を構築し、そのNATインスタンスを経由してインターネットへアクセスさせることも可能です。

　このようなインターネットからプライベートサブネットへの通信である「外から内への通信（**インバウンド**）」と、プライベートサブネットからインターネットへの通信である「内から外への通信（**アウトバウンド**）」という2種類の方向の通信があります。それぞれが独立したネットワーク経路であり、通信経路や通信許可設定を混同しない考え方はシステム構築・運用を行う上でも重要です。「内から外への通信（アウトバウンド）」向けのルーティングが通っており通信が行えたからといって、必ずしも「外から内への通信（インバウンド）」も通信が行えるわけではないことを認識しておいてください。

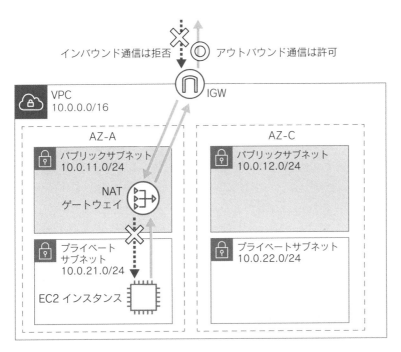

インバウンド通信は拒否　アウトバウンド通信は許可

IGW

VPC
10.0.0.0/16

AZ-A

パブリックサブネット
10.0.11.0/24

NAT
ゲートウェイ

プライベート
サブネット
10.0.21.0/24

EC2 インスタンス

AZ-C

パブリックサブネット
10.0.12.0/24

プライベートサブネット
10.0.22.0/24

パブリックサブネット用ルートテーブル

送信先	ターゲット
10.0.0.0/16	local
0.0.0.0/0	インターネットゲートウェイ

プライベートサブネット用ルートテーブル

送信先	ターゲット
10.0.0.0/16	local
0.0.0.0/0	NATゲートウェイ

❑ NATゲートウェイ構成でのインバウンド通信とアウトバウンド通信

　また、NATゲートウェイもAWSのマネージドサービスであり、インターネットゲートウェイと同様に冗長化と障害時の復旧はAWSにより自動的に実施されます。一般的にプライベートサブネットのルーティングをNATゲートウェイに向ける場合は、プライベートサブネットと同じAZ上のNATゲートウェイに対して行うことが多いです。たとえば、AZ-AのプライベートサブネットはAZ-A上にあるNATゲートウェイにルーティングさせ、AZ-CのプライベートサブネットはAZ-C上にあるNATゲートウェイにルーティングさせる、といった設計となります。先述のサブネットの紹介時にも説明しましたが、AWSのベストプラクティスのうちの1つである「故障に備えた設計で障害を回避」を実現するため、NATゲートウェイも冗長配置とし、AZ障害を考慮した耐久性の

ネットワークとコンテンツ配信

6

高いネットワーク設計を行うことが重要です。

　サブネット内のEC2インスタンスがインターネットゲートウェイを経由してインターネットと通信するためには、EC2インスタンス自体がパブリックIPを持っている必要があります。たとえインターネットと通信可能なルーティング経路を持っているパブリックサブネットだとしても、ローカルIPではインターネットと通信を行うことができません。ただ、EC2インスタンスがパブリックIPを持っていない場合でもNATゲートウェイを経由すればインターネットと通信を行うことが可能です。これはNATゲートウェイのネットワークアドレス変換機能により、プライベートIPがNATゲートウェイが持つグローバルIPに変換されるからです。これで外部とのインターネット通信が可能になります。また、NATゲートウェイを経由してインターネットと通信を行う場合は、NATゲートウェイから直接インターネットと通信を行っていると思われがちですが、NATゲートウェイはあくまでネットワークアドレス変換を行っているだけであり、最終的にインターネットへ接続しているのはインターネットゲートウェイです。

　次の図はプライベートサブネット上のプライベートIPしか持たないEC2インスタンスが、NATゲートウェイを経由してインターネットゲートウェイからインターネット通信を行うことが可能なネットワーク構成の例です。以下のように構成されている点に注目してください。

○　インターネットゲートウェイはVPCにつき1つであること
○　NATゲートウェイはサブネットに配置されていること
○　EC2インスタンスはNATゲートウェイにルーティングされていること
○　NATゲートウェイはインターネットゲートウェイにルーティングされており、インターネットへの出入口となっているのはNATゲートウェイではなくインターネットゲートウェイのみであること

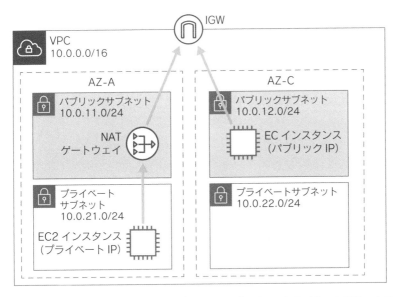

❑ NATゲートウェイ経由でインターネット通信を行うネットワーク構成

プライベート接続を設定する

VPCエンドポイント

　VPC内のEC2インスタンスなどからVPC外にあるAWSサービスに接続する方法として、インターネットゲートウェイを経由して通常どおりパブリックIPでの通信で接続する方法と、**VPCエンドポイント**と呼ばれる特殊なAWSのゲートウェイを経由してプライベートIPでの通信で接続する方法があります。VPCエンドポイントを利用するとそのサブネットから発生した各AWSサービスへの通信はVPCエンドポイントを経由してインターネットに出ることなくローカル通信で接続するようになります。

　VPCエンドポイントはAWSサービスごとに仕様が異なり、S3および

DynamoDBと接続する際に利用するゲートウェイエンドポイントと、大多数の AWSサービスで利用するインターフェイスエンドポイントの2種類があります。なお、S3はゲートウェイエンドポイントのみ対応していましたが、2021年のアップデートでインターフェイスエンドポイントにも対応したため、どちらも選択できるようになりました。

✳ インターフェイスエンドポイント

　インターフェイスエンドポイントは、VPC内部にENI（Elastic Network Interface）が立ち上がり、そのENIと対象AWSサービスのエンドポイントを **AWS PrivateLink**と呼ばれるものでリンクします。大多数のAWSサービスへこのVPCエンドポイントを経由してプライベートIPで接続することができます。また、ENIにセキュリティグループを設定してアクセスを制御することができ、ENIはプライベートIPアドレスを所持していることも特徴です。

✳ ゲートウェイエンドポイント

　ゲートウェイエンドポイントを使用する場合はNATゲートウェイやインターネットゲートウェイと同様にルーティング設定が必要です。接続元のサブネットに紐付いているルートテーブルにエンドポイント向けのルートを追加することで、S3とDynamoDBの場合のみVPCエンドポイントを経由してローカル通信で接続することができます。

　また、ゲートウェイエンドポイントが所持するIPアドレスはインターフェイスエンドポイントと異なりパブリックIPアドレスです。接続元のEC2インスタンスがプライベートIPしか所持していない場合でも、ゲートウェイエンドポイント側で処理して対象AWSサービスと通信ができるので、ユーザー側が接続元にパブリックIPを割り当てる必要はありません。ただし、ネットワークACLでローカルIPアドレス宛の通信のみ許可し、パブリックIPアドレス宛の通信は拒否するという制限を加えた場合、パブリックIPアドレスを所持するゲートウェイエンドポイントを経由する通信ができなくなるので注意してください。

✳ VPCエンドポイントを使ったネットワーク構成例

　次の図はプライベートサブネット上のプライベートIPしか持たないEC2インスタンスが、S3、DynamoDBにVPCエンドポイントを経由してローカル通信を行うことが可能なネットワーク構成の例です。

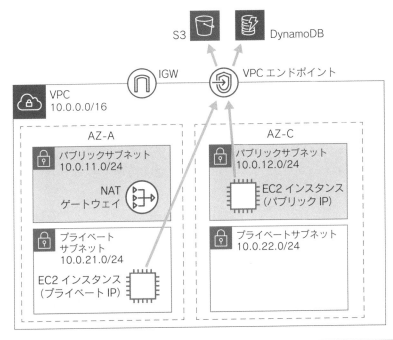

送信先	ターゲット
10.0.0.0/16	local
0.0.0.0/0	NATゲートウェイ
S3	VPCエンドポイント
DynamoDB	VPCエンドポイント

送信先	ターゲット
10.0.0.0/16	local
0.0.0.0/0	インターネットゲートウェイ
S3	VPCエンドポイント
DynamoDB	VPCエンドポイント

❏ VPCエンドポイント経由でS3、DynamoDBに通信するネットワーク構成

　また、パブリックサブネット上のパブリックIPを持つEC2インスタンスも同様に、S3、DynamoDBにVPCエンドポイントを経由してプライベートIPで通信を行うことが可能です。通常ではそれぞれデフォルトゲートウェイに設定しているNATゲートウェイ、インターネットゲートウェイを経由してパブリックIPでS3、DynamoDBに接続を行います。しかしこの図ではVPCエンドポイント向けのルーティング設定を行っているため、S3、DynamoDBにVPCエンドポイント経由でプライベートIPで通信を行う経路となっています。このようにゲートウェイに対する通信はルーティング設定で制御しており、ここでルーティング設定についても合わせて復習しましょう。

VPCピアリング

　AWSアカウント内に複数のVPCを作成した場合、それぞれのVPCは独立しているため通常はVPC間で通信を行うことはできません。しかしメンテナンス環境用VPC、システム環境用VPCなど用途ごとにVPCを作成している場合、それぞれのVPC間でプライベート接続を行いたいケースがあります。

　VPCピアリングは2つのVPC間でプライベートな通信を行うための機能で、同一AWSアカウント内のVPC間のみならず、別AWSアカウントのVPCともピアリング接続が可能です。VPCピアリングは便利なサービスですが、いくつかの注意事項があるのでそれらを意識して設計するようにしましょう。

○ VPCピアリングを経由すればVPC間ですべての通信が行えるようになるというわけではありません。VPC内のEC2インスタンスなどには通信を行うことができますが、インターネットゲートウェイなどのゲートウェイには通信を行うことはできません。

○ 互いのVPCのプライベートIPアドレスをそのまま利用するため、重複しているIPアドレス範囲を持つVPC同士ではVPCピアリングを設定することはできません。VPCピアリングを行う場合は、VPC同士が異なるIPアドレス範囲になるようネットワーク設計を行う必要があります。

○ VPC-AとVPCピアリング設定をしているVPC-Bが、もう1つの別のVPC-Cに対してVPCピアリング設定を行っている場合、VPC-BはVPC-A、Cと通信を行うことができますが、VPC-AとVPC-Cは互いに直接のピアリング関係がないため通信することはできません。VPC-AとVPC-C間で通信を行いたい場合、それぞれに対して別途VPCピアリング設定を行う必要があります。

AWS Direct Connect

　AWSの専用線のサービスであるAWS Direct Connectを利用すれば、VPCとデータセンターなどの各オンプレミス環境を専用線で接続することが可能です。Direct Connectを導入すると、AWS内外で発生するネットワーク帯域幅コストを削減しスループットを向上させることができるため、インターネットベースの接続よりも安定したネットワーク接続が可能になります。

　ここではDirect Connectをネットワーク配置する際のAWS側の出入口として仮想プライベートゲートウェイ（VGW）を利用するパターンを紹介します。

VGWはVPCごとに作成されるVPNエンドポイントであり、インターネットゲートウェイと同様に各VPCに1つだけアタッチすることができます。VGW自体は1つだけしか存在できませんが、複数のDirect ConnectやVPNと接続することが可能です。

　ルートテーブルでVGWをターゲットに指定すると、その宛先アドレスとの通信はVGWから、Direct Connectを通してオンプレミスネットワークに向けられます。オンプレミスネットワークの宛先は、ルートテーブルに静的に記載する方法とルート伝播（プロパゲーション）機能で動的に反映する方法の2つがあります。

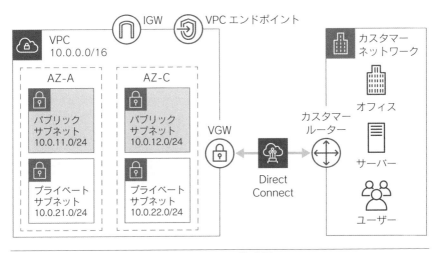

❏ Direct Connectを使ったネットワーク構成例

　なお、高可用性を持たせるためにDirect Connectへの接続を冗長構成にすることもあります。その場合はオンプレミスネットワーク側のネットワーク機器にて動的なルーティングとフェイルオーバーを実装する必要があります。

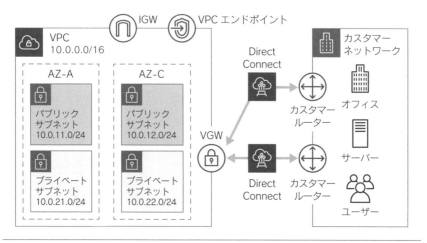

❏ Direct Connectを冗長構成にしたネットワーク構成例

Direct Connect Gateway

Direct Connect Gatewayは、AWSアカウント内の複数のリージョン、も
しくは複数のAWSアカウント上にある複数のVPCへの接続を可能にする、グ
ローバルに利用可能なサービスです。Direct Connect Gatewayをいずれかの
AWSリージョンに作成すると、北京リージョンを除くAWSの全リージョンに
複製され、相互接続できるようになります。

また、Direct Connect Gatewayは複数のVIF（仮想インターフェイス）と
VGWが接続可能となり、1つのプライベートVIFから複数のVPCに接続でき
るようになります。Direct Connectの管理数を減らすことができるので非常に
便利です。

AWS VPN

VPCとオンプレミス環境間の接続サービスとしてプライベート回線を使用
するDirect Connectについて先述しました。AWSには他にもいくつかの接続
サービスがあり、インターネット経路を利用する方法もあります。

AWS VPNは高可用なマネジドサービスで、インターネットを介してVPC
とオンプレミス環境間に安全な接続経路を構成することが可能です。また、
AWS VPNには次のような接続オプションが準備されており、ネットワーク要
件に応じてユーザー側で選択できます。

○ AWS Site-to-Site VPN

○ AWSクライアントVPN

○ AWS VPN CloudHub

○ サードパーティー製ソフトウェアVPNアプライアンス

ここでは先述したDirect Connectと同様に、AWS側の出入口としてVGWを利用するパターンを紹介します。AWS側のVPNエンドポイントであるVGWと、オンプレミス環境側のVPNエンドポイントであるカスタマーゲートウェイ間でVPN接続を確立し、VPCとオンプレミス環境の間にVPN経路を構成します。複数のVPCとのVPN経路を構成するためにはそれぞれのVGWに対してVPN接続を確立する必要があります。

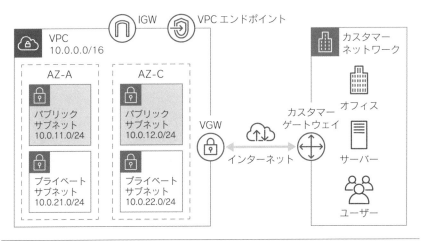

❏ VGWとカスタマーゲートウェイとの間でVPN接続するネットワーク構成例

AWSネットワーク保護サービスの設定

ネットワークを通じての破壊活動やデータの窃取、改ざんなどのサイバー攻撃はIT技術の発展とともに高度化し、より巧妙に、より悪質になってきています。また、自動化された攻撃も増える一方です。

ここまでAWSのネットワークサービスについて説明してきましたが、作成したネットワーク環境を多種多様なサイバー攻撃から正しく保護して安全に運用していく必要があります。IT環境を運用する以上、どのような業態・業種の

システムでも、このサイバー攻撃対策は必須となります。オンプレミス環境でのセキュリティ対策、パブリッククラウド環境やAWSでのセキュリティ対策では環境やネットワーク構造が異なりますので、それぞれに異なるセキュリティの考え方が存在し、そういった違いも含めて理解していくことが大切です。

AWSでは次の流れでネットワーク環境の作成を行います。

1. ネットワークレイヤーを作成する
2. すべてのレイヤーでトラフィックを制御する
3. 検査と保護を実装する
4. ネットワーク保護を自動化する

AWSにおいては**多層防御**という考えのもとに複数のセキュリティ対策を講じてシステムを保護する戦略が一般的になってきています。これは1つの防御層が侵害された場合にも、後続の防御層でブロックし、システムを総合的に保護するといった考え方です。

たとえば「すべてのレイヤーでトラフィックを制御する」では、一般的によく使われているセキュリティグループだけにネットワーク制御を頼るのではなく、VPCサブネットでのネットワーク分離、ネットワークACL、ルーティングなどのそれぞれのレイヤーでのネットワーク制御、またインバウンドトラフィックだけでなくアウトバウンドトラフィックについてもそれぞれネットワーク制御を行うなど、多層防御アプローチを用いた複数のコントロールを行う必要があります。

本項では「検査と保護を実装する」「ネットワーク保護を自動化する」をサポートしているAWSサービスであるAWS WAFとAWS Shieldについて説明します。

AWS WAF

AWS WAF はセキュリティリスクや、リソースの過剰消費に繋がるような、Webの脆弱性を利用した一般的な攻撃や自動化ボットの攻撃から、AWS環境上のWebアプリケーションを保護することができる**WAF**（Web Application Firewall）のマネージドサービスです。

AWS WAFではSQLインジェクションやクロスサイトスクリプティング、OWASP Top10などの一般的な攻撃に対するルール設定が、AWSまたはAWS

Marketplaceセラー（セキュリティベンダー）よりマネージドルールとして提供されています。ユーザーはそのマネージドルールを適用することにより、独自にルールを作成することなくすぐに利用することができます。

また、これらのマネージドルールは新しい脆弱性にも対応し、AWS側で定期的にルールの内容を更新します。通常、WAFを導入・運用する際はルールの作成・更新に専門的なセキュリティの知識や検証を行う工数が必要となります。しかし、AWS WAFではマネージドルールを利用することで容易にルールの適用を行うことができるだけでなく、マネージドルールの内容がベンダーによって自動的に更新されることから運用の手間も少なくなります。

さらにユーザー側でオリジナルのルールを作成して追加することで、それぞれのWebアプリケーションに応じたセキュリティを確保することもできます。AWS WAFでは下記のルールを作成できます。

○ IP制限
○ レートベースルール
○ 特定の脆弱性に関するルール
○ 悪意のあるHTTPリクエストを判別するルール

また、CloudWatchと連携させることで、リアルタイムに攻撃を検知したり、攻撃の分析を行うことも可能となります。AWS WAFはAmazon CloudFront、ALB、Amazon API Gateway、AWS AppSyncの保護に利用することができます。ただし2022年5月時点ではその他のAWSサービスでは利用できないため注意してください。

❑ AWS WAF

AWS Shield

　AWS Shieldは DDoS 攻撃からシステムを保護することができるマネージドサービスです。AWS プラットフォームほぼ全体で自動的に無料で適用される Standard と、有償でより高レベルな保護を受けることのできる Advanced の 2 種類のプランがあります。Standard では低レイヤーのネットワークおよびトランスポートレイヤーの一般的な DDoS 攻撃からの保護が提供され、Advanced ではより高度な DDoS 攻撃からの保護が提供されます。さらに専門の DDoS 対策チームのサポートを受けることができるようになります。

✳ AWS Shield Standard

　AWS Shield Standard は AWS の受信トラフィックを検査・分析することで悪意のあるトラフィックをリアルタイムで検知します。また、自動化された攻撃緩和技術が組み込まれており、ネットワークおよびトランスポートレイヤーにおける一般的な攻撃に対する保護が期待できます。AWS Shield Standard の保護対象はインターネットに面したすべての AWS サービスです。

　AWS WAF ではアプリケーションレイヤーの DDoS 対策ができるので、AWS Shield Standard と AWS WAF を併用することで基本的な DDoS 攻撃をカバーできます。またさらに CloudFront や Route 53 を併用することで、既知の攻撃からより総合的にシステムを保護することができるようになります。

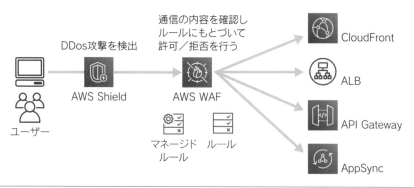

❑ AWS Shield Standard

✳ AWS Shield Advanced

　AWS Shield Advanced では EC2、ELB、CloudFront、Global Accelerator、

Route 53を対象とした、より高度な攻撃検出機能を利用することができます。具体的には対象リソースのトラフィックを分析し、正常パターンを定義したベースラインを作ります。ベースラインにそぐわない異常なトラフィックが発生した場合に検知を行う、アノマリー型検知により高度な攻撃を検知する仕組みです。これにより正常時とパターンが異なる「不審な動きをしている」「挙動が怪しい」など、正常時と比べて怪しいと判断される通信を検知することが可能となります。「アノマリー（anomaly）」とは、ある法則や理論から見て異常であるといった意味の言葉です。

　また、攻撃と緩和の状況を可視化できるため、攻撃に対する対応が行いやすくなります。DDoS対策チーム（Shield Response Team、SRT：旧DDoS Response Team、DRT）のサポートを24時間365日受けることができるため、WAFのルールの追加などの攻撃緩和対策にあたっては専門家のサポートを受けつつ実施できるというメリットがあります。緩和策の適用をSRTに任せてしまうことすら可能です。また、AWS Shield Advancedの場合は追加料金なしでDDoS対策のためにAWS WAFを利用することができます。

　Advancedを利用している環境で、DDoS攻撃によってオートスケールするサービスの予期せぬスケールアップが発生したことで利用料が急増するという被害を被った場合、増加分の料金の調整リクエストを出すことができます。また、システム環境がAWS外部にある場合でも、AWS Shield Advancedを適用したCloudFrontをシステム環境に組み込むことにより、世界のどこでホストされているシステム環境でも保護することができます。

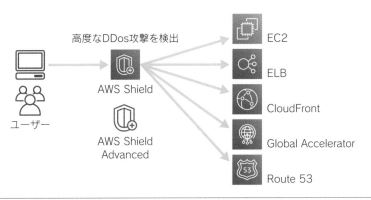

❏ AWS Shield Advanced

6-1節のポイント

- VPCはAWSのネットワークサービスの中心であり、サブネット分割、ルーティングテーブル、通信の許可設定などのネットワーク制御を柔軟に行い、仮想ネットワーク環境を作成することができます。VPCはリージョン単位でCIDRブロックの/16から/28の任意のIPアドレス範囲を設定することができます。
- サブネットはVPCに設定したCIDRブロックに収まる小さなネットワーク範囲を設定し、VPC内に作成することができます。
- EC2インスタンスやRDSインスタンスなどのAWSリソースはVPC内のサブネット上で起動します。
- サブネットはAZ単位で作成し、耐久性の高い設計にするためマルチAZ構成とすることができます。
- ルートテーブルを利用しVPCにおける通信経路の制御を行うことができます。
- VPCからインターネットへ通信する場合は、インターネットゲートウェイ（IGW）を利用します。IGWは各VPCに1つだけアタッチ（関連付け）できます。
- ルーティングでインターネットゲートウェイを向いており直接インターネットと通信が行えるサブネットは、一般的にパブリックサブネットと呼ばれます。インターネットゲートウェイを向いておらず直接インターネットと通信が行えないサブネットは、一般的にプライベートサブネットと呼ばれます。
- NATゲートウェイを利用すると、インターネットからプライベートサブネットへのアクセスは受け付けないまま、プライベートサブネットからインターネットへアクセスできるようになります。
- VPCエンドポイントを利用すると、サブネットから発生した各AWSサービスへの通信はインターネットに出ることなくローカル通信で接続できるようになります。
- VPCピアリングは2つのVPC間でプライベートな通信を行うための機能で、同一AWSアカウント内のVPC間のみならず別AWSアカウントのVPCともピアリング接続が可能となります。
- AWS WAFはセキュリティリスクや一般的な攻撃からAWS環境上のWebアプリケーションを保護するWAF（Web Application Firewall）のマネージドサービスです。
- AWS ShieldはDDoS攻撃からシステムを保護するマネージドサービスで、一般的なDDoS攻撃からの保護が提供されるAWS Shield Standardと、より高度なDDoS攻撃からの保護が提供されるAWS Shield Advancedの2種類があります。

練習問題1

下記のネットワークサービスに関する記述のうち、正しいものはどれですか。正しい解答をすべて選択してください。

A. VPCはAZ単位で作成することができる。

B. サブネットはAZ単位で作成することができる。

C. 複数のサブネットに同一のルートテーブルを関連付けることができる。

D. 同じ役割を持ったサブネットは同じグループとして管理するために、同じAZに配置することが推奨されている。

E. VPCエンドポイントにルーティングしているサブネットを、パブリックサブネットと呼ぶ。

F. 仮想プライベートゲートウェイを向く経路があるサブネットを、プライベートサブネットと呼ぶ。

G. VPC内に複数のサブネットがある場合、それぞれのサブネットを個別のインターネットゲートウェイにルーティングすることができる。

H. VPC内に複数のサブネットがある場合、それぞれのサブネットを個別のNATゲートウェイにルーティングすることができる。

I. サブネットをNATゲートウェイにさえルーティングしていれば、それだけでインバウンドとアウトバウンドの両方の通信でインターネットに接続できる。

J. VPCピアリングを用いるとVPC間でプライベートな接続が可能になるが、同じAWSアカウントにあるVPC間のみピアリングできる。

解答は章末（P.211）

6-2
ドメイン、DNSサービス、およびコンテンツ配信の設定

　インターネット上では、各ホストはIPアドレスで表現されますが、数字の羅列というのは人間にとっては意味を見出しにくく、覚えにくいものです。そこで、IPアドレスを人間にわかりやすい文字列である**ドメイン名**に変換する仕組みが**ドメインネームシステム（DNS）**です。

　本節ではインターネット通信を行う上で必須のこのDNS関連の機能をサポートしているAWSサービスについて説明していきます。

Amazon Route 53

　Amazon Route 53はドメイン管理と権威DNS機能を持ったDNSのマネージドサービスです。DNSサービスが53番ポートを利用することから「Route 53」と命名されています。

　Route 53は大量のクエリを処理するために自動的にスケールするように設計されており、非常に高い可用性と信頼性を持ち、システム内外における名前解決がボトルネックとなることを防ぎます。また、単純な名前解決だけではなく、エンドポイント環境の状態、リクエストを送信したユーザーの地理的な場所、レイテンシーなどを考慮した柔軟なルーティングが可能であることも大きな特徴です。

DNS

　DNSとはドメイン名とIPアドレスを変換（**名前解決**）するシステムです。インターネットのDNSはいわば電話帳のようなもので、名前と番号のマッピングが管理されています。名前にあたるのが人間が理解しやすい名前の**ドメイン名**（例：www.example.com）で、電話番号にあたるのがインターネット上のコンピュータの位置を特定する数字の**IPアドレス**（例：192.0.2.1）です。

　DNSは人間が理解しやすいドメイン名を、コンピュータの位置を特定するIP

アドレスに変換することにより、コンピュータが互いに接続できるよう管理しているシステムです。私たちが普段Webブラウザにドメイン名を入力した際にサーバーに繋がるのも、裏でこのDNSシステムが働いているからです。

権威DNS

権威DNSとはドメイン名とIPアドレスの変換情報を保持しているDNSのことで、変換情報を保持していないキャッシュDNSと区別するときに使います。Route 53は権威DNSですので、保持しているドメイン名以外の名前解決をリクエストしても応答しません。名前解決の情報を保持しているキャッシュDNSは別途準備する必要があります。

ドメイン管理

Route 53で新規ドメインの取得や更新などの手続きができます。このサービスを利用することで、ドメインの取得からゾーン情報の設定まで、Route 53で一貫した管理が可能になります。ドメインの年間利用料は通常のAWS利用料の請求に含まれるため、別途支払いの手続きをすることも不要です。また、自動更新機能もあるので、ドメインの更新漏れといったリスクも回避できます。

ホストゾーン

Route 53にドメインを設定するとドメイン名と同じホストゾーンが自動生成されます。ドメインは一般的なDNSの概念ですが、ホストゾーンは従来のDNSゾーンファイルと類似しているRoute 53の概念です。ホストゾーンとはドメイン名ごとにまとめて管理可能なレコードのグループであり、ホストゾーン内のすべてのDNSレコードは、ホストゾーンのドメイン名を持っています。たとえば、example.comのホストゾーンには、www.example.comやweb.example.comのようにexample.comをドメイン名としたレコードを定義することができます。

ホストゾーンにはパブリックホストゾーンとプライベートホストゾーンの2つのホストゾーンがあります。パブリックホストゾーンはインターネット上に公開されたDNSにメインレコードを管理しています。プライベートホストゾーンはVPCに閉じたプライベートネットワーク内のドメインのレコードを管理

6
ネットワークとコンテンツ配信

しています。VPC内のDNSドメインに対して、どのようにトラフィックをルーティングするかを定義し、1つのプライベートホストゾーンで複数VPCに対応できます。また、VPCが相互アクセス可能であれば複数リージョンのVPCでも、同じホストゾーンを利用することができます。

▌DNSレコード

DNSにはDNSレコードの設定情報が不可欠ですが、ホストゾーンにルーティング方法となるDNSレコードを作成することができます。Route 53ではいくつかのDNSレコードを扱うことができますが、下記に代表的なレコードを紹介します。

○ A（アドレス）レコード：ドメイン名とIPアドレスの関連付けを定義するレコード
○ CNAME（正規名）レコード：正規ドメイン名に対する別名を定義するレコード
○ エイリアスレコード：Route 53固有のDNS拡張機能で、ドメイン名とAWSリソースがデフォルトで持っているDNS名の関連付けを定義することができるレコード

2022年5月時点では他にもいくつかのレコードを扱うことができますが、本試験においてはこれらのレコードについて問われることは少ないと思われます。

○ AAAA（IPv6アドレス）レコード
○ CAA（認証機関認可）レコード
○ MX（メール交換）レコード
○ NAPTR（名前付け権限ポインタ）レコード
○ NS（ネームサーバー）レコード
○ PTR（ポインタ）レコード
○ SOA（管理情報の始点）レコード
○ SPF（センダーポリシーフレームワーク）レコード
○ SRV（サービスロケーター）レコード
○ TXT（テキスト）レコード
○ DS（電子署名検証）レコード

Route 53 ルーティングポリシーの実装

Route 53 はルーティングポリシーとしてルーティングする条件を設定することが可能で、標準のDNSとしての名前解決(シンプルルーティング)以外にも、様々な条件で名前解決の結果を動的に指定することが可能です。

ルーティングポリシーには次の7種類があります。

○ シンプルルーティングポリシー
○ 加重ルーティングポリシー
○ フェイルオーバールーティングポリシー
○ 複数値回答ルーティングポリシー
○ レイテンシールーティングポリシー
○ 位置情報ルーティングポリシー
○ 地理的近接性ルーティングポリシー

上から5つのルーティングポリシー(シンプル、加重、フェイルオーバー、複数値回答、レイテンシー)については第3章で説明しましたので、本章では残りの2つについて説明します。

位置情報ルーティングポリシー

位置情報ルーティングポリシーは、DNSリクエストを送信したユーザーの地理的な場所にもとづいて名前解決の結果を変えることができます。この機能を利用して「日本からのアクセスの場合は日本向けのコンテンツに、アメリカからのアクセスにはアメリカ向けのコンテンツに」といった振り分けをすることで、ユーザーに提供するサービスの内容を変えることができます。

また、日本限定のサービスであれば日本からのアクセスのみを正規のコンテンツに振り分け、それ以外の国からのアクセスはSorry ページに振り分けることでアクセスの制限ができ、意図した地域からのアクセスにのみリソースを割くことができるようになります。

地理的近接性ルーティングポリシー

地理的近接性ルーティングポリシーは、クライアントとリソースのそれぞれ

6

ネットワークとコンテンツ配信

の地理的な位置によってルーティングを行えます。位置情報ルーティングポリシーとの違いは、クライアントだけでなくリソース側の位置情報を考慮してルーティングすることが可能な点です。また、必要に応じて特定のリソースにルーティングするトラフィックの量を設定できます。

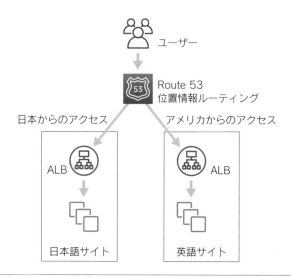

❏ 位置情報ルーティングポリシー

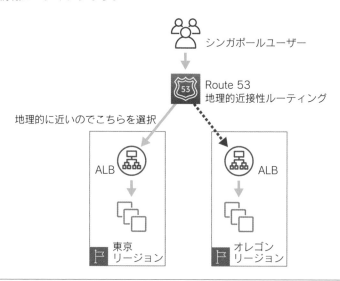

❏ 地理的近接性ルーティングポリシー

DNSの設定

Route 53は他のAWSサービスと連動しやすいように設計されており、単なるドメイン名とIPアドレスの変換だけでなく、EC2やELB、S3、CloudFrontといった様々なAWSサービスとドメイン名のマッピング設定が簡単に行えます。Route 53はエイリアスレコードという独自のレコードをサポートしており、エイリアスレコードも他AWSサービスと連動しやすい仕組みの1つです。

ドメインにはそのドメイン名自体であるZone Apex（example.comなど）と、頭にwwwなどを付与したサブドメイン（www.example.comなど）があり、ドメインの名前解決設定を行うDNSレコードには、ドメインの種類によりいくつかルールや制約があります。エイリアスレコードはCNAMEと同じように、正規ドメイン名に対する別名を定義することができます。ただ、Zone ApexにはCNAMEレコードを設定することができませんが、Route 53のエイリアスレコードを使用すれば、Zone Apexでもドメイン名とAWSサービスのマッピング設定を行うことができます。

このようにエイリアスレコードはCNAMEレコードでは対応できないZone Apexの名前解決をサポートしており非常に便利ですので、システム構築・運用業務でも役立ちます。

Amazon CloudFrontと S3オリジンアクセスアイデンティティの設定

Amazon CloudFront

Amazon CloudFrontは静的データおよび動的データを高速に配信するためのCDN（Content Delivery Network）サービスです。ユーザーと実際にコンテンツを格納しているオリジンサーバーの間に位置し、転送すべきコンテンツをCloudFrontがキャッシュしておきます。そしてユーザーからのリクエストに対してキャッシュのデータをレスポンスすることで高速に配信します。リクエスト対象がCloudFrontのキャッシュにない場合は、CloudFrontがオリジンから対象のデータを取得し、ユーザーへレスポンスします。

6
ネットワークとコンテンツ配信

CloudFrontのエッジロケーションは世界中に300以上展開されているため、ユーザーのアクセス元に応じてより高速に応答できる位置にあるCloudFrontエッジサーバーがデータを処理できます。そのため、オリジンとユーザーの地理的位置に関係なく高速な配信が行えます。

CloudFrontにはユーザー側のメリットだけではなく、サービス提供側のメリットもあります。それは、CloudFrontを利用することで大量のアクセスがグローバルに展開されているCloudFrontエッジサーバーに分散され、オリジンサーバーの負荷が大幅に減少される点です。

CloudFrontはキャッシュのデータを保持するだけなので実際のコンテンツを格納するオリジンサーバーが必要となります。AWSの場合はオリジンサーバーとしてS3を利用する構成が多いです。ただしオリジンサーバーにはAWS環境以外のものも指定することが可能で、オンプレミス環境のものを指定することも考えられます。URLのパスに応じてオリジンサーバーを指定することもでき、1つのドメインで複数のサービスを提供することも可能です。

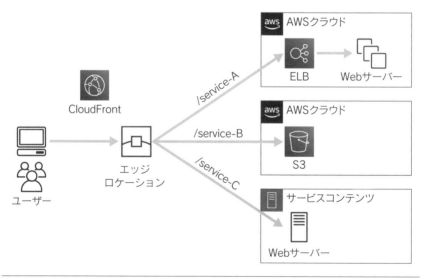

❏ Amazon CloudFront

S3オリジンアクセスアイデンティティ（OAI）

CloudFrontを利用した代表的なシステム構成として、オリジンサーバーをS3としてコンテンツを配置し、その前段にCloudFrontを配置してWebコンテン

ツを配信する構成があります。S3にCloudFrontを導入するだけで、ユーザーからのリクエストをCloudFrontが受け、CloudFrontが保持していないコンテンツのみをCloudFrontからオリジンとなるS3にリクエストするようになります。そのため、ユーザーが直接S3にアクセスしてくることがなくなり、オリジンとなるリソースを保護できます。

ただしこれだけの設定では、オリジンであるS3のURLさえわかればユーザーが意図的にオリジンであるS3に直接アクセスすることができてしまいます。そのようなユーザーからの直接アクセスを防ぐためには、CloudFrontにS3オリジンアクセスアイデンティティ（OAI）という特別なユーザーを設定します。S3のバケットポリシーに「OAIのみが読み取り可能」という設定を行うことで、S3へのアクセスをCloudFrontに限定することができます。

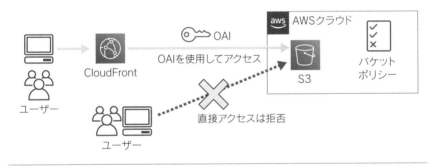

❏ OAIを用いたネットワーク構成

CloudFrontを通じてS3でホストされている静的Webサイトを公開する

CloudFrontを通じてS3でホストされている静的Webサイトを公開する手順はいくつかあります。そのためCloudFormationテンプレートも公開されています。公開手順には次のようなものがあります。

○ アクセスがOAIで制限されたオリジンとして、REST APIエンドポイントを使用する。

○ パブリックアクセスを許可して、Webサイトエンドポイントをオリジンとして使用する。

○ アクセスがRefererヘッダーで制限されたオリジンとして、Webサイトエンドポイントを使用する。

ここではこのうち、最初の手順について説明します。

1. S3バケットを作成する。
2. S3バケットにWebサイトファイルをアップロードする。
3. 次の設定でCloudFrontを作成する。
   ○ OAIを作成する。
   ○ S3バケットアクセスでOAIを使用する。
   ○ S3バケットポリシーを更新する。
4. S3バケットポリシーが自動更新されOAIのみが読み取り可能な設定となっていることを確認する。
5. WebサイトのドメインがCloudFrontのドメイン名をポイントするようにCNAMEレコードを設定する。
6. Webサイトのドメインにアクセスして動作確認する。

この手順で、CloudFrontを通じてS3でホストされている静的Webサイトが公開され、インターネットからアクセスができるようになります。S3上でWebサイトをホスティングする手順とWebサイトエンドポイントとREST APIエンドポイントの詳細に関しては次項で説明します。

S3の静的Webサイトホスティングの設定

S3は非常に優れた耐久性を持つ容量無制限のオブジェクトストレージサービスとして有名ですが、その他にも**静的Webサイトホスティング**という機能があり、静的なコンテンツに限ってWebサイトをホスティングすることが可能です。Java、Ruby、Python、PHP、Perlなどのサーバーサイドプログラムによる動的なWebサイトはS3でホスティングすることはできません。動的なWebサイトのホスティングを行う場合はEC2などで独自にWebサーバーを作成する必要があります。静的なWebサイトのホスティングを行う場合は、EC2などで独自にWebサーバーを作成するよりも、S3でホスティングしたほうが運用負荷やコストを抑えることができます。なお、静的コンテンツのリリースは通常のS3の利用と同様にS3バケットへ保存することで行えるので、コンテンツ更新の運用も非常に簡単です。

❏ 静的Webサイトホスティング

S3上でWebサイトをホスティングする手順は次のとおりです。

1. S3バケットを作成する。
2. 静的Webサイトホスティング設定を有効にする。
3. パブリックアクセスブロック設定を編集し「Block all public access（すべてのパ
   ブリックアクセスをブロックする）」をオフにする。
4. バケットポリシー設定を修正しバケットのパブリック読み取りアクセス
   「s3:GetObject」を許可する。
5. インデックスドキュメント（index.htmlなど）を設定する。
6. エラードキュメント（404.htmlなど）を設定する。
7. S3 WebサイトエンドポイントのURLにアクセスして動作確認する。

　これだけの手順で静的なWebサイトを公開し、インターネットからアクセス
できるようになります。また、普段あまり意識することはありませんが、使用し
ているリージョンに応じて、Webサイトエンドポイントは以下の2つの形式の
いずれかになります。

○ http://bucket-name.s3-website-Region.amazonaws.com
○ http://bucket-name.s3-website・Region.amazonaws.com

　また、注意点として上記のURLを見てもわかるように、S3 Webサイトエ
ンドポイントはSSL（Secure Sockets Layer）接続をサポートしていないため
HTTPS接続ではなくHTTP接続となります。ただし、S3標準の公開URLであ
るREST APIエンドポイントはSSL接続をサポートしているためHTTPS接続
を行うことが可能です。REST APIエンドポイントは以下の2つの形式のいず
れかになります。

○ https://bucket-name.s3-Region.amazonaws.com
○ https://s3-Region.amazonaws.com/bucket-name

6
ネットワークとコンテンツ配信

WebサイトエンドポイントとREST APIエンドポイントの主な違いを次の表にまとめます。

❏ REST APIサイトエンドポイントとWebエンドポイントの主な違い

	REST APIエンドポイント	Webサイトエンドポイント
アクセスコントロール	パブリックコンテンツとプライベートコンテンツの両方をサポート	公開で読み取り可能なコンテンツのみをサポート
エラーメッセージの処理	XML形式のエラーレスポンスを返す	HTMLドキュメントを返す
リダイレクトのサポート	サポートしない	オブジェクトレベルとバケットレベルの両方のリダイレクトをサポート
サポートされるリクエスト	バケットおよびオブジェクトのすべてのオペレーションをサポート	オブジェクトに対してはGETリクエストとHEADリクエストのみサポート
バケットのルートでのGETリクエストとHEADリクエストへのレスポンス	バケット内のオブジェクトキーのリストを返す	Webサイト設定の中で指定されているインデックスドキュメントを返す
SSLのサポート	SSL接続をサポート	SSL接続をサポートしない

6-2節のポイント

- Route 53はドメイン管理と権威DNS機能を持ったDNSのマネージドサービスです。Route 53で扱える代表的なDNSレコードとしてAレコード、CNAMEレコード、エイリアスレコードがあります。Route 53には7種類のルーティングポリシーがあり、これらを組み合わせることで様々なルーティング環境を構築できます。

- CloudFrontは静的データおよび動的データを高速に配信するためのCDN（Content Delivery Network）サービスです。CloudFrontを利用することで大量のアクセスがグローバルに展開されているCloudFrontエッジサーバーに分散され、オリジンサーバーの負荷が大幅に減少されるサービス提供側のメリットもあります。CloudFrontのオリジンサーバーとしてS3を指定し、OAIのみが読み取り可能という構成とした場合、S3へのアクセスをCloudFrontに限定することができ、ユーザーが直接S3にアクセスすることを防げます。

- S3にはオブジェクトストレージ機能の他に静的Webサイトホスティングという機能があり、静的なコンテンツに限ってWebサイトをホスティングできます。

練習問題2

下記のRoute 53に関する記述のうち、正しいものはどれですか。正しい解答をすべて選んでください。

A. Route 53は権威DNSとキャッシュDNSの両方の機能を提供している。

B. Aレコードの別名がエイリアスレコードである。

C. CNAMEレコードはドメイン名とIPアドレスの関連付けを定義するレコードである。

D. ユーザーのパフォーマンスを向上させることを目的としたRoute 53ルーティングポリシーは、位置情報ルーティングポリシーである。

E. シンプルルーティングポリシーは、同一レコードに複数のIPアドレスなどの複数の値を指定できる。

解答は章末（P.211）

 練習問題3

下記のCloudFront、S3に関する記述のうち、正しいものはどれですか。正しい解答をすべて選んでください。

A. CDNサービスを提供しているAWSサービスはCloudFrontのみ。

B. CloudFrontはVPCに配置する。

C. CloudFrontのオリジンサーバーとして指定できるのはAWS環境にあるリソースのみ。

D. オリジンアクセスアイデンティティ（OAI）というユーザーはCloudFrontからのみS3に接続できるように制限する際に使用されるIAMユーザーのことである。

E. S3の静的Webサイトホスティングを有効にすれば、どんなコンテンツでもS3でホスティングすることができる。

F. S3のWebサイトエンドポイントは、SSL接続をサポートしていないのでHTTPS通信は行えない。

解答は章末（P.212）

6

ネットワークとコンテンツ配信

6-3

ネットワーク接続に関する
トラブルシューティング

VPC構成を解釈する

　AWSのネットワークサービスの中心であるVPCは次のような多層のネットワーク構造となっています。

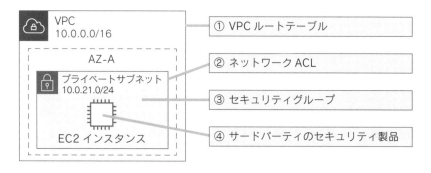

❏ VPCのレイヤー構造

1. ルートテーブル
2. ネットワークACL：インバウンド、アウトバウンド
3. セキュリティグループ：インバウンド、アウトバウンド
4. サードパーティのセキュリティ製品

　AWSではこのすべてのネットワークレイヤーでそれぞれトラフィックを制御し、インバウンドトラフィックとアウトバウンドトラフィックの両方について、多層防御アプローチ設計を行うことが推奨されています。そのためには、それぞれのネットワークレイヤーがどのようにネットワーク通信に影響を及ぼすのか、ネットワーク機能について理解しておく必要があります。

　最初のレイヤーはVPCとサブネットに関連付けるルートテーブルです。ルートテーブルでは各ゲートウェイにルーティングを行うかどうかによって、どの

出入口をどのように利用するかを制御することが可能です。たとえばインターネットアクセスを必要としないRDSインスタンスを配置する場合、RDSからインターネットへのルート、インターネットからRDSへのルートが発生しないよう、インターネットゲートウェイへのルーティング経路を持たないプライベートサブネットに配置します。そもそもインターネットへのルーティング経路を持たないプライベートネットワークであれば、もしセキュリティグループの設定を誤りインターネットからのアクセスを許可してしまったとしても、インターネットから内部インスタンスへはアクセスできません。

　次のレイヤーはネットワークACL（NACL）です。NACLではインバウンドとアウトバウンドの両方の許可／拒否ポリシーを設定することが可能です。また、次のレイヤーであるセキュリティグループもNACLと同様にインバウンドとアウトバウンドのトラフィックを制御できますが、こちらは明示的な拒否ポリシーの設定は行えず、許可ポリシーのみ設定可能です。セキュリティグループとNACLは混同されがちですが、それぞれの違いについて後ほど紹介します。

　最後のレイヤーはサーバーに導入する**サードパーティのセキュリティ製品**で、EC2インスタンスに侵入検知システムや侵入防御システムを導入することも可能となります。システムに要求されているセキュリティ要件に応じることができるかどうかを判断し、必要であれば導入しましょう。

　このようにVPCではそれぞれのネットワークレイヤーごとに個別にネットワークトラフィックを制御する機能が備わっており、すべてが悪意ある通信の阻止に役立ちます。いずれかだけを利用するのではなく、すべてを利用することが推奨されています。通信したい相手と通信が行えないなどのネットワーク上の問題をトラブルシュートする際は、それぞれのネットワークレイヤーの設定がどうネットワーク通信に影響を及ぼしているのかを確認してください。

セキュリティグループとネットワークACLの違い

　セキュリティグループとNACLでは、それぞれインバウンドとアウトバウンドの両方の通信を独立して制御することができます。これらはAWS内ではファイアウォールのような役割を担っています。セキュリティグループとNACLは同じ役割を担っていますが、それぞれには違いがあります。

❏ セキュリティグループとネットワークACLの違い

	セキュリティグループ	ネットワークACL
適用単位	インスタンス単位（EC2、RDSごとに適用される）	サブネット単位（サブネット内の全AWSサービスに適用される）
制御する種類	許可のみ	許可／拒否
戻りの通信の取り扱い	ステートフル（戻りの通信に対しては設計が不要となる）	ステートレス（戻りの通信に対しても設計が必要となる）
制御内容の指定方法	プロトコル（TCPやUDPなど）、ポート、CIDR、セキュリティグループ	ポート、CIDR

　特にセキュリティグループはステートフル通信であり、行きと同じ経路で返りの通信を行うため、インバウンドで許可した通信をアウトバウンドでも許可する必要はありません。

　一方、NACLの場合はステートレス通信となり、インバウンドトラフィックが許可されても、その応答トラフィックがアウトバウンドトラフィックとして外に出ることが自動的に許可されるわけではありません。インバウンドとアウトバウンドのそれぞれで許可設定を検討する必要があります。

　試験ではそれぞれの違いを理解しているかどうかを問われる問題が出題されることがありますので押さえておきましょう。

ログの収集と解釈

　ログの収集と解釈なくしてはシステムを上手く運用していくことはできません。ログを確認することにより通信、サーバー、サービス、ユーザーなどの現在と過去のあらゆる情報を確認することができ、現在と過去のログから未来を予測することも可能になります。また一言にログといっても、システムログ、セキュリティログ、アクセスログ、アプリケーションログ、エラーログ、監査ログ、監視ログ、運用のためのログと目的に応じて様々なログがあります。運用者は必要に応じてログを出力させ収集し解釈する必要があります。ログを正しく運用していくためには、次のサイクルを回す必要があります。

○ 収集：各サーバーやサービスからログを収集する。
○ 処理：必要に応じて分析前の前処理などを行う。
○ 分析：収集したログを分析する。
○ 破棄：必要に応じて不要となったログを破棄する。

　AWSにおいてはサーバーの頻繁な入れ替えや、多くのマネージドサービスがあり、単純にローカルディスクに保存し続けるわけにもいかないため、ログの管理はオンプレミス環境よりも重要になります。

　ここでは、AWSサービスのネットワークログを説明します。AWSサービスから出力されるネットワークログとしては次のようなものがあります。なお、AWSでのログはS3に保存されることが一般的です。

○ VPCフローログ
○ AWS WAFのWeb ACLログ
○ Elastic Load Balancingのアクセスログ
○ CloudFrontのアクセスログ
○ S3のWebサイトホスティングのアクセスログ

　Web ACLを扱うAWSサービスのログから順に説明していきます。Web ACLでは、どのIP（ユーザー）からどういった内容のアクセスがあり、その通信を許可したのか、ブロックしたのかの確認を行えることが重要になります。

VPCフローログ

　VPCフローログはVPCに流れるネットワークログを出力し、S3またはCloudWatch Logsに保存することが可能です。また、ネットワークインターフェイスごとに出力することも可能です。このログは次の事柄を確認するのに役立ちます。

○ ネットワークインターフェイスに出入りするトラフィック
○ セキュリティグループとネットワークACLがトラフィックに対して行った許可、ブロックなどのアクション
○ VPC内に到達しているトラフィック

AWS WAFのWeb ACLログ

　AWS WAFが受信した通信のWeb ACLトラフィックログを出力し、S3またはCloudWatch Logsに保存することが可能です。以前はKinesis Data Firehoseを介す必要がありましたが、現在ではS3またはCloudWatch Logsに直接保存することが可能です。このログは次の事柄を確認するのに役立ちます。

- ネットワークインターフェイスに出入りするトラフィック
- どのWAFルールが動作したか
- Web ACLがトラフィックに対して行った許可、ブロックなどのアクション

Elastic Load Balancingのアクセスログ

　続いて、アクセスログを扱うAWSサービスのログについて説明していきます。アクセスログでは、ユーザーからいつどのパスに対してどういったアクセスがあり、サーバー側は何を応答したかの確認を行えることが重要になります。

　Elastic Load Balancing（ELB）が受信するアクセスのリクエストに関する詳細情報を含めたアクセスログを出力し、S3に保存することが可能です。アクセスログの作成はELBのオプション機能であり、デフォルトでは無効化されています。

　このログは次の事柄を確認するのに役立ちます。

- リクエスト元のユーザーの接続元IPアドレス
- レスポンスのHTTPステータスコード
- ターゲットの応答からのHTTPステータスコード
- ロードバランサーが実行したアクション
- いつどのパスにどういったアクセスがあったか

CloudFrontのアクセスログ

　CloudFrontが受信するアクセスのリクエストに関する詳細情報を含めたアクセスログを出力し、S3に保存することが可能です。また、リアルタイムにログを出力し、コンテンツ配信のパフォーマンスにもとづいて監視、分析、アクションを実行することも可能です。

　このログは次の事柄を確認するのに役立ちます。

- リクエスト元のユーザーの接続元IPアドレス
- レスポンスのHTTPステータスコード
- いつどのパスにどういったアクセスがあったか

S3のWebサイトホスティングのアクセスログ

S3が受信するアクセスのリクエストに関する詳細情報を含めたアクセスログを出力し、S3に保存することが可能です。Webサイトホスティング用のS3バケットとは別に、アクセスログ保存用のS3バケットを準備することが推奨されています。

このログは次の事柄を確認するのに役立ちます。

○ レスポンスのHTTPステータスコード
○ S3のエラーコード
○ いつどのパスにどういったアクセスがあったか

CloudFrontのキャッシングに関する問題の特定と修正

本章で既に説明しましたが、CloudFrontはユーザーからのリクエストに対して、CloudFrontエッジサーバーがキャッシュデータを保持している場合はそこからレスポンスすることで高速に配信してくれるCDNサービスです。CloudFrontではこのキャッシュに関するいくつかの設定があります。

CloudFrontでカスタマイズ可能なキャッシュの設定は次のとおりです。

○ **Cached HTTP Methods**：キャッシュ対象とするHTTPメソッドを指定する。
○ **Cache Based on Selected Request Headers**：リクエストヘッダーの情報をもとにキャッシュするかどうかを指定する。
○ **Object Caching**：キャッシュ時間を指定する。
○ **Forward Cookies**：Cookieをもとにキャッシュするかどうかを指定する。
○ **Query String Forwarding and Caching**：クエリパラメータをもとにキャッシュするかどうかを指定する。

他にも、ヘッダーを使用してCloudFrontで特定のファイルをキャッシュしないようにすることや、特定のオブジェクトのキャッシュ保持期間を制御することも可能です。

ではここで、CloudFrontのキャッシングに関する問題を取り上げます。CloudFrontでキャッシュ設定の「Object Caching」を「Customize」で指定しているにもかかわらず、実際の動作では想定したとおりのキャッシュの挙動にな

6
ネットワークとコンテンツ配信

っていない、というケースです。

　まずObject Cachingでは、CloudFrontがオリジンのオブジェクトをキャッシュし保持する時間を指定することができます。デフォルトでは24時間（86400秒）後にキャッシュの有効期限が切れるようになっていますが、次の2つの方法でキャッシュ時間を制御します。

- ○ Use Origin Cache Headers
- ○ Customize

　今回のケースである「Customize」は、デフォルトでは24時間保持するキャッシュ時間を、最小（Minimum）TTL、最大（Maximum）TTL、デフォルト（Default）TTLの3つの値で指定することができます。実際にキャッシュされる挙動は、このCloudFront側で設定したCustomizeの値と、オリジン側で設定したオブジェクトのヘッダー情報の条件によって決まります。Customizeの3つの値のどの設定が使用されるかはオリジン側の設定によって変わります。

- ○ オリジンがキャッシングヘッダーを返さない場合、CloudFontはデフォルトTTLを使用する。
- ○ オリジンが最小TTLを下回るキャッシングヘッダーを返す場合、CloudFontは最小TTLを使用する。
- ○ オリジンが最大TTLを上回るキャッシングヘッダーを返す場合、CloudFontは最大TTLを使用する。

　今回のケースではオリジン側で設定したオブジェクトのヘッダー情報について言及されていませんが、このCustomizeの値とオブジェクトのヘッダー情報が競合しているために想定したとおりのキャッシュの挙動になっていないことが推測できます。オリジン側ヘッダー情報を確認し、競合を特定した後にオリジンもしくはCloudFrontを正しい設定に更新することで、問題を解決できます。

ハイブリッドおよびプライベート接続のトラブルシューティング

　同じVPC内の異なるサブネット上にそれぞれあるEC2インスタンス同士が通信できない問題が発生した場合、まずはEC2インスタンスに異常が発生していないかを確認してください。EC2インスタンスが停止していないか、あるい

は稼働しているサービスがダウンしていないかなど、それぞれのEC2インスタンスに問題がないかを確認します。こうすることで、通信トラブルの原因がネットワークに起因するのかEC2に起因するのかを切り分けます。

　EC2に問題がなければ本格的なネットワーク調査を実施します。まずはそれぞれのネットワークレイヤーについて、ルーティング設定や、NACLとセキュリティグループの設定を確認します。VPCフローログからトラフィックの行き先を確認することも有効です。

　AWS Direct Connectでオンプレミス環境からAWS環境へ通信できない問題が発生した場合も、同様に各状況や設定を順番に確認していく必要があります。まずは物理層の問題かどうかを切り分けるために、ネットワークプロバイダーによるAWS Direct Connectデバイスへの物理的な接続に問題がないかを確認してください。物理的な接続が機能している場合は、続いて、仮想インターフェイスがダウンしていないか、BGPピアリングセッションを確立できているかも確認します。こうして通信できない原因がネットワーク起因によるものかどうかを切り分けます。これでも原因が特定できない場合は、それぞれのネットワークレイヤーについて、ルーティング設定、およびNACLとセキュリティグループの設定を確認し、本格的なネットワーク調査を実施します。

　このようにVPC内の問題でもハイブリッド環境での問題でも、各状況や設定を1つ1つ調査して問題を切り分けることが原因の特定や問題の解決に繋がります。

6-3節のポイント

- AWSのネットワークサービスの中心であるVPCは多層のネットワーク構造となっています。それぞれのネットワークレイヤーでトラフィックを制御する多層防御アプローチ設計が推奨されています。
- セキュリティグループはインスタンス単位の通信制御に利用し、ネットワークACLはサブネット単位の通信制御に利用します。また、セキュリティグループはステートフル通信制御で、ネットワークACLはステートレス通信制御となります。

ネットワークとコンテンツ配信　6

練習問題4

パブリックサブネットに配置したEC2インスタンスにElastic IPアドレスをアタッチし、インターネットゲートウェイ経由でWebアプリケーションを公開しています。EC2インスタンスのセキュリティグループおよびNACLで443番ポートのインバウンドトラフィックを許可しています。ブラウザでElastic IPアドレスに対して接続をしたところWebアプリケーションにアクセスできませんでした。

この問題を解決できる可能性が最も高いものはどれですか。

    A. NACLで443番ポートでのアウトバウンドトラフィックを許可する。

    B. NACLでエフェメラルポートでのアウトバウンドトラフィックを許可する。

    C. セキュリティグループで443番ポートでのアウトバウンドトラフィックを許可する。

    D. セキュリティグループでエフェメラルポートでのアウトバウンドトラフィックを許可する。

解答は章末（P.212）

 練習問題5

CloudFront、ALB、EC2、RDSの構成でWebアプリケーションを運用しており、それぞれでログ出力を有効化しています。HTTP、HTTPSのステータスコードに関する調査をする場合に対象となるログはどれですか。該当するものをすべて選んでください。

    A. CloudTrailのログ

    B. VPCフローログ

    C. CloudFrontのアクセスログ

    D. ALBのアクセスログ

    E. RDSのログ

解答は章末（P.212）

練習問題の解答

✓ 練習問題1の解答

答え：B、C、H

- A. 誤りです。VPCはAZをまたいでリージョン単位で作成することができます。
- B. 正しいです。サブネットはAZ単位で作成することができます。
- C. 正しいです。複数のサブネットに同一のルートテーブルを関連付けることができます。ただしサブネットに複数のルートテーブルを関連付けることはできません。
- D. 誤りです。一般的に同じ役割を持ったサブネットは複数のAZに配置し、各AZに冗長的に配置することが推奨されています。
- E. 誤りです。一般的にインターネットゲートウェイにルーティングしているサブネットを、パブリックサブネットと呼びます。
- F. 誤りです。一般的にインターネットゲートウェイにルーティングしていないサブネットを、プライベートサブネットと呼びます。
- G. 誤りです。VPC内に複数のサブネットがある場合でも、VPCとサブネットには1つのインターネットゲートウェイしか関連付けることはできません。
- H. 正しいです。NATゲートウェイはインターネットゲートウェイと違い個数に制限がありませんので、サブネットごとに個別のNATゲートウェイに対してルーティングを行うことができます。
- I. 誤りです。NATゲートウェイはアウトバウンドの通信に関与しますが、インバウンドの通信には関与しません。
- J. 誤りです。VPCピアリングは異なるAWSアカウントにあるVPCともピアリングすることができます。

✓ 練習問題2の解答

答え：E

- A. 誤りです。Route 53は権威DNSの機能のみ提供しており、キャッシュDNSの機能は提供していません。
- B. 誤りです。Aレコードはドメイン名とIPアドレスの関連付けを定義するレコードであり、エイリアスレコードはドメイン名とAWSリソースがデフォルトで持っているDNS名の関連付けを定義することができるレコードです。
- C. 誤りです。正規ドメイン名に対する別名を定義するレコードです。
- D. 誤りです。ユーザーのパフォーマンスを向上させることを目的としたRoute 53ルーティングポリシーは、レイテンシールーティングポリシーです。
- E. 正しいです。シンプルルーティングポリシーは、同一レコードに複数のIPアドレスなどの複数の値を指定できます。

✓ 練習問題3の解答

- -

答え：A、F

A. 正しいです。CDNサービスを提供しているAWSサービスはCloudFrontのみです。

B. 誤りです。CloudFrontはグローバルサービスなので、リージョンにもVPCにも依存しません。ただし、us-east-1（バージニア北部）リージョンで発行したACMしか利用できません。

C. 誤りです。CloudFrontのオリジンサーバーとして指定できるのはAWS環境にあるリソースはもちろんのこと、オンプレミス環境であっても指定することが可能です。

D. 誤りです。OAIはCloudFrontからのみS3に接続できるように制限する際に使用されますが、IAMユーザーとは関係ありません。

E. 誤りです。S3の静的Webサイトホスティングでは静的なコンテンツのみホスティングすることができます。

F. 正しいです。S3のWebサイトエンドポイントはHTTPS通信は行えませんが、REST APIエンドポイントはSSL接続をサポートしているためHTTPS通信が行えます。

✓ 練習問題4の解答

- -

答え：B

A. 誤りです。一般的にウェルノウンポート（HTTPS：443など）のリクエストに対するレスポンスには、エフェメラルポート（RFC 6056では1024～65535）が使用されます。

B. 正しいです。NACLはステートレス通信なためエフェメラルポートをNACLのアウトバウンドトラフィックで許可することで解決できる可能性があります。

C. 誤りです。セキュリティグループはステートフル通信でインバウンドトラフィックでのみ評価します。

D. 誤りです。セキュリティグループはステートフル通信でインバウンドトラフィックでのみ評価します。

✓ 練習問題5の解答

- -

答え：C、D

A. 誤りです。CloudTrailのログはAWSインフラストラクチャのアクティビティログを扱います。

B. 誤りです。VPCフローログはVPCに流れるネットワークログを扱います。

C. 正しいです。CloudFrontのアクセスログはHTTPステータスコードを扱います。

D. 正しいです。ALBのアクセスログはHTTPステータスコードを扱います。

E. 誤りです。RDSのログはデータベースに関連するログを扱います。

第 7 章

コストと最適化

本章では、AWSを使う上で重要な視点であるコストについて解説します。1つには、どのようにサービスを活用したらコストを最適化できるのかについてです。もう1つは、サーバースペックなどのパフォーマンスが最適かどうか診断できるサービスを活用して、最適なインスタンスに変更することでコストを最適化するにはどうしたらよいかについてです。

7-1

コスト最適化戦略の導入

コスト配分タグの実装

　AWSの利用料はAWSサービスごとに利用した量に応じて課金されますが、それだけでは部門ごとのコストの把握が難しいケースが存在します。たとえば同一AWSアカウント上に複数の部門が相乗りしているケースで、同じEC2インスタンスタイプを利用しているケースなどです。このような場合、**コスト配分タグ**を利用することで部門ごとのコストを把握できます。

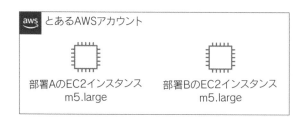

❏ 複数の部門が1つのアカウントを共有する

コスト配分タグの種類とユーザー定義タグ

　コスト配分タグには、AWSまたはAWS MarketPlace ISVが付与する**AWS生成タグ**と、ユーザー自身が定義する**ユーザー定義タグ**があります。この章ではユーザー自身が定義するユーザー定義タグについて説明します。

　そもそも**タグ**とは、ユーザーがAWSリソースに割り当てるラベルです。タグは**Key**と**Value**から構成され、Keyはリソースごとにユニーク（一意）である必要があります。Valueは各Keyに対して1つだけ設定可能です。コスト配分タグはこのユーザー定義タグのうち、特定のものをAWS利用料の分割キーとして指定するものです。

　各AWSリソースにユーザー定義タグを付与した後、おおむね24時間後に
Billingコンソールからユーザー定義タグをコスト配分タグとして指定すること
が可能になります。

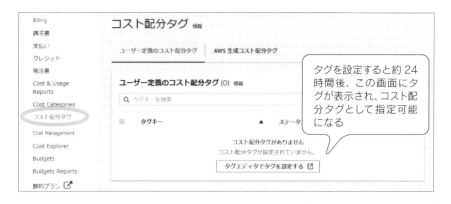

❏ コスト配分タグの指定

　AWSはこのユーザー定義タグの情報に従ってCUR（Cost Usage Report）の
行を分割し、タグ単位での利用料が把握可能になります。

コスト配分タグの利用シーン

　先ほどの部署A、BのEC2インスタンスの利用料をコスト配分タグを用いて
把握できるようにするにはどうしたらよいでしょうか。そのためにはまず、そ
れぞれのEC2インスタンスにユーザー定義タグとして「Key：Department」を
指定します。そして、部署Aのインスタンスには「Value：A」を、部署Bのイン
スタンスには「Value：B」を指定します。

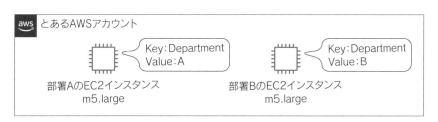

❏ それぞれのEC2インスタンスにコスト配分タグを指定する

タグの設定後24時間経つとBillingコンソールの「コスト配分タグ」の画面に、指定したKeyの情報、この例で言うと「Department」が表示されます。表示された行を有効化すると、有効化した後から発生した利用料金がタグで分割されます。コスト配分タグの有効化前の料金については分割されないので注意してください。

コスト配分タグで分割された料金はCost Explorerや、Cost Usage Report（CUR）、Detailed Billing Report（DBR）でも確認できます。なお、CURの場合「resourceTags/user: タグのKey」という列がコスト配分タグで指定された値が入る列になります。

使用されていないリソースの特定

AWSのコストを最適化するにあたり最も基本的なことは無駄を削ることです。では、無駄を削るとは具体的に何をするのでしょうか。たとえば下記のような方法が挙げられます。

○ 使用していないのに確保しているリソースを削除する（例：アタッチされていないEBS、使用されてないEIPなど）
○ 夜間は使用していないにもかかわらず起動させ続けているEC2インスタンス
○ ワークロードに対して過大なインスタンスタイプ

このような無駄を把握するにはどうしたらよいでしょうか。ここでは、Trusted Advisor、AWS Compute Optimizer、Cost Explorerを使った方法を紹介します。

AWS Trusted Advisor

AWS Trusted AdvisorはAWSの各サービス利用状況を自動的にチェックして、ベストプラクティスに沿ったガイダンスを提供してくれるサービスです。デフォルトで有効になっており、「コスト最適化」「パフォーマンス」「セキュリティ」「耐障害性」「サービス制限」の5つの分類で様々なチェックを行ってくれます。

ここで注意する必要があるのは、チェック内容がAWSサポートのサポートプランと紐付いているという点です。AWSサポートがベーシックサポート、デ

ベロッパーサポートの場合は6個のセキュリティチェックと50個のサービス
の制限チェックを利用できますが、それ以外は利用できません。AWSサポー
トがビジネスサポート、エンタープライズサポートの場合は115個のTrusted
Advisorチェック（14個のコスト最適化、17個のセキュリティ、24個の耐障害性、
10個のパフォーマンス、50個のサービスの制限）と推奨事項を利用することが
できます。

❏ AWSサポート別、Trusted Advisorのチェック項目

	ベーシック・デベロッパー	ビジネス・エンタープライズ
セキュリティ	○	○
サービス制限	○	○
コスト最適化	×	○
耐障害性	×	○
パフォーマンス	×	○

　コスト最適化チェックでは、「月額料金節約の可能性」として「使用率の低い
リソースのコスト最適化チェック」と「リザーブドインスタンス、Savings Plans
に対する最適化チェック」が行われます。

✳ 使用率の低いリソースのコスト最適化チェック

　以下のチェックでは、リソースに対する使用率をチェックし、低いものにつ
いて停止または終了を推奨してくれます。

○ Amazon RDS Idle DB Instances
○ Idle Load Balancers
○ Low Utilization Amazon EC2 Instances
○ Unassociated Elastic IP Addresses
○ Underutilized Amazon EBS Volumes
○ 使用率の低いAmazon Redshiftクラスタ

✳ リザーブドインスタンス、Savings Plansに対する最適化チェック

　以下のチェックでは、リザーブドインスタンスとSavings Plansに関する推奨
事項が示されます。

○ Amazon EC2 Reserved Instance Lease Expiration
○ Amazon EC2リザーブドインスタンスの最適化、Amazon ElastiCacheリザーブドノードの最適化、Amazon OpenSearch Serviceリザーブドインスタンスの最適化、Amazon Redshiftリザーブドノードの最適化、およびAmazon Relational Database Service (RDS) リザーブドインスタンスの最適化
○ Savings Plans

AWS Compute Optimizer

AWS Compute Optimizerは、稼働しているEC2などのAWSリソースについてメトリクス情報を収集・分析し最適なインスタンスタイプを推奨してくれるサービスです。2022年5月現在、下記4つのリソースをサポートしています。

○ Amazon EC2
○ Amazon EC2 Auto Scalingグループ
○ Amazon EBS
○ AWS Lambda

　Compute Optimizerサービスを開始すると、情報収集に対するオプトインを求められます。オプトインの範囲は「Organizations全体」と「このアカウントのみ」です。オプトインをすると、自動的に統計情報の収集が行われます。
　収集と分析が行われると結果が表示され、現在のインスタンスタイプと、推奨されるインスタンスタイプ、金額の差が表示されます。この情報を使って実際に使用しているリソースと比較して大きなリソースを確保しているインスタンスを特定できれば、より適切なインスタンスへの変更ができる可能性があります。
　また、Compute OptimizerはCost Explorerのコンソールに統合されています。Cost Explorerの推奨事項に統合されているCompute Optimizerでは、リザーブドインスタンス、およびSavings Plansを使用した場合の推奨事項を確認できるので、インスタンスタイプの変更と合わせて確認すると、より適切なインスタンス選定が可能になると考えられます。

AWS Budgetsと課金アラームの設定

　AWSには使用料金に関するアラートを発する機能が大きく2つあります。AWS BudgetsとBilling Alertです。AWS BudgetsはBillingコンソールの一機能として実装されており、Billing AlertはCloudWatchのメトリクスの1つをアラートとして設定したものです。

AWS Budgets

　AWS BudgetsはAWS利用料の予算を設定し、過去の使用予測または実績でアラートメールを出すことができます。その名のとおり「予算」を決めてそれに対する閾値をもとにアラートメールを出したり、何らかのアクションを実行することができます。

　AWS Budgetsを使う場合はまず予算を決めます。予算は次の6種類から選べますが、推奨されているのは「コスト予算」です。

○ コスト予算：全AWSサービスに対する予算を立て、上回ったらアラートを出す。

○ 使用量予算：1つ以上の（個別の）AWSサービスに対する予算を立て、上回ったらアラートを出す。

○ RI使用率予算：RI使用率の予算を立て、下回ったらアラートを出す。

○ RIカバレッジ予算：RIのカバレッジの予算を立て、下回ったらアラートを出す。

○ Savings Plans使用率予算：Savings Plans使用率の予算を立て、下回ったらアラートを出す。

○ Savings Plansカバレッジ予算：Savings Plansのカバレッジの予算を立て、下回ったらアラートを出す。

　予算に対して何%になったらアラートメールを出すかを決めることができます。このとき、実績値に対してアラートを出すこともできますし、予測値に対してアラートを出すこともできます。AWS利用料はしばしば実績値が超えてしまったときには手遅れということもあるので、予測値に対してアラートを出せるというところは有用です。

　アラートメールについては直接メールアドレスを指定することも、Amazon SNSのARNを指定することもできます。また、AWS Chatbotと連携してSlack

やAmazon Chimeへ通知することも可能です。

さらにBudgetsは、閾値を超えた場合にアラートメールだけでなく「アクション」を指定することもできます。実行できるアクションは下記のとおりです。

○ IAMポリシーの適用
○ サービスコントロールポリシー（SCP）のアタッチ
○ Amazon EC2インスタンスまたはAmazon RDSインスタンスのターゲット

たとえば、IAMポリシーやSCPに拒否（Deny）ポリシーを適用し、新しいEC2インスタンスの起動をできなくする、という使い方ができます。あるいは、特定のEC2インスタンスをストップする、という使い方も考えられます。しかし、本番運用中の環境ではこのようなアクションを適用するのは難しいので、たとえばサンドボックス環境や社員用の研修環境に適用するのがよいでしょう。

Billing Alert

Billing AlertはCloudWatchのメトリクスの1つで、AWS利用量に対するメトリクスです。この項目はBillingコンソールの設定で「請求アラートを受け取る」という設定をした場合にのみ、適用されます。

注意事項としては下記が挙げられます。

○ このメトリクスを利用できるリージョンはus-east-1（バージニア東部）のみです。このリージョンで全リージョン分の請求金額に対してアラートを設定できます。
○ 「請求アラートを受け取る」設定ができるのはスタンドアロンのアカウントもしくは支払いアカウントです。

Organizationsを利用している環境では、支払いアカウントは配下のメンバーアカウントそれぞれの利用料に対してBillingアラートを設定することが可能です。

スポットインスタンスの活用

EC2の費用を抑えるためには、使用していない時間は止めることで無駄な費用を削減する方法、常に稼働させていないといけないインスタンスへリザーブドインスタンス、Savings Plansを購入する方法などいくつかあります。その中

でもうまく活用すると非常に安価にEC2を調達できるサービスがあります。スポットインスタンスです。

スポットインスタンスとは

スポットインスタンスとは、AWSが確保しているEC2インスタンスの中で空きキャパシティを安く提供しているものです。EC2の性能としてはオンデマンドで提供されているものと変わりませんが、次のような特徴があります。

○ オンデマンド価格を上限として、需要と供給からAWSが1時間単位でスポットインスタンス料金を決定する（料金表：https://aws.amazon.com/jp/ec2/spot/pricing/）。
○ スポットインスタンス価格はインスタンスタイプごとに決定される。
○ スポットインスタンスにいくらまで払ってよいかは利用者が決定する。
○ 次の2つの理由でスポットインスタンスは中断（インスタンスの削除または停止）が発生する。
  ○ 何らかの理由でオンデマンドインスタンスの需要が発生しスポットプールが不足した場合
  ○ スポットインスタンスへいくらまで払ってよいか決めた価格以上にスポットインスタンス価格が達した場合
○ スポットインスタンスが中断（インスタンスの削除または停止）される2分前に中断通知が出される。
○ スポットインスタンス価格は最大でオンデマンド価格の9割引き。

スポットインスタンスが活用しやすいワークロード

最大9割引きとは言え、いつインスタンスの中断が起きるかわからないためワークロードの種類を選ぶサービスです。ミッションクリティカルなワークロードやDBのトランザクションが発生するもの、ステートフルなワークロードには向かないでしょう。一方、下記のようなワークロードでは非常に高いコスト効率でEC2を調達できます。

○ ステートレスなアプリケーションを動かしている。
○ 仮にインスタンスが中断しても、再度利用可能になったスポットインスタンスで再開可能である。

- 周辺のシステムに影響が限定的な疎結合なシステムである。
- 複数のAZ、複数のインスタンスタイプを組み合わせて稼働させることができ、特定のインスタンスタイプが中断しても他に振り替えができる。

中断通知の受信方法

スポットインスタンスの中断通知は、下記2つの方法により行われます。

- インスタンスメタデータ：インスタンスメタデータはEC2の内部からcronなどでチェックし、所定のJSONが返ってきたときにアプリケーションの安全な停止、ログの回収などを実行することが考えられます。稼働中のインスタンスについては、http://169.254.169.254/latest/meta-data/spot/instance-actionに格納されます。これは普段は空ですが、中断が発生するときのみJSONが格納されます。インスタンスメタデータは5秒に一度のチェックが推奨されています。
- CloudWatch Events：CloudWatch Eventsでもインスタンスの中断通知（EC2 Spot Instance Interruption Warning）を受け取ることができます。EC2の中に閉じない停止処理を稼働させる場合はこちらのほうが向いています。

FISでのシミュレーション

AWS Fault Injection Simulator（FIS）でスポットインスタンスの中断テストが行えるようになったため、中断時の挙動についてテストを行うことが容易になりました。このテストを活用して、構築したワークロードがスポットインスタンスを使用したときにどのような挙動になるのか、テストを繰り返せば、よりコスト効率のよいEC2インスタンスを活用できるでしょう。

マネージドサービスの活用

NFSサーバーやECSを使いたいとき、EC2を起動してその上に構築することはできますが、マネージドサービスを活用すると、AWS利用料だけでなく構築・運用負荷を軽減し、TCO（Total Cost of Ownership）を削減できる場合があります。ここでは例としてAmazon RDSとAmazon EFSを挙げます。

Amazon RDS

Amazon RDSはAWSが提供するリレーショナルデータベース（RDBMS）の
マネージドサービスです。利用者はDBが稼働しているサーバーへOSログイン
することはできませんが、その代わりDBの冗長化やバックアップの設定、リー
ドレプリカの設定などを管理コンソールを操作することで簡単に実現できます。

RDBMSをEC2に構築することを考えると、冗長構成のためにはクラスタソ
フトが別途必要ですし、バックアップの設計、記憶領域の設計、リードレプリカ
の設計など、考慮しなければならない事項が多岐にわたります。どうしたいか
は考える必要がありますが、これらをマネージドサービスにオフロードできる
ためTCOの削減に効果があります。

Amazon EFS

Amazon EFSはAWSが提供するフルマネージドなLinux用NFSサービスで
す。利用者はストレージの管理やNFSサーバーの冗長化などを意識する必要は
ありません。

NFSサーバーをEC2を用いて構築した場合、マルチAZで冗長化することが
難しいことに気が付くでしょう。Amazon EFSを使用するとそのあたりはフル
マネージドなので管理コンソールからボタンを押せば対応することができま
す。また、断面をとったバックアップについてもAWS Backupと組み合わせる
ことで容易に取得可能で、サイクル管理も可能です。このあたりをEC2だけで
実装しようとしたらかなり作り込まないと実現できません。

7

コストと最適化

7-1節のポイント

- 部門ごとのコストはコスト配分タグを利用することで把握できます。
- AWS Trusted AdvisorはAWSの各サービス利用状況を自動的にチェックして、ベストプラクティスに沿ったガイダンスを提供してくれるサービスです。
- AWSには使用料金に関するアラートを発する機能が大きく2つあります。AWS BudgetsとBilling Alertです。
- スポットインスタンスや各種マネージドサービスをうまく活用することでコストを削減できる可能性があります。

練習問題1

　ある企業では同一アカウント内で複数部署のEC2を運用しています。毎月のAWS利用料を部署ごとに分けて請求処理を行いたい場合、どのようにすれば正しく分けることが可能でしょうか。正しい解答をすべて選択してください。

　A. EC2に、コスト配分タグに指定するkey=department、value=[部署名]のタグを付ける。

　B. Billingコンソールのコスト配分タグ画面からkeyに指定しているdepartmentをAWS定義コスト配分タグとして指定する。

　C. Trusted AdvisorでどのEC2が何時間稼働しているか判別することができる。

　D. ユーザー定義コスト配分タグを指定しても、EC2側にそのコスト配分タグが指定されていなければ費用を分けることができない。

　E. データ通信料もコスト配分タグを用いて分けることができる。

解答は章末（P.236）

 練習問題2

　下記のAWS BudgetsとBilling Alertに関する記述のうち、正しいものはどれですか。正しい解答をすべて選択してください。

　A. AWS BudgetsはCloudWatch Alermから設定を行う。

　B. AWS Budgetsに設定するアラート閾値は、実績値と予測値のどちらかを選択することができる。

　C. 閾値を超えた場合に設定できるアクションはIAMポリシーの適用、SCPのアタッチ、EC2またはRDSインスタンスアクションの3つである。

　D. Billing AlertはEC2が稼働しているそれぞれのリージョンで設定することができる。

　E. Billing Alertを設定できるのはスタンドアロンのアカウントまたは支払いアカウントである。

解答は章末（P.236）

7-2

パフォーマンス最適化戦略の導入

パフォーマンスの最適化に関して重要なポイントは2つあります。

○ 要件を満たすように効率的にコンピューティングリソースを利用する
○ 需要の変化と技術の進化に合わせて最適な選択をする

1つ目の「要件を満たすように効率的にコンピューティングリソースを利用する」についてです。「要件を満たすように」とあるように、やみくもに最高のパフォーマンスを追求することではありません。要件を満たせる適切な量のコンピューティングリソースを選択することがポイントです。

次に「需要の変化と技術の進化に合わせて最適な選択をする」についてです。多くのシステムにおいて、曜日や時間ごとの負荷は一定ではありません。ピークとオフピークがあり、ピークに合わせてコンピューティングリソースを確保し続けるのは無駄が大きいです。そこで、コンピューティングリソースを需要に応じて増減できるアーキテクチャをとっておくことが重要です。また技術の進歩は速く、従来のアーキテクチャを一変させるような技術も随時発生しています。それらを適切に取り入れることにより、より最適なパフォーマンスを実現できます。

ここでは、パフォーマンスを最適化する上で重要な要素であるコンピューティングリソースとストレージについて確認した後、S3、RDS、EC2といったAWSのコアサービスを使った最適化について学んでいきます。

コンピューティングリソースの最適化

コンピューティングリソースの最適化は、必要な要件に対して必要十分なCPUやメモリ、その他のリソースを割り当てることです。そのためには、AWSにおけるコンピューティングリソースやインスタンスごとの特徴、リソースの利用状況の見方を把握しておく必要があります。順番に見ていきましょう。

AWSにおけるコンピューティングリソースの種類

AWSにおけるコンピューティングリソースとしては、大きく「インスタンス」「コンテナ」「関数」の3つがあります。**インスタンス**は、EC2として提供される仮想化されたサーバーです。**コンテナ**については、Amazon Elastic Container Service（ECS）やAmazon Elastic Kubernetes Service（EKS）、あるいはElastic BeanstalkのようにEC2インスタンスの上に直接コンテナを立ち上げるようなサービスなど、様々な選択肢があります。**関数**については、Lambdaを指します。Lambdaはサーバーレスのイベント駆動型のコンピューティングサービスです。

それぞれのコンピューティングリソースには特徴があり、用途に応じて使い分けられるようになることが重要です。

インスタンスのタイプごとの最適化

これら3つのコンピューティングリソースのうちEC2インスタンスについては、インスタンスタイプによりCPUやメモリの配分が大きく変わります。大まかな特徴をとらえておくと、インスタンスの利用方針が定めやすくなります。

まずはじめに、インスタンスタイプの表記の**命名規則**を説明します。「M5.large」や「C5.small」といった表記を見たことがあると思いますが、これを分解するとインスタンスファミリー、世代、インスタンスサイズになります。

❏ インスタンスタイプの命名規則

現在では、さらに複雑化して「M5a.large」といった具合に世代の後に小文字のアルファベットがついているケースがあります。この例は、CPUの種類がIntelベースでなくAMDベースであることを表しています。このあたりまでいくと少し細かい話になるので、まずは命名規則の原則を理解してください。

次に**インスタンスファミリー**です。各インスタンスファミリーには、用途に応じたCPUやメモリのバランスが設計されています。またGPUがついてくるようなタイプもあります。リソースの最適化のためには、局面ごとに最適なインスタンスファミリーを選択することが大切です。たとえば、画像処理をする

のであれば高速コンピューティングであるP3インスタンスを選ぶ、といった具合です。そのために、インスタンスの分類を整理しましょう。例外もありますが、大きく次の表のように分類できます

❏ インスタンスファミリーの分類

分類	用途	インスタンスファミリー
汎用	用途の幅が一番広い。CPU・メモリのバランスがとれている	A、T、M
コンピューティング最適化	メモリに比べてCPUの性能比率が高めに設定されている	C
メモリ最適化	CPUに比べてメモリの搭載が高めに設定されている	R、X
高速コンピューティング	GPUやFPGAが搭載されている	P、G、F
ストレージ最適化	ストレージ処理に特化した性能設定がされている	I、D、H

　上記の中で特にわかりにくいのが高速コンピューティングです。**画像処理が得意なPタイプ**と、**機械学習が得意なGタイプ**と覚えておくとよいでしょう。なお、上記の表に記したもの以外にもインスタンスファミリーは数多くありますが、まずは代表的なこれらのものを覚えておきましょう。

メトリクスを監視して適切なリソースを選択する

　AWSにおけるコンピューティングリソースの種類と、EC2のインスタンスファミリーを理解したところで、次に具体的にどのようにして適切なリソースを選ぶのかを学びます。オンプレミスのサーバーを導入する際は、導入後に機器などのリソースを置き換えるのが難しいため、事前に入念な試算をする必要がありました。それに対してクラウドの場合はリソースの変更が容易なので、大まかな方針を立てた後に想定される負荷をかけて調整することをお勧めします。

　その際にポイントになるのが、用意したリソースが適切かどうかを**メトリクス**を監視して判断することです。CPUやメモリなど特定の項目だけ利用率が高い場合は、インスタンスファミリーの変更を検討します。同じような比率でリソースの利用状況が高過ぎる場合や低過ぎる場合は、インスタンスサイズの変更を検討します。

　AWSの機能に対するメトリクスの確認は、CloudWatchで行います。主な項目は、次の表のとおりです。

7

コストと最適化

❑ 主なメトリクス項目

分類	CloudWatch EC2 メトリクス	計測方法
CPU 使用率	CPUUtilization	—
ネットワーク使用率	NetworkIn、NetworkOut	—
ディスクパフォーマンス	DiskReadOps、DiskWriteOps	—
ディスクの読み書き量	DiskReadBytes、DiskWriteBytes	—
メモリの使用率、ディスクスワップの使用率	なし	インスタンスにCloudWatchエージェントを導入する
GPUの使用率	なし	インスタンスにスクリプトなどを導入する

📖 Amazon EC2 のモニタリング

URL https://docs.aws.amazon.com/ja_jp/AWSEC2/latest/UserGuide/monitoring_ec2.html

　なお、メモリおよびGPUの監視はデフォルトのCloudWatchのみではできません。上記の表の「計測方法」に記したように、対象のインスタンスにエージェントやスクリプトを導入してカスタムメトリクスを作成する必要があります。

▌AWS Lambdaを利用したリソース最適化

　Lambdaの特徴の1つが、イベント駆動型アーキテクチャです。このLambdaにおけるイベント駆動型では、呼ばれたタイミング（イベント）にリソースを用意し処理が実行されます。あらかじめリソースの確保をする必要がなく、EC2のようにリソースを常時スタンバイさせる必要はありません。そういった意味で、Lambdaを使ったアーキテクチャを採用している時点で、リソースの最適化は進んでいると言えます。一方でLambdaにもリソース最適化のポイントがあります。

　1つ目は**垂直スケーリング（スケールアップ）に関する最適化**です。Lambdaはあらかじめ CPU・メモリの使用量を設定できます。使用量を増やすとコストも増大するのですが、Lambdaは処理時間に対する課金のために、CPU・メモリを増やして短時間で処理させるほうがトータルのコストを削減できる場合があります。このため、Lambdaの関数を作成した後に、CPU・メモリの設定量と処理時間の関係を確認し、最適なバランスに調整することが大切です。

　2つ目は**水平スケーリング（スケールアウト）に関する最適化**です。Lambda といえど、一瞬で無限にリソースを用意できるわけではありません。また、AWS アカウントごとに Lambda の同時実行数の上限も設定されています。複数の Lambda 関数がある場合は、同時実行数の上限を分け合う形になります。特定の Lambda 関数で大量のリソースが必要ということがあらかじめわかっている場合は、予約同時実行の設定をすることによりリソースの確保ができます。これにより、他の関数の影響を排しスケーリングの確保ができます。なお同時実行数の上限については、AWS サポートより緩和申請することは可能です。

ストレージの最適化

　メトリクスを確認した結果ボトルネックが I/O だと判明した場合は、ストレージの最適化を行います。EC2 のストレージの選択肢としては EBS、EFS、FSx などがありますが、ここでは EBS の種類を紹介します。

EBSのボリュームの種類

　EBS のボリュームは、SSD タイプと HDD タイプに大別されます。SSD タイプはランダムアクセスに強く、秒間の読み込み回数の性能を示す IOPS が高い特徴があります。HDD タイプは、データの並んだ順に読み込むシーケンシャルアクセスに強く、またコスト面での優位性があります。

　次の表に、EBS のボリュームの種類をまとめます。なお、旧世代の磁気ボリューム（マグネティック）は省いています。

❏ EBSのボリュームの種類

ボリュームの種類	特徴・主な用途
汎用SSDボリューム（gp2、gp3）	標準的ボリューム。料金とパフォーマンスのバランスがよい
Provisioned IOPS SSDボリューム	データベースなど低レイテンシー・高IOPSが必要なユースケース向け
スループット最適化HDDボリューム	サイズの大きなデータ向け。細かいデータの連続読み込みには向かない
Cold HDDボリューム	アクセス頻度が低いデータ向け。低コスト

Amazon EBS最適化インスタンス

EBSのボリューム自体の性能以外でパフォーマンスに影響する部分として、インスタンスとEBSのボリューム間の**ネットワーク帯域**があります。ネットワーク帯域は、インスタンスごとにベースの性能が設定されており、外部との通信やEBSとの通信は共用されます。EBS最適化インスタンスの設定を行うと、EBSとの通信の専用の帯域が用意されます。より広い帯域幅を確保できるので、EBSの性能を最大限引き出すことが可能となります。

EC2のパフォーマンス最適化
(プレイスメントグループ)

EC2のパフォーマンス最適化の手段として、プレイスメントグループもあります。プレイスメントグループとは、EC2インスタンスの物理的な配置を制御する機能です。配置のオプションには3種類があります。

❏ EC2インスタンスの配置戦略

配置戦略	概要	効果
クラスタ	同一のAZに配置。拡張ネットワーキングとの併用が望ましい	インスタンス間通信で低レイテンシー、高スループットなネットワーク性能
パーティション	起動するインスタンスのホスト・ラックを分散	ハードウェア障害の頻度を低減
スプレッド	独自のネットワークおよび電源がある異なるラックにインスタンスを配置	ハードウェア障害の頻度を低減

インスタンス間で頻繁かつ大容量のデータのやり取りをするシステムの場合、クラスタプレイスメントグループを利用することでパフォーマンスを向上できる可能性があります。また、パーティションやスプレッドは可用性の向上に効果があるので、合わせて覚えておきましょう。

S3のパフォーマンス最適化

パフォーマンス最適化の対象の1つにS3があります。S3自体はAWSのフルマネージドサービスなので、利用者側から調整する余地はありません。そのた

め S3のパフォーマンスの最適化とは、**S3 の性能を最大限に引き出す方法**となります。具体的には、S3に格納するオブジェクトの書き込みと読み込みの**通信の最適化**となります。

S3のプレフィックスによるパフォーマンス最適化

S3の書き込み／読み取りの性能は、プレフィックスごとに分け合う形となります。同一プレフィックスに大量のファイルがある場合は性能の劣化が起こる可能性があります。そのため、プレフィックス名をランダムにするという最適化手法があります。

```
awsexamplebucket/2018-01-28/photo1.jpg
awsexamplebucket/2018-01-28/photo2.jpg
awsexamplebucket/2018-01-28/photo3.jpg
awsexamplebucket/2018-01-28/photo4.jpg
awsexamplebucket/2018-01-28/photo5.jpg
awsexamplebucket/2018-01-28/photo6.jpg
```
└── 同一プレフィックスの場合、
　　この中で性能を分け合う

```
awsexamplebucket/232a-2018-01-05/photo1.jpg
awsexamplebucket/7b54-2018-01-15/photo2.jpg
awsexamplebucket/8a54-2018-01-15/photo3.jpg
awsexamplebucket/x154-2018-01-15/photo4.jpg
awsexamplebucket/w154-2018-01-15/photo5.jpg
awsexamplebucket/4b54-2018-01-15/photo6.jpg
```
└── プレフィックスがバラけると、
　　カタログ最大値の性能が得られる

❏ プレフィックスのランダム化によるパフォーマンス最適化

なお、2018年のサービスアップデートでベース性能が10倍以上向上しています。そのため、プレフィックスのランダム化が必要なケースは現在ではほとんどありません。しかしユースケースによっては、依然として有効な手法であることに変わりありません。

Amazon S3 Transfer Acceleration

日本から海外のリージョンなど、遠隔地のS3に大量のデータを定期的に送信する要件がある場合は、Amazon S3 Transfer Acceleration を利用すること

で高速な転送を実現できます。S3 Transfer Accelerationは、世界中に点在するCloudFrontの最寄りのエッジポイントを経由して転送するオプションサービスです。エッジポイントからS3への転送には、AWSが用意した帯域幅の広い高速なネットワークと最適な経路が利用されます。これらにより、遠隔地のS3に利用者が直接アップロードするよりも高速な転送が実現されます。

マルチパートアップロード

サイズの大きなファイルなどをS3にアップロードする際は、マルチパートアップロードの機能を使うことにより高速なアップロードを実現できます。マルチパートアップロードは、1つのファイルを分割して、それらを並列にアップロードする機能です。高速化以外にも、アップロードの一時停止や再開、ネットワーク問題に対しての耐性の向上などのメリットがあります。利用の目安としては、100MB以上のファイルサイズのときに適用を検討するとよいでしょう。大きなデータのアップロードを高速化するための選択肢として検討しましょう。

RDSのパフォーマンス最適化

RDSのパフォーマンス最適化も、基本的にはコンピューティングリソースの最適化と同じです。CPUやディスクI/Oの状況を確認し、特定のリソースでボトルネックが発生していないかを確認します。ボトルネックの発見には、EC2と同様にCloudWatchが有効です。それに加えてRDSの場合は、RDS Performance Insightsというパフォーマンス分析ツールが利用できます。

RDS Performance Insightsは、Amazon RDSモニタリング機能の拡張です。Performance Insightsダッシュボードによってパフォーマンスが視覚化されます。またSQLステートメント、ホスト、ユーザー別のフィルタリング機能なども提供されます。

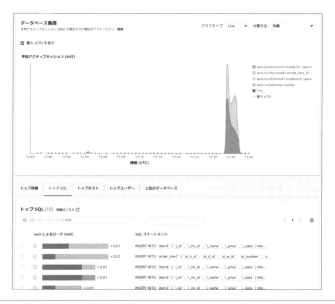

❑ RDS Performance Insights

Snowballによる大量データの転送

　コンピューティングリソースの最適化以外にも、最適化の検討が必要な部分があります。それは**データ転送**です。コンピューティングリソースやストレージが相対的に安価になってきたことにより、扱うデータ量は飛躍的に増大しています。一方で、それを運ぶための回線のコストは相対的に高価です。結果、AWSに大量データを転送する際には、回線の帯域と転送に必要な時間に頭を悩ますことになります。次の表は80TBのデータを移行する場合に、回線の帯域ごとに必要な日数をまとめたものです。**実行効率**というのは、用意した回線のうちに使える割合を指しています。

❑ 80TBのデータ移行に要する日数

実効効率	1Gbps	500Mbps	300Mbps	150Mbps
25%	19日	38日	63日	126日
50%	9日	19日	32日	63日
75%	6日	13日	21日	42日

自社拠点にしろデータセンターにしろ、大きな帯域を専有できるケースは少ないです。また用意したとしても、大量のデータを転送するには時間がかかります。その問題を解決するためのソリューションとして、AWSはSnowballに代表されるSnowファミリーと呼ばれるサービス群を提供しています。

　Snowballは、エッジコンピューティングとストレージデバイスを備えたハードウェアアプライアンスです。サービスの依頼をすると、運送会社を通じて筐体が配送されてきます。オンプレミス環境で自身で用意する移行用のサーバから直結もしくはネットワーク経由でSnowballにデータをコピーします。コピー後に再び運送会社を利用してSnowballを送り返すと、あらかじめ設定したS3のバケットにAWSがデータをコピーします。筐体の往復の輸送期間とローカルネットワークでのデータのコピー、それにAWS側がS3にコピーする時間が必要で、おおよそ1週間程度は必要となります。利用可能なネットワークの帯域とデータ量を見定めながら、Snowballを利用するかの検討をするとよいでしょう。

Snowファミリーのサービスの種類

　Snowファミリーには複数のサービスが存在します。なお、第1世代のサービスであるSnowball自体はサービス終了となり、Snowball Edgeを利用することになります。Snowファミリーの他のサービスとしては、Snowballより小容量のデータを転送する用途のSnowconeと、100PBものデータの転送が可能なSnowmobileがあります。ただしSnowmobileは米国の特定のリージョンでのみ利用可能です。

❏ Snowファミリー

サービス名	AWS Snowcone	AWS Snowball Edge Storage Optimized	AWS Snowball Edge Compute Optimized	AWS Snowmobile
使用可能なHDDストレージ	8TB	80TB	42TB	100PB
使用可能なSSDストレージ	14TB	1TB	7.68TB	なし
使用可能なvCPU	4 vCPU	40 vCPU	52 vCPU	該当なし
使用可能なメモリ	4GB	80GB	208GB	該当なし

なお、SnowconeならびにSnowball Edgeは転送用途のみならずローカルの
エッジコンピューティングとしても利用可能です。デバイス内に制限付きでは
あるもののEC2のインスタンスを起動可能で、自拠点のネットワーク内に存在
するAWSの出先機関として処理することも可能です。

7-2節のポイント

　EC2を中心としたパフォーマンス最適化の手法についていくつか解説しまし
た。パフォーマンスの最適化は、やみくもに大量のリソースを用意することではあ
りません。無駄なコストを発生させないように、必要十分なリソースを割り当て
ることが最適化です。そのためには、AWSの各種リソースの特徴を知るとともに、
リソースの利用状況の確認方法についても知る必要があります。

　AWSのベストプラクティスをまとめたWell-Architectedフレームワークには、
パフォーマンス効率の柱というセクションがあります。Well-Architectedフレー
ムワークについては、この後の第8章で解説します。この章の内容と照らし合わせ
ながら学んでください。

 練習問題3

　スタンドアロンのEC2で動くシステムの応答が悪いので、リソースの使用状況を調
べたところメモリの利用率は低いものの、CPUの利用率が100%に達していました。
インスタンスはm5.largeで動いています。コストの上昇を最小限に、リソースを最適
化したいと考えています。どのインスタンスファミリーを選択の上でインスタンスサ
イズを調整すればよいでしょうか。

A. m5

B. c5

C. r5

D. p3

解答は章末（P.236）

練習問題の解答

✓ 練習問題1の解答

答え：A、D

A. 正しいです。EC2にコスト配分タグのkeyとvalueを指定する必要があります。
B. 誤りです。AWS定義コスト配分タグをユーザーが指定することはできません。ユーザーが指定できるのはユーザー定義コスト配分タグです。
C. 誤りです。Trusted AdvisorではEC2の稼働時間情報を取得することはできません。
D. 正しいです。Billingコンソールでユーザー定義コスト配分タグを指定しても、EC2側にタグが設定されていないと分けることはできません。
E. 誤りです。データ通信料はコスト配分タグで分けることはできません。

✓ 練習問題2の解答

答え：B、C、E

A. 誤りです。AWS BudgetsとBilling Alertは別物です。
B. 正しいです。アラートの閾値として、実測値と予測値どちらかを選択できます。
C. 正しいです。閾値を超えた場合に設定できるアクションはIAMポリシーの適用、SCPのアタッチ、EC2またはRDSインスタンスアクションの3つです。
D. 誤りです。Billing Alertを設定できるのはus-east-1（バージニア東部）リージョンのみです。
E. 正しいです。スタンドアロンのアカウントまたは支払いアカウントで設定できます。

✓ 練習問題3の解答

答え：B

A. 誤りです。同一のインスタンスファミリーで、サイズが1段階大きくなると、概ねCPU・メモリは2倍になります。メモリは元々余裕がある状態なので、メモリの余剰が大きくなり最適化にはなりません。
B. 正解です。c5ファミリーはコンピューティング最適化です。メモリに比べてCPUの比率が高いインスタンスです。足りていないリソースはCPUなのでc5ファミリーの中で適切なサイズを選ぶと適合する可能性が高いです。
C. 誤りです。r5ファミリーはメモリ最適化です。CPUに比べてメモリの比率が高いインスタンスです。元々メモリの利用率が低い状態なので、さらにメモリが多いr5ファミリーは不適当です。
D. 誤りです。p3ファミリーは高速コンピューティング用です。高速なGPUを搭載し、画像処理や転じて機械学習用途に使われることが多いです。CPUも多く割り振られているものの、コスト的には大幅に高くなります。また使わないGPUが無駄なので選択としては不適切です。

第 8 章

AWSのベストプラクティス
に沿った設計と運用

　認定試験では、AWSが考える適切な設計や運用に沿った解答が求められます。このAWSが考える適切な設計・運用は、ベストプラクティスという形でホワイトペーパーなどで公開されています。

　ただし、膨大な数の文章が公開されており、その対象も多岐にわたります。効率的に学習するには、まず基本的な考え方であるAWS Well-Architectedフレームワークを読んだ上で、認定試験におけるポイントを学習するのがよいでしょう。

　本章では、AWS Well-Architectedフレームワークに沿って、認定試験におけるポイントを見ていきます。

8-1

AWS Well-Architected フレームワーク

AWS Well-Architectedフレームワークは、AWSにおける設計と運用のベストプラクティス集です。

📖 AWS Well-Architectedフレームワーク

URL https://docs.aws.amazon.com/ja_jp/wellarchitected/latest/
framework/welcome.html

Well-Architectedフレームワークでは、ベストプラクティスを以下の6つの柱（領域）に分けて整理しています。

○ **運用上の優秀性**：ビジネス価値を効率的に得るための、組織・体制、システムの運用能力、運用プロセス、システムの継続的な改善のためのデプロイ方式に関するベストプラクティス。

○ **セキュリティ**：安全なシステムの設計・運用を行うための、アイデンティティ管理、トレーサビリティ、多層的なセキュリティ対策、暗号化、セキュリティ運用に関するベストプラクティス。

○ **信頼性**：必要なときに必要な機能を提供するための、冗長化・水平スケーリング設計、障害からの復旧、変更管理における設計・運用・テストに関するベストプラクティス。

○ **パフォーマンス効率**：需要の変化や技術の進化に合わせて効率的にリソースを活用するための、適切なリソース・サービスの選択とリソース状況のモニタリング、設計・運用の継続的な進化、トレードオフの判断に関するベストプラクティス。

○ **コスト最適化**：必要最低限のコストでビジネス価値を提供するための、コスト計画・モニタリング、適切なリソース・サービスの選択、需要の管理とリソースの供給、継続的な改善に関するベストプラクティス。

○ **サステナビリティ**：システムの稼働が環境に与える影響を把握し、AWSリソースの使用に伴うエネルギー消費量を削減するために、適切なリソース・サービスの選択、リソース使用率の最大化のための設計・運用、継続的な改善に関するベストプラクティス。

　Well-Architectedフレームワークはベストプラクティス集であるため、必ず従わなければならないものではなく、監査のように使うものでもありません。6つの柱の間でトレードオフになる項目もあるため、各システムの要件に合わせて選択・適用する必要があります。たとえば、検証段階では信頼性を犠牲にコストを削減するといったケースなど、ビジネス上の特性・段階に応じて優先される柱は変わります。

　Well-Architectedフレームワークを通して、AWSにおけるベストプラクティスを知り、潜在している自分たちのシステムの要改善点を顕在化させることが目的です。顕在化した要改善点に対して、優先順位をつけて改善活動を進めます。試験においても、トレードオフになる部分については問題中に優先されるべき要件が記載されています。その要件に合わせたベストプラクティスを解答する必要があります。

　以降、Well-Architectedフレームワークのそれぞれの柱ごとに、SysOpsアドミニストレーター－アソシエイト試験におけるポイントを解説していきます。ここで、試験ガイドに記されている試験範囲と割合を再掲しておきます。

❏ 試験の範囲と割合

分野	割合
モニタリング、ロギング、および修復	20%
信頼性とビジネス継続性	16%
デプロイ、プロビジョニング、およびオートメーション	18%
セキュリティとコンプライアンス	16%
ネットワークとコンテンツ配信	18%
コストとパフォーマンスの最適化	12%

8

AWSのベストプラクティスに沿った設計と運用

8-2

運用上の優秀性

運用はサービスの継続性を保つために非常に重要な要素であり、AWSでは非常に重視されています。当然、SysOpsアドミニストレーター－アソシエイト試験では、最も重要な観点になります。ここでは、運用上の優秀性における以下の主要ポイントに沿って解説していきます。

○ コードによるオペレーション
○ 障害時の対応
○ 変更の品質保証

コードによるオペレーション (Infrastructure as Code)

AWSでは、運用の負荷軽減・品質の維持のために運用の自動化を支援しています。これはInfrastructure as Code（IaC）と呼ばれ、繰り返される手順を自動化することです。対象はシステムの構成管理・変更以外にも、障害などのイベントへの対応も含まれます。

IaCを支援するサービスは多岐にわたります。構成を管理するCloudFormationを筆頭に、サーバーの設定変更を自動化するOpsWorks、EC2に管理サービスとデプロイツールを付加したElastic Beanstalk、アプリケーションのライフサイクルを支援するCodeCommit、CodeDeploy、CodePipelineなどがあります。

試験対策としては、CloudFormationを用いたリソースの展開方法、OpsWorksによるサーバーの構成管理、Elastic BeanstalkやCodeDeployを利用したアプリケーションの展開方法をしっかりと押さえておきましょう。また、デプロイ失敗の原因を特定・修復する方法を問うような問題も試験範囲に含まれています。

障害時の対応

障害時の対応も運用では非常に重要となります。詳細は主に第2章で解説していますが、ログ・メトリクスの収集設定を行い、システムの状態・挙動を把握できるようにしておきましょう。

また、収集したログ・メトリクスに対してフィルターおよびアラームを実装します。イベントに対して自動で応答できるものは自動化を行い、そうでないものは通知設定と対応態勢を整えておきます。イベントベースでアクションを起こす場合はEventBridgeルールを設定し、アクションをトリガーします。Systems MangerのAutomationやRun Commandを活用すると、アラートに対して自動かつ迅速な対処が可能です。

AWSは、本番同等のシステムを簡単にコピーして再現する方法や、擬似的に障害をシミュレートする方法など、障害対応の設計・訓練がしやすい仕組みを提供しています。障害発生時にどのログやメトリクスで何が調査できるかを把握し、迅速に原因を特定し、影響範囲を極小化することが重要です。

変更の品質保証

運用においてシステムの変更(リリース)は重要なイベントです。事前に十分な準備をしていたとしても、何らかの問題が発生する可能性は否定できません。その際の被害の軽減策として、いくつかの展開・ロールバック方式、ユーザーごとの分割リリースなどがあります。BeanstalkやCodeDeployで実現可能なリリース方式を押さえておきましょう。

8-3

セキュリティ

AWSでは、セキュリティが最も優先されるべき領域であるとされています。SysOpsアドミニストレーター－アソシエイト試験においても、試験範囲として「セキュリティとコンプライアンス（16%）」が含まれています。ここでは、セキュリティにおける以下の主要ポイントに沿って解説していきます。

○ アイデンティティ管理とアクセス管理
○ 伝送中および保管中のデータの暗号化
○ 全レイヤーでの多層防御
○ インシデント対応

アイデンティティ管理とアクセス管理

AWSサービスへのアクセスに対する認証・認可と、アプリケーションへのアクセスに対する認証・認可があります。SysOpsアドミニストレーター－アソシエイト試験では、主にAWSサービスへのアクセスの管理・運用が試験範囲とされています。AWSサービスへのアクセスはIAMを利用して管理します。このIAMにおける権限付与がポイントになります。原則としては以下の3点が重要になりますが、他にもいくつか留意点があります。詳しく見ていきましょう。

○ 利用者ごとのIAMユーザー作成
○ 最小権限の原則
○ プログラムや他のAWSリソースからのアクセスにはIAMロールを使用する

利用者ごとのIAMユーザー作成

AWSには、アカウント作成時に作られたAWSルートアカウントがあります。AWSルートアカウントは、利用者の追跡やアクセス制限が難しいため、原則、通常の運用には使いません。ユーザーごとにIAMユーザーを発行し、パスワー

ドポリシーの設定や多要素認証（MFA）の設定をします。ユーザー本人にしか利用できないようにすることで、誰がリソース操作を実行したのか追跡できるようになります。操作の追跡にはCloudTrailを利用し、構成変更履歴はAWS Configで確認できます。

最小権限の原則

IAMユーザーやロールには、必要な操作権限を最小限に付与することが重要です。これを最小権限の原則と呼びます。

たとえば、通常の開発者にはネットワークの操作権限は不要ですし、運用者にはインスタンスの起動／停止のみで十分といったケースが考えられます。業務で必要な権限以外を与えないことで、万が一アクセス権を奪われた場合でも被害を最小限にすることができます。

IAMロール

プログラムや他のAWSリソースからアクセス許可を与える場合にはIAMロールを活用します。たとえば、EC2インスタンスにロール（インスタンスプロファイル）を付与することにより、そのインスタンスのプログラムからAWSリソースを操作することが可能です。プログラムにIAMユーザーのアクセスキーID・シークレットアクセスキーを付与すると、キーの流出の危険性はどうしても高くなります。できる限り、ロールを使うようにしましょう。

リソースポリシー

アイデンティティ側の権限管理だけでなく、S3のような一部のAWSサービスではリソースポリシーでアクセス管理を行えます。S3で言えばバケットポリシーが該当します。リソースポリシーで禁止されている操作は、アイデンティティ側で許可されていたとしても最終的には許可されません。

CloudTrailのログ

日々のアクセス管理では、AWSサービスへのアクセスが想定どおりにできない場合のトラブルシュートも発生します。このような場合、まずはCloudTrailのログを参照して失敗の原因を探ることが一般的です。

マルチアカウント

　近年では、単一のAWSアカウントだけでシステムを運用することは少なく、**マルチアカウント**戦略を持つことがベストプラクティスとなっています。たとえば、システムごと、開発・ステージング・本番環境ごとにアカウントを分けるケースが多いです。アカウントを分けることにより、システム間に明確な権限や課金の境界を設けることができます。

　マルチアカウント環境下では、複数のアカウントを統一的に保護するために、**AWS Organizations**の**サービスコントロールポリシー**を利用します。サービスコントロールポリシーでは、AWSアカウント全体、もしくは複数のAWSアカウントに対して、統一的に操作の許可／拒否を設定できます。サービスコントロールポリシーで許可されていない操作はAWSアカウント内で許可権限を付与しても許可されず、サービスコントロールポリシーで禁止されている操作はAWSアカウント内で許可権限を付与しても禁止されます。

伝送中および保管中のデータの暗号化

　組織のルールや業界基準をもとにデータを分類し、機密性に合わせて暗号化を行います。保管中と伝送中の2つの観点で検討する必要があります。

　保管時の暗号化については、キー管理のサービスである**AWS KMS**が重要サービスです。暗号化キーの作成・管理方法について押さえておきましょう。伝送時の暗号化については、**AWS Certificate Manager**が重要サービスです。SSL/TLS証明書を発行・管理することができます。

　組織の統制・セキュリティ要件として、暗号化が必須のサービスについては、構築されたリソースにおいて暗号化が有効になっているかどうか、**AWS Configルール**を用いてチェックすることができます。Configルールは、AWSリソースの設定をチェックし、規定のルールに従っているか自動的に監査してくれるサービスです。

全レイヤーでの多層防御

　セキュリティでは、システムの各レイヤーごとに対策を講じることが重要です。ネットワークレイヤーで防御しているのでOSレイヤーは保護しなくてよい、ということではありません。

　ネットワーク層の保護はVPCが前提となり、セキュリティグループやネットワークACLをどのように活用するかが1つのポイントです。加えて、S3などのAWSリソースにインターネットを経由しないでアクセスするために、VPCエンドポイント／PrivateLinkをどのように利用するかも重要なポイントです。また、インスタンスを直接インターネットに接しないようにするために、ELBやNATゲートウェイの使い方も押さえておく必要があります。OSの保護では、パッチ管理のSystems ManagerのPatch Managerや、OSの脆弱性を検出するAmazon Inspectorが利用できます。

インシデント対応

　どれだけ予防的なセキュリティ対策を講じたとしても、セキュリティインシデントは起こるものです。そういった前提に立って、迅速に検知・対処し、影響範囲を極小化することが重要です。

　Amazon GuardDutyやConfigルール、Amazon Inspectorといったセキュリティサービスを活用すると、環境に対する脅威や脆弱性を検出することができます。これらの検出結果をSecurity Hubに集約し、インシデント対応体制に通知します。また、自動で修復できるものはEventBridgeやLambdaを活用し、自動応答の実装を検討します。タイムリーで効果的な調査、対応、復旧ができることを確認するために、定期的に本番を想定したインシデント対応訓練を実施することが有効です。

8-4

信頼性

　すべてのコンポーネントで障害は発生する前提で、冗長性や障害からの復旧力を持ち、障害の影響範囲の極小化を図れるシステムが信頼性が高いと言えます。SysOpsアドミニストレーター－アソシエイト試験においても、可用性と回復性に優れたシステムの実装・運用は非常に重要です。ここでは、信頼性における以下の主要ポイントに沿って解説していきます。

- ○ 復旧手順のテスト
- ○ 障害からの自動復旧
- ○ スケーラブルなシステム
- ○ キャパシティ推測を不要に
- ○ 変更管理の自動化
- ○ バックアップと復元

復旧手順のテスト

　クラウド環境はオンプレミス環境に比べると各システム専用の環境を用意しやすいです。オンプレミスの場合、たとえばネットワーク機器や負荷分散装置のようなものは、システム間で共用で使われることが一般的です。クラウドの場合は、これらの設備も各システムで仮想的に専有できます。そのため、障害の発生をシミュレーションしやすく、復旧手順のテストも容易になります。これにより、すべての要素のテストをすることや、障害復旧の自動化の設計も可能となります。

障害からの自動復旧

　AWSでは、主要なリソースの状況をメトリクスとして追跡することが可能です。また、閾値を設けて、負荷状況などが超過した場合にトリガーを設定できます。それによりリソースの追加や、問題の発生したリソースの自動的な交換といった設定ができます。これが障害からの自動復旧です。障害からの自動復旧は、小さな労力でシステムの運用面で多大な効果をもたらします。

　このアーキテクチャの設計には、まず、閾値の検知にCloudWatchを利用します。インスタンス単体での障害復旧の場合、CloudWatchの自動復旧（Auto Recovery）を利用することにより、インスタンスもしくはインスタンス内のOSなどの障害を検知して自動復旧できます。また、自動復旧はELBなどロードバランサー配下のインスタンス群に適用される場合も多いです。その場合はAuto Scalingと組み合わせ、ELBから定期的にヘルスチェックを行い、一定期間の応答がない場合は自動的にインスタンスを切り離し、新たなインスタンスを追加します。負荷増大でのリソース不足の場合は、新たなインスタンスを起動してロードバランサー配下のリソースの総量を増やします。DBの場合は、RDSを使ってマルチAZ構成を取ることが基本となります。プライマリインスタンスの障害時にスタンバイインスタンスが自動的にプライマリに昇格して復旧します。

スケーラブルなシステム

　オンプレミスの場合、リソースの総量はあらかじめ用意した分しかありません。そのため、スケーラブルなシステムを作るのは非常に困難です。これに対してクラウドは、需給に応じてリソースの増減をすることが容易です。そのため、スケーラブルなシステムを構築することが、信頼性の観点からもコストの観点からも重要となります。

　スケーラブルなシステムを検討する際は、まずは水平方向にスケール（スケールアウト）が可能な仕組みを考えます。水平方向にスケールすることで、単一コンポーネントで障害が起こっても、他のコンポーネントでサービス提供が継続されるため弾力性のあるアーキテクチャになります。

　水平方向にスケールするためには、増減するサーバーに状態を持たせないようにする、つまりステートレスにする必要があります。たとえばセッションのような個々のユーザーの状態をインスタンスに持つと、ユーザーごとの処理は特定のサーバーでしかできません。これを防ぐのがステートレスなサーバーです。具体的には、Webサーバーの場合はセッションを外部のサービスに出します。AWSのサービスの場合は、ElastiCacheを利用することが一般的ですが、DynamoDBを利用する場合もあります。

キャパシティ推測を不要に

オンプレミスでは、あらかじめ用意した物理機器以上の性能を出すことができません。そのため事前のキャパシティ推測が重要になります。これに対して、クラウドはリソース追加が容易なのでキャパシティ推測の重要性は低下します。一方で、クラウドの場合でも、アーキテクチャのキャパシティ設計は重要です。これは、水平方向に追加できるリソースは何か、あるいは垂直方向に追加（スケールアップ）しないといけないリソースは何かを正しく知ることです。

一般的にWebサーバーやアプリケーションサーバーはスケールアウトが容易です。これに対して、DBサーバーはスケールアウトは難しくスケールアップすることが多いです。DBサーバーの一般的なスケーリングは以下のとおりです。

○ 参照系と更新系を分離する
○ 参照系はリードレプリカを利用し、スケールアウト可能
○ 更新系はスケールアップし処理性能をアップさせる

1台のソースDBに対して作成できるリードレプリカの上限は決まっているので注意が必要です。MySQLやPostgreSQLでは5台までです。Auroraの場合は最大15台まで設定可能です。また、Auroraの場合は、デフォルトでリード（読み込み）エンドポイントとライト（書き込み）エンドポイントが用意されています。RDSのマルチAZ構成のように通常時にまったく利用されないスタンバイのリソースがない分、リソースの利用効率が高くなります。

またRDBMS以外の選択肢として、DynamoDBがあります。DynamoDBの特徴として、性能を設定値で増減させることが可能です。性能自体も自動で増減させられるので、キャパシティの柔軟性がさらに上がります。

変更管理の自動化

これまで述べてきたとおり、AWSではリソースの増減が容易です。その恩恵を受けるためには、変更管理の自動化が必要です。つまりリソースの追加時に、追加されたリソースが他のサービスと同じ設定・アプリケーショ

ン・データを持っている必要があるということです。構成管理の自動化には、CloudFormation や AMI、OpsWorks がよく利用されます。

　試験でよく問われるのは、オートスケール時のインスタンス構成です。AMIを使うパターンの場合は、常にAMIを最新の状態を保つゴールデンマスター方式です。それ以外に、インスタンス起動時に最新のソース・コンテンツを取得するパターンもあります。このパターンの場合は、ソース・コンテンツの取得方法の他に、起動後に即ELBに組み込まれて不整合が発生しないようにするための手法が問われます。それ以外のパターンとしては、サーバーからデータを排除して、NASのような共有のコンテンツ置き場をマウントするパターンがあります。NASの実現方法として、AWSには EFS があります。

バックアップと復元

　定期的にデータをバックアップし、論理的なエラーや物理的なエラーから確実に復旧できるようにしておきます。バックアップ戦略はRTOやRPOといったビジネス要件にもとづき決定されます。

　EC2はAMIもしくはEBSのスナップショットを取得します。スナップショット取得は AWS Backup を用いて、自動化・統合管理が可能です。

　RDS は自動バックアップ機能を備えており、1日に1回、DBインスタンスのスナップショットを取得します。また、5分に1回トランザクションログも保存します。これにより、スナップショットからDBインスタンスを復元し、トランザクションログを用いて、5分以上前の指定時刻までポイントインタイムリカバリーができます。また、別リージョンにリードレプリカを作成することでデータを退避し、メインリージョンの障害時にはリードレプリカを昇格させることでシステムを復旧することも可能です。

　S3 では、バージョニングを有効化することにより、論理的なデータの誤削除から保護することができます。別リージョンにデータを退避する場合は、別リージョンのバケットをターゲットとするクロスリージョンレプリケーションを設定します。

　クロスリージョンでの復旧では、Route 53 のヘルスチェック機能とDNSフェイルオーバーがよく利用されます。バックアップ戦略とともに復元手順も整理しておき、定期的に復元プロセスをテストすることが重要です。

AWSのベストプラクティスに沿った設計と運用

8

8-5

パフォーマンス効率

　パフォーマンスに優れたアーキテクチャとは、需要や技術の進化に合わせて効率的にリソースを利用することです。ここでは、パフォーマンス効率における以下の主要ポイントに沿って解説していきます。

○ リソースの選択
○ リソースの確認とモニタリング
○ トレードオフの判断

リソースの選択

　パフォーマンスに優れたアーキテクチャの第一歩は、適切なリソースの選択です。主なリソース種別としては、次の4つがあります。

○ コンピューティング
○ ストレージ
○ データベース
○ ネットワーク

コンピューティング

　コンピューティングリソースの場合、インスタンス・コンテナ・関数（Function as a Service、FaaS）の選択肢があります。常駐型のプロセスが必要な場合はインスタンスもしくはコンテナを利用します。イベント駆動の非常駐型のプロセスが必要な場合は、関数型のリソースを利用します。
　インスタンス型のサービスとしてはEC2やElastic Beanstalkがあります。コンテナ型のサービスとしてはECSがあります。関数型のサービスにはLambdaを利用します。

　サービスの選択とともに、EC2のインスタンスファミリータイプのようなリソース種別の選択も必要です。パフォーマンスのメトリクスにもとづいて、過小でも過剰でもない適切なリソース種別を選定することが、パフォーマンス効率の向上に繋がります。

ストレージ

　EC2インスタンスに紐付いたブロックストレージの場合は、EBSの利用が基本となります。EBSにもリソース種別があり、適切な選択が必要です。インスタンス側とボリューム側のIOPSとスループットのうち、どこにボトルネックがあるのかをメトリクスから特定し、適切なリソース種別とキャパシティ設定を見極めます。

　これに対して、リソースをオブジェクト単位で扱える場合は、オブジェクトストレージであるS3が最適になります。EBSとS3の比較では、スケーラビリティやコスト、耐久性の面でS3のほうが優位になります。そのため、S3を利用できる場合はS3の利用を優先したほうが好ましいケースが多いです。

データベース

　データベースの選択については、RDBMSとNoSQLの選択が第一となります。RDBMSとNoSQLについては、特性の違いがあるだけで優劣は存在しません。そのため、RDBMSが得意とするもの、NoSQLが得意とするものを、それぞれ把握しておく必要があります。RDBMSは汎用的に利用可能ですが、水平方向へのスケーリングは苦手としています。RDSでは、リードレプリカを活用して読み取り操作を分離することでパフォーマンス効率を保つことができます。

ネットワーク

　パフォーマンスの要素として、ネットワークは非常に重要です。一方で、AWSのサービスとしては、ネットワーク自体のパフォーマンスはAWSが管理する領域なので、ユーザー自身ですることはありません。そのためネットワークのパフォーマンスに関しては、インスタンスのネットワークに関する知識が問われます。具体的には、インスタンスごとのネットワーク帯域の限界に関する問いと、EBS最適化に関する問いです。

EC2インスタンスには、インスタンスごとにネットワーク帯域の限界が定められています。CPUやメモリに余裕があるのにパフォーマンスが出ない場合は、インスタンスのネットワーク帯域の限界に達している可能性があります。ネットワーク帯域の上限を上げるには、より帯域が広いインスタンスタイプに変更します。

またインスタンスからEBSへのアクセスは、ネットワーク経由となります。EBSへのアクセスがネットワークのボトルネックになり得るため、EC2にはEBS最適化オプションという機能が設けられています。これは、通常のネットワークの経路とは別に、EBS専用のネットワークを用意するオプションです。EC2間の通信はプレイスメントグループでクラスタ戦略を設定すると、指定したインスタンス群は物理的に近いところで稼働し、スループット上限や帯域幅の広いネットワークで通信が可能となります。

リソースの確認とモニタリング

システムを構築した後も、継続的な確認とモニタリングが必要です。AWSのサービスは常に進化しているため、構築時点のサービスでは実現できなかったものも新たなサービスで実現できる場合があります。このため、最適なリソースを使っているか、継続的な確認が必要となります。また、システムが一定の閾値の中で利用されているかをモニタリングすることも重要です。当然、閾値を超えた場合には適切な処置が必要になります。

モニタリングにはCloudWatchを利用し、その自動対処にSQSやLambdaを利用するケースがよく見られます。

RDSでは、Performance Insightsを利用すると、RDSのパフォーマンスが可視化され、パフォーマンスの問題が分析されます。RDSのパフォーマンス効率を高める方策として、ElastiCacheを利用してキャッシュ層を挟む方法があります。また、RDS Proxyを利用すると、DBコネクションをプールして共用することができるため、アクセス元のコンピューティングサービスが水平スケーリングする場合でも、コネクションが急激に増えずにRDSのパフォーマンスを維持することができます。

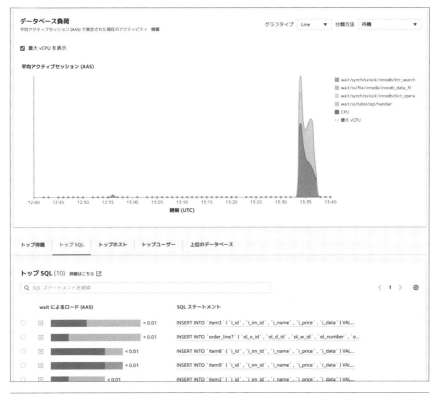

□ RDS Performance Insights

トレードオフの判断

　パフォーマンスの向上は、整合性、耐久性、レイテンシーの余裕と引き換えに実現されるケースがあります。たとえば、キャッシュの活用が考えられます。代表的なキャッシュの使い方としては、データベースのキャッシュと、コンテンツのキャッシュです。

　データベースのキャッシュにはElastiCacheを利用するケースが一般的です。データソースの負荷軽減によるパフォーマンス効率の改善が図れます。コンテンツのキャッシュにはCloudFrontを利用します。要件が許容する範囲でキャッシュを活用することでパフォーマンスの向上が図れます。

8-6

コスト最適化

　コスト度外視で堅牢なシステムを作ったとしても、ビジネス上の目的を達成することは困難です。そのため、コストの最適化も重要な要素になります。AWSをはじめとするクラウドは、大規模な設備投資やネットワーク設備の共用など、規模の経済・スケールメリットを活かして、自前で構築・運用するよりも低い価格でサービスを提供しています。そのため、AWSを利用するだけでコスト的なメリットが得られる可能性は高いのですが、コスト最適化のベストプラクティスを適用することで、より低コストで要件を実現できるようになります。ここでは、コスト最適化における以下の主要ポイントに沿って解説していきます。

- 需給の一致
- インスタンス購入方法によるコスト削減
- アーカイブストレージの活用
- コストの把握

需給の一致

　コスト最適化の大前提が、需給の一致です。つまりピーク時に備えて、あらかじめ大量のリソースを用意しないということです。クラウドのアーキテクチャは、オンプレミスに比べると、この点が大きく異なります。現実的には、AWSと言えども数秒〜数分といった短期間に急激にリソースを増加させるシステムを作ることは困難です。そのため、リソースの余裕をある程度持たせる必要はありますが、理想的に作れば、オンプレミスとの比較という意味では需給をほぼ一致させることができます。この需給の一致を実現するためには、CloudWatchでリソース状況のメトリクスの計測を行い、EC2であればAuto Scalingでリソースの調整を行うのが基本となります。

　場合によっては、使用率に対して過剰なインスタンスサイズになっていること
や、未使用のリソースが残存することで無駄なコストが発生していることが
あります。Trusted AdvisorやAWS Compute Optimizerを利用すると、過
剰リソースを特定することができます。また、多くのマネージドサービスはリ
クエストに応じて自動でスケールし、使った分だけの支払いとなるため、マネ
ージドサービスを活用できないか検討することも有効です。

インスタンス購入方法によるコスト削減

　AWSならではのコスト削減策として、インスタンスの買い方があります。通
常使うインスタンスは、オンデマンドインスタンスと呼ばれ定価にあたります。
これに対して、1年間もしくは3年間の利用を約束することで3 〜 7割程度の割
引を受けることができるのがリザーブドインスタンスです。1時間当たりのコ
ンピューティングサービスの利用料を、1年/3年間約束することで、3 〜 7割程
度の割引を受けることができるSavings Plansという選択肢もあります。さら
に、その時間でのAWS側の余剰リソースを入札制で買うのがスポットインス
タンスです。常時値引きされているわけではありませんが、値引き幅の最大は
大きく、9割くらいに達することもあります。これらの方法を用途に応じて組み
合わせて購入するのが、インスタンス購入方法によるコスト削減です。

　まずリザーブドインスタンスとSavings Plansについては、常時使っているこ
とを前提とした価格体系となっています。そのため、事前に計画されて確実に
使うものだけに適用されるように購入するのが戦略となります。次にスポット
インスタンスです。スポットインスタンスは値引き幅が大きい反面、入札額を
上回った場合は強制的に利用を中断させられるなど制約も大きいです。対策と
しては、スポットインスタンスに適したアーキテクチャに利用するということ
が推奨されます。一番適合するのが、EMRなどの分散処理との組み合わせです。
EMRは、フレームワークとしてジョブが中断したときに、別のインスタンスで
同じジョブを実行させるようになっています。

アーカイブストレージの活用

　インスタンス利用料以外のコストで大きな割合を占めることが多いのがストレージです。ストレージには、主にブロックストレージであるEBSとオブジェクトストレージであるS3があります。コスト削減の余地が多いのがS3です。S3には、アクセス料が高いがデータ保管料金が安い低頻度アクセスクラスとGlacier、Glacier Deep Archiveがあります。利用頻度が低いものを、S3のライフサイクル機能を使ってGlacierやGlacier Deep Archiveにアーカイブするのが定番のコスト削減策です。ただし、GlacierやGlacier Deep Archiveではデータの復元操作が必要で、復元に時間も料金もかかります。そのため、数か月以上経過したログデータなど、利用する可能性の低いものに対して適用するのが一般的です。

コストの把握

　コストの最適化には、コスト自体を正しく把握する必要があります。AWSには、月次の請求以外にも常時、BillingやCost Explorerで現在の利用額を確認することができます。また、AWS Budgetsを利用するか、CloudWatchとSNSの組み合わせにより、月中にあらかじめ定めた以上の金額に達した場合、メールなどで通知をすることが可能です。コスト配分タグを利用すると、リソースに付与されたタグベースでのコスト把握もできます。

8-7

サステナビリティ

　サステナビリティ（持続可能性）の柱は、re:Invent 2021（AWS最大のグローバルイベント）で新しく発表されたものです。サステナビリティの観点は、2022年5月時点、試験ガイドに直接的には取り込まれていないようです。しかし、目的は違えど、他の柱にもつながるベストプラクティスであるため、概要だけ紹介しておきます。

　クラウドでは、適切に設計や運用を行うことで、システムの稼働に伴うエネルギー消費量を削減することができます。たとえば、Auto ScalingでEC2を需要に応じて水平スケールさせることで、過剰にキャパシティを事前確保せずにリソース使用率を高めることができます。AWSがリソースを管理するマネージドサービスを活用すれば、「必要なときに必要な分だけのリソース消費」という方式を容易に実現できます。このように無駄なリソースの使用を減らすことは、目的は違いますがパフォーマンス効率やコスト最適化にも共通する考え方です。

第8章のポイント

- AWS Well-Architectedフレームワークには6本の柱があります。複数の柱の間でトレードオフになる場合は、要件（試験では問題文中に記載されています）に応じて優先すべき柱が変わります。
- 「運用上の優秀性」に関しては、主に3つのポイントがあります。運用の自動化を支援してくれるCloudFormationなどを活用すること、障害に備えてログ・メトリクスを収集・監視すること、システムリリースの品質を保証することの3点です。
- 「セキュリティ」に関しては、主に4つのポイントがあります。アカウントや権限を適切に管理すること、暗号化を使ってデータを守ること、システムの各レイヤーごとにセキュリティ対策を施すこと、セキュリティインシデントに対応できる体制を整えておくことの4点です。
- 「信頼性」に関しては、主に6つのポイントがあります。復旧手順をテストしておくこと、自動復旧を活用すること、スケーラブルなシステムを構築すること、キャパシティ予測が不要な構成にすること、変更管理を自動化すること、バックアップを計画的にとることの6点です。
- 「パフォーマンス効率」に関しては、主に3つのポイントがあります。適切なリソースを選択すること、リソースを継続的にモニタリングすること、耐久性やレイテンシーとのトレードオフを考慮することの3点です。
- 「コスト最適化」に関しては、主に4つのポイントがあります。リソースの需要と供給を一致させること、インスタンスの購入方法を吟味すること、アーカイブストレージを活用すること、コストをきちんと把握することの4点です。
- 「サステナビリティ」はre:Invent 2021で発表された新しい観点で、2022年5月現在、試験ガイドに直接的には取り込まれていないようです。無駄なリソースの使用を減らすことでシステムの稼働に伴うエネルギー消費量を削減しようというサステナビリティの考え方は、パフォーマンス効率やコスト最適化に共通するものです。

第 9 章
問題の解き方と模擬試験

　ここでは、実践的な模擬試験を提供します。本書で学んだ知識がどの程度身に付いているのか、確認するのに便利です。また、本番の試験に慣れるための練習にもなります。ぜひチャレンジしてください。

9-1

問題の解き方

従来の試験「SOA-C01」と新しい試験「SOA-C02」の違いと注意点

　「AWS認定SysOpsアドミニストレーター‒アソシエイト」の従来の試験「SOA-C01」は選択式試験問題のみで構成されていましたが、新しい試験SOA-C02からは選択式試験問題に加えて、AWSマネジメントコンソールやAWS CLIを実際に操作してAWSリソースをシナリオに沿って構築するラボ試験が追加されます。

　新しい試験「SOA-C02」で注意すべきは、用意された試験時間の中で選択式試験問題とラボ試験問題の両方を完了する必要がある点です。さらに、選択式試験問題を完了してラボ試験問題を開始すると**選択式試験問題には戻れなくなる**ことも知っておく必要があります。

　「SOA-C02」の試験ガイドでは各ラボ試験に20分ずつ残すように計画することが推奨されています。そのため、この基準をもとに5分間の時間的余裕を積んで1つのラボ試験に25分を割り当てるなど、自分に合った時間配分をあらかじめ決めておくことをお勧めします。そうすることで、実際の試験で選択式試験問題における1問あたりの解答時間や見直し時間の割り当てが計画しやすくなるでしょう。

選択式試験問題の解き方

模擬試験の構成と問題の解き方

　選択式試験問題は「SOA-C01」と「SOA-C02」の双方で採用されているため、今後も引き続き出題傾向のポイントを押さえておく必要があります。本書の模擬試験では後述の「求められる知識のパターン」が中心の設問になっており、加えて設問によっては後述の「優先事項」を1つまたは複数満たせる解答を選

260

択するように構成しています。

　問題の解き方としては、まず設問を読みながら「求められる知識のパターン」がどれかを意識し、直接的に求められている要件が何か、追加の「優先事項」は何かを確認します。そして、後述の「基本知識による消去法」を使うことで、最も条件に当てはまる解答を効率的に選択するという方法を推奨します。

　また、実際の試験で曖昧な日本語に遭遇し問題の意図がわからない場合は、必要に応じて後述の「言語の切り替えによる原文の確認」のように言語を切り替えて英語の原文を確認することができます。

　AWS認定の試験範囲は多岐にわたりますが、この問題の解き方は他のAWS認定試験も含めて幅広く応用できるお勧めの考え方です。

求められる知識のパターン

　AWSのドキュメントに記載されている仕様や、よくある質問、ナレッジセンターでのQ＆AからAWSを扱う上でよく問われる知識をパターン化すると、主に以下の3つに大別できます。このパターンはAWS認定試験のガイドやサンプル問題からも読み取ることができるため、実際のAWS利用だけではなくAWS認定試験でも同様の観点が役に立つ傾向にあります。

- **基本的なAWSサービスや機能の知識**：各AWSサービスや機能の特徴と実現できる要件、IAMポリシーやバケットポリシーの記述、回線速度と転送データ量にもとづく転送時間の計算など
- **アーキテクチャの理解や考案**：「基本的なAWSサービスや機能の知識」を前提にした、AWSサービスの組み合わせや連携によって要件を満たすアーキテクチャの考案など
- **トラブルシューティング**：「基本的なAWSサービスや機能の知識」を前提にした、問題原因の調査や問題解決方法など

優先事項

　実際のAWS利用ではコスト（費用、時間、労力など）・品質・セキュリティといった点が要件を実現する際に重視されます。この観点もAWS認定試験のガイドやサンプル問題から読み取ることができるため、実際のAWS利用だけではなくAWS認定試験でも同様の観点が役に立つ傾向にあります。

○ 費用（AWSリソース料金など）

○ 時間（時間内の達成、周期的実行、リアルタイム性など）

○ 労力（最小限の作業量・開発量・運用量、フルマネージドサービスの使用など）

○ 品質（パフォーマンス向上、最小限のダウンタイム、冗長性・障害耐性の高度化など）

○ セキュリティ（必要最小限の権限・通信要件、暗号化の実施など）

基本知識による消去法

　AWS認定試験の制限時間内に選択式の問題に対して効率的な解答をしていくためには**消去法**が有効です。基本知識による消去法のためには前述した「基本的なAWSサービスや機能の知識」が必要です。各AWSサービスや機能の特徴と実現できる要件を知っていれば、特徴や要件に合わないAWSサービスが含まれる選択肢を効率的に除外していくことができます。たとえば「Amazon CloudSearchを使用してS3バケットに保存されているログを検索する」といった選択肢では、Amazon CloudSearchの概要や特徴を知っていれば候補から除外できます。

言語の切り替えによる原文の確認

　実際のAWS認定試験を日本語で受験する場合、画面上で日本語と英語を切り替えることができます。日本語では設問や選択肢の意図がわからなかったり、複数の意味に受け取れる言い回しだったりする場合は、英語の原文に切り替えて内容を確認することをお勧めします。英語と言っても専門用語中心の内容なので、ある程度の英文法と英単語およびAWSサービスの用語を知っていれば読み取ることができるでしょう。

ラボ試験問題の解き方

模擬試験の構成と問題の解き方

　「AWS認定SysOpsアドミニストレーター−アソシエイト」は新しい試験「SOA-C02」からAWSマネジメントコンソールやAWS CLIを実際に操作してAWSリソースをシナリオに沿って構築する**ラボ試験**が追加されています。

ラボ試験問題を効率的に解いていくためには、認定に関連する分野の主要なAWSリソースの操作シナリオを1つでも多く実践できることが重要です。日常的に様々なAWSリソースを操作する機会があれば、その経験がそのまま活かされる試験と言っていいでしょう。ただ、AWSリソースを操作する機会が少ない場合や、特定のAWSサービスばかりを使用することが多い場合は、自分で学習する機会を作る必要があります。

本書の模擬試験では一般的なAWSリソースの操作シナリオをもとにラボ試験を想定した問題を数問出題しています。自分のAWSアカウントを作成した上で実際に手を動かして、この模擬試験のシナリオを実行することで、出題形式や操作感をある程度掴んでいただけると思います。

本書のラボ試験問題を実施する際の注意点

本書の模擬試験で出題しているラボ試験のシナリオは、実行することでAWS利用料金が発生します。**シナリオの内容はAWS利用料金が安価で済むように配慮していますが、費用を抑えたい場合は問題を解き終わって解説を確認した後、早めに、作成したAWSリソースをすべて削除することをお勧めします。特に問題中で作成するNATゲートウェイ、Elastic IPアドレスなどの時間単位で課金されるAWSリソースが不要な場合は、早めに削除してください。**

実際にAWSリソースを操作する学習をお勧めしますが、どうしてもコストをかけることができない場合は、本書のラボ試験問題と解説を読んでいただくだけでも、ある程度は理解が深まるでしょう。

9

問題の解き方と模擬試験

模擬試験（選択式試験問題）

 問題1

　各Amazon EC2インスタンスへのアクセスに踏み台インスタンスからのSSH接続のみを許可している環境で、別のサブネットに配置したEC2インスタンスに対してSSHでログインできない状態が発生しました。問題のあるEC2インスタンスのSSHサービスは起動しており、同じSSH公開鍵を使用している他のEC2インスタンスにはログインできています。ログインできないEC2インスタンスのENIで有効になっているVPCフローログには以下のように表示されます。

```
2 0123456789012 eni-xxxxxxxx 10.1.0.10 10.0.1.10 53501 22 6 1 40
➥1604125331 1604125931 REJECT OK
```

　この問題のトラブルシューティングとして解決する可能性が最も高いものはどれですか。

- A. 問題のあるEC2インスタンスのスナップショットを取り、スナップショットから新しいEC2インスタンスを作成して同じENIに関連付ける。
- B. 踏み台インスタンスにAWS Systems Manager Session Managerプラグインがインストールされ、問題のあるEC2インスタンスにアクセスする設定がされていることを確認する。
- C. 踏み台インスタンスに関連付いているセキュリティグループが問題のあるEC2インスタンスへのTCPポート22のアウトバウンド通信を許可していることを確認する。
- D. 問題のあるEC2インスタンスに関連付いているセキュリティグループが踏み台インスタンスからのTCPポート22のインバウンド通信を許可していることを確認する。

問題2

Amazon Route 53でHTTPSの文字列一致条件を使用したヘルスチェックを設定しましたが、ヘルスチェックは失敗してアラートを受け取りました。curlコマンドでページを表示したところステータス200で正常に文字列一致条件となる文字列がページの末尾に表示されていました。この問題の原因として最も可能性の高いものはどれですか。

A. SSL/TLS証明書が有効期限切れになっている。

B. 文字列一致条件となる文字列に大文字が含まれている。

C. 文字列一致条件となる文字列がページの最初の5,120バイトに存在しない。

D. 文字列一致条件となる文字列がRoute 53ヘルスチェックに必要なタグで囲まれていない。

問題3

アプリケーションで使用されているAWS Lambdaが数日間のイベントで発生する予測可能なトラフィックの増加に対処できるように、水平スケーリング設定をする必要があります。この要件を効率的に満たすにはどのようにすればよいですか。

A. 複数のAWS Lambda関数を作成し、アプリケーションから分散して呼び出すように設定する。

B. 同時実行の予約で予測されるトラフィックを処理できるインスタンス数を設定する。

C. 予測されるトラフィックを処理できる値までメモリ容量を増やす。

D. AWS Lambda関数に対してイベント前にあらかじめリクエストを大量送信してプレウォーミングする。

問題4

Amazon S3バケットを以下のコマンドで削除しようとしましたが、削除されていませんでした。

```
aws s3 rb s3://bucket-name --force
```

そのため、以下のコマンドでオブジェクトがすべて削除されているかを確認したと

9

問題の解き方と模擬試験

ころ、空の状態でした。

```
aws s3 ls s3://bucket-name/
```

この現象の原因として可能性が最も高いものとその対処法はどれですか。

A. コマンドが間違っているため、コマンドを「aws s3 rm s3://bucket-name --force」に修正して実行する。

B. S3バケットが他のS3バケットのログの配信先に指定されているため、他の S3バケットのログ配信を停止してからもう一度コマンドを実行する。

C. S3バケットでライフサイクルポリシーが有効になっているため、ライフサイクルポリシーを削除してからもう一度コマンドを実行する。

D. S3バケットでバージョン管理が有効になっているため、削除マーカーがついているオブジェクトをすべて削除してからもう一度コマンドを実行する。

 問題5

AWSサービスまたはアカウントに影響を与える可能性があるイベントが発生した場合に、利用しているAWSアカウント内で影響を受けているサービス、リージョン、リソースを確認することができる機能はどれですか。

A. Amazon EC2 Scheduled Events

B. AWS Service Health Dashboard

C. AWS Personal Health Dashboard

D. Amazon CloudWatch Dashboards

 問題6

会社のIDプロバイダー（IdP）とAWSアカウントの間でSAML 2.0を使用したIDフェデレーションを設定するために必要となる手順はどれですか。（2つ選択してください。）

A. AWSアカウントでIAMロールを作成し、信頼ポリシーでSAMLプロバイダーを会社とAWS間の信頼関係を確立するプリンシパルとして設定する。

B. AWSアカウントで会社のIDプロバイダー（IdP）にあるユーザーまたはグループに対応するIAMユーザー、IAMグループを作成する。

C. Amazon Cognito ユーザープールで会社のID プロバイダー（IdP）を追加する。

D. 会社のID プロバイダー（IdP）で会社のユーザーまたはグループをAWSアカ
ウントの root ユーザーにマッピングするアサーションを定義する。

E. 会社のID プロバイダー（IdP）で会社のユーザーまたはグループをIAMロール
にマッピングするアサーションを定義する。

 ## 問題7

AWS Site-to-Site VPN を使用してオンプレミス環境のネットワークアドレス変換
（NAT）を使用するファイアウォールの背後にあるカスタマーゲートウェイデバイス
に接続しようとしています。この要件でカスタマー側の接続先として適切なものはど
れですか。

A. カスタマーゲートウェイデバイスのパブリックIP アドレス

B. カスタマーゲートウェイデバイスのプライベートIP アドレス

C. ファイアウォールのパブリックIP アドレス

D. ファイアウォールのプライベートIP アドレス

 ## 問題8

複数のAWSアカウントのリザーブドインスタンスのコストメリットの共有と請求
管理の統合を実施する一方で、これら請求関連以外のAWSリソースの管理の独立性
を維持する方法を探しています。この要件を満たすことができる方法はどれですか。

A. 対象のAWSアカウントのコストと使用状況レポートを1つのAmazon S3 バ
ケットに出力してAmazon QuickSight で視覚化する。

B. 対象のAWSアカウントのCloudWatch を使用して請求額メトリクスの推移を
AWS Lambda で1つのAmazon S3 バケットに出力してAmazon QuickSight
で視覚化する。

C. AWS Organizations を使用して対象のAWSアカウントをメンバーにし、
Consolidated Billing（一括請求）のみを有効化する。

D. AWS Organizations を使用して対象のAWSアカウントをメンバーにし、すべ
ての機能を有効化する。

問題9

　Amazon EC2インスタンスにAmazon CloudWatchエージェントをインストール
してログをCloudWatch Logsに送信するように設定しましたが、CloudWatch Logs
でログを確認することができません。この問題の原因として最も可能性が高いものは
どれですか。（2つ選択してください。）

   A. EC2インスタンスにアタッチしているIAMロールにCloudWatch Logsに必
     要な権限が付与されていない。

   B. EC2インスタンスがプライベートサブネットに配置され、VPCエンドポイント
     またはNATゲートウェイ経由でのCloudWatch Logsへのログ送信設定がさ
     れていない。

   C. CloudWatchエージェントがEC2インスタンスのインスタンスタイプをサポ
     ートしていない。

   D. CloudWatchエージェントに必要なプラグインを包含するAWS Systems
     Managerエージェントがインストールされていない。

   E. CloudWatch Logsコンソールでログを保存するEC2インスタンスの承認を
     していない。

問題10

　Amazon EC2インスタンスにアタッチされたAmazon EBSのストレージサイズを
大きくしましたが、OSからは反映されていないことが確認されました。EBSの増加
した容量を反映させるにはどのようにすればよいですか。

   A. OSでボリュームのファイルシステムを拡張する。

   B. EBSのスナップショットを取り、復元時にサイズを増加させたボリュームをア
     タッチする。

   C. AWS CLIで--forceオプションを付けてボリュームサイズを増加させる。

   D. EC2インスタンスを再起動する。

問題11

　Amazon ElastiCache for Memcachedクラスタの運用をモニタリングしてい
る際にEvictionsメトリクスの著しい増加を確認しました。既存のElastiCache for

Memcachedクラスタを使用して、この問題を解決する方法はどれですか。

    A. クラスタにノードを追加する。

    B. クラスタモードを有効にする。

    C. キャッシュノードのリードレプリカを追加する。

    D. クラスタのノードタイプをスケールアップする。

 ## 問題12

　夜間にAmazon EC2インスタンスを1つ起動して3時間かかるバッチ処理を毎日実行しています。この処理は他のアーキテクチャに変更することはできず、中断すると最初からやり直す必要があります。この要件を満たしながら最小限のコストで安定した運用を可能にする方法はどれですか。

    A. リザーブドインスタンスを購入する。

    B. オプションを指定せずにスポットインスタンスのリクエストを出す。

    C. スポットフリートを指定してスポットインスタンスのリクエストを出す。

    D. オンデマンドインスタンスをAmazon EventBridgeとAWS Lambda関数を使用して指定時間のみ起動させる。

 ## 問題13

　パブリックサブネットに配置したAmazon EC2インスタンスにElastic IPアドレスをアタッチしてインターネットゲートウェイ経由でWebアプリケーションを公開しています。EC2インスタンスのセキュリティグループおよびNACLで443番ポートのインバウンドトラフィックを許可してテストをしたところ、Webアプリケーションにアクセスできませんでした。この問題を解決できる可能性が最も高いものはどれですか。

    A. NACLで443番ポートでのアウトバウンドトラフィックを許可する。

    B. NACLでエフェメラルポートでのアウトバウンドトラフィックを許可する。

    C. セキュリティグループで443番ポートでのアウトバウンドトラフィックを許可する。

    D. セキュリティグループでエフェメラルポートでのアウトバウンドトラフィックを許可する。

9

問題の解き方と模擬試験

問題14

デフォルトのAWS管理CMKでKMSによる暗号化をしたAmazon EC2インスタンスのAMIを、最小限の作業で別のアカウントにコピーすることができる方法はどれですか。

A. 元のAMIをターゲットアカウントと共有する。ターゲットアカウントでソースアカウントのKMSキーを使用して共有されたAMIと同じリージョンにAMIをコピーする。

B. ソースアカウントで元のAMIと同じリージョンにターゲットアカウントのアクセス許可をしたカスタマー管理CMKを作成する。元のAMIをターゲットアカウントと共有する。ターゲットアカウントでソースアカウントのKMSキーを使用して共有されたAMIと同じリージョンにAMIをコピーする。

C. ソースアカウントで元のAMIと同じリージョンにターゲットアカウントのアクセス許可をしたAWS管理CMKを作成する。作成したAWS管理CMKをマスターキーに指定して元のAMIをコピーすることで再暗号化したAMIを作成し、ターゲットアカウントと共有する。ターゲットアカウントでターゲットアカウントのKMSキーを使用して共有されたAMIと同じリージョンにスナップショットをコピーする。

D. ソースアカウントで元のAMIと同じリージョンにターゲットアカウントのアクセス許可をしたカスタマー管理CMKを作成する。作成したカスタマー管理CMKをマスターキーに指定して、元のAMIをコピーすることで再暗号化したAMIを作成し、ターゲットアカウントと共有する。ターゲットアカウントでターゲットアカウントのKMSキーを使用して、共有されたAMIと同じリージョンにスナップショットをコピーする。

 問題15

Amazon S3バケットにログファイルを保存しており、90日より古いログはAmazon S3 Glacierに移行したいと考えています。この要件を最小限の作業量で満たすことができる方法はどれですか。

A. S3バケットにクロスリージョンレプリケーションを設定して、90日より古いオブジェクトをAmazon S3 Glacierに移行する。

B. S3バケットにライフライクルポリシーを設定して、90日より古いオブジェクトをAmazon S3 Glacierに移行する。

C. S3バケットにバージョニングを設定して、90日より古いオブジェクトをAmazon S3 Glacierに移行する。

D. Amazon CloudWatchで日次でスケジューリングしたAWS Lambda関数からAWS SDKを使用して、S3バケットの90日より古いオブジェクトをAmazon S3 Glacierに移行する。

 問題16

AWS Organizationsですべての機能を有効化してAWS Directory Serviceによるディレクトリ設定を管理アカウントでしています。新たにAWS SSOを設定しようとした場合に必要な権限設定手順はどれですか。

A. AWS SSOでアクセス権限セット（Permission sets）を作成して、ディレクトリで設定したユーザーまたはグループに割り当てる。

B. AWS Organizationsでサービス制御ポリシー（SCP）を作成して、ディレクトリで設定したユーザーまたはグループに割り当てる。

C. ユーザーおよびグループごとにIAMロールを作成して、ディレクトリで設定したユーザーまたはグループに割り当てる。

D. ユーザーおよびグループに対応するIAMユーザーとIAMグループを管理アカウントで作成し、ディレクトリで設定したユーザーまたはグループに割り当てる。

9

問題の解き方と模擬試験

 問題17

Amazon S3バケットで過去にした設定によって不要な他のAWSアカウントのIAMユーザーがアクセスできるようになっていることがわかりました。この問題のトラブルシューティングとして適切なものはどれですか。（2つ選択してください。）

A. S3バケットのアクセス制御リスト（ACL）の設定を確認する。

B. S3バケットポリシーの設定を確認する。

C. S3バケットのCross-Origin Resource Sharing（CORS）設定を確認する。

D. S3バケットを所有するAWSアカウントでIAMユーザーのIAMポリシーを確認する。

E. S3バケットを所有するAWSアカウントでIAMグループのIAMポリシーを確認する。

 問題18

Webアプリケーションを構成しているAmazon CloudFront、Application Load Balancer（ALB）、Amazon EC2、Amazon RDSのそれぞれでログ出力を有効化して運用しています。HTTP、HTTPSのステータスコードに関する調査をする場合に対象となるログはどれですか。（2つ選択してください。）

A. AWS CloudTrailのログ

B. VPCフローログ

C. Amazon RDSのログ

D. ALBのアクセスログ

E. Amazon CloudFrontのアクセスログ

 問題19

Amazon EC2インスタンスがサービス制限に近づいたときにアラートを検知したいと考えています。この要件を満たすことができるサービスの組み合わせはどれですか。（2つ選択してください。）

A. AWS Service Health DashboardとAmazon CloudWatch

B. AWS Personal Health DashboardとAmazon CloudWatch

C. AWS Cost ExplorerとAmazon CloudWatch

D. AWS Trusted AdvisorとAmazon CloudWatch

E. AWS Service QuotasとAmazon CloudWatch

 問題20

Classic Load BalancerとCPU使用率にもとづいてスケーリングをしているAuto Scalingで作成されたEC2インスタンスでアプリケーションを構築しています。新たなアプリケーションをデプロイしたところスケールアウトとスケールインを繰り返し、一部のリクエスト処理に問題が発生しています。スケーリングアクティビティに干渉されずに、EC2インスタンスで実行中のリクエスト処理をログインして効率的に

調査する方法はどれですか。

    A. 調査前にAuto Scalingで作成された一部のEC2インスタンスをスタンバイ状態にする。

    B. 調査前にAuto Scalingライフサイクルフックを追加してインスタンスの開始前に待機状態にする。

    C. 調査前にすべてのEC2インスタンスのスナップショットをとる。

    D. 調査前にスケーリングプロセスを中断する。

 問題21

　AWS CloudFormationテンプレートを使用してus-east-1リージョンにAWSリソースをデプロイしています。このテンプレートを使用してap-northeast-1リージョンにCloudFormationスタックを作成しようとしたところ一部のAWSリソースがデプロイされた後、エラーが発生してロールバックされました。この問題の原因として可能性の高いものはどれですか。（3つ選択してください。）

    A. ap-northeast-1に存在しないAWSリソースを使用しようとしたため。

    B. スタックを作成したIAMユーザーにCloudFormationスタックを実行する権限がなかったため。

    C. スタックを作成したIAMユーザーに一部のAWSリソースに対するアクセス権限がなかったため。

    D. スタックを作成したAWS CloudFormationサービスロールにCloudFormationスタックを実行する権限がなかったため。

    E. スタックを作成したAWS CloudFormationサービスロールに一部のAWSリソースに対するアクセス権限がなかったため。

    F. AWS CloudFormation StackSetsを使用していなかったため。

 問題22

　Application Load Balancer（ALB）の背後にAuto Scalingグループで複数実行されているEC2インスタンスを運用しています。新しい静的コンテンツをEC2インスタンスにデプロイしたところ、デプロイしたEC2インスタンスが削除され、新しくEC2インスタンスが作成されます。静的コンテンツデプロイ前後でリソースのメトリクスに大きな変化はありません。この問題の原因として最も可能性が高いものはどれですか。

A. EC2ステータスチェックを参照しているAuto ScalingがEC2インスタンスを終了して置き換えているため。

B. ALBのヘルスチェックが失敗して、ALBヘルスチェックを参照しているAuto ScalingがEC2インスタンスを終了して置き換えているため。

C. ALBのヘルスチェックが失敗して、ALBがEC2インスタンスを終了して置き換えているため。

D. Auto Scalingグループでターゲット追跡スケーリングポリシーを使用しているため。

 ## 問題23

Amazon EC2インスタンスのタグ付けを自動化する方法はどれですか。(2つ選択してください。)

A. コスト配分タグを使用して条件に応じたタグ付けをスケジュール実行する。

B. AWS Configでタグ付けの有無を検知し、条件に応じたタグ付けをするAWS Systems Manager Automationを実行する。

C. AWS OrganizationsでAWSアカウントを管理するようにしてタグポリシーを作成する。

D. AWS Service Catalogでリソースをプロビジョニングするようにして、TagOptionライブラリを使用してTagOptionを関連付ける。

E. Tag Editorを使用して条件に応じたタグ付けをスケジュール実行する。

 ## 問題24

数百のAmazon EC2インスタンスの大規模な分散およびレプリケーションされたワークロードで、相関障害を減らす方法を検討しています。複数のEC2インスタンスがグループ化されて、複数AZの固有のハードウェアが割り当てられる領域に分散配置される構成に再構築を考えています。この要件を満たすことができる方法はどれですか。

A. クラスタプレイスメントグループ

B. パーティションプレイスメントグループ

C. スプレッドプレイスメントグループ

D. 拡張ネットワーキング

問題25

従来から使用している1つのAWS CloudFormationテンプレートをAWSリソースの更新頻度を考慮してライフサイクルごとに分割して管理しようとしています。従来のテンプレートでは共通のEC2インスタンスを作成し、そのリソース出力値を他のすべてのAWSリソースから参照しています。このEC2インスタンス作成時のリソース出力値を分割したテンプレートから参照できるようにする最も効率的な方法はどれですか。

A. AWS CloudFormation StackSetsで共通のEC2インスタンスを作成し、リソース出力値を参照する。

B. CloudFormerで共通のEC2インスタンスを作成し、リソース出力値を参照する。

C. 各テンプレートでカスタムリソースを使用して共通のEC2インスタンスを作成するLambdaを実行し、リソース出力値をテンプレートに戻す。

D. 単独のテンプレートで共通のEC2インスタンスの作成をして、OutputsセクションのExportフィールドでリソース出力値をエクスポートする。

問題26

ビジネスサポートプランに入っている複数のメンバーアカウントをAWS OrganizationsのConsolidated Billing（一括請求）で統合管理しています。この管理に加えてAWS Personal Health Dashboardに表示されるAWS Healthイベントからメンバーアカウントのイベントを検索しました。しかし、管理アカウントでAWS Organizationsにリンクされているメンバーアカウントの表示ができませんでした。この問題の原因として最も可能性が高いものはどれですか。

A. エンタープライズサポートプランに入っていないため。

B. AWS OrganizationsではAWS Healthイベントを集中管理することができないため。

C. AWS Organizationsですべての機能と組織ビューを有効化していないため。

D. 管理アカウント以外のメンバーアカウントでAWS Healthを無効化していないため。

問題 27

Classic Load Balancerに登録されたAmazon EC2インスタンスでWebアプリケーションをデプロイして運用しています。このWebアプリケーションはSQLインジェクション攻撃に対する脆弱性がありますが、設計に関するアーティファクトがなく修正には長期間を要します。Webアプリケーションの修正が完了するまでの一時的なセキュリティ対策として最も攻撃に対するリスクが低いものはどれですか。

A. Classic Load BalancerをAmazon CloudFrontのオリジンに指定する。

B. Classic Load BalancerにAWS WAFを設定する。

C. AWS WAFを設定したApplication Load BalancerにClassic Load Balancerを置き換える。

D. AWS Shield Advancedを設定したApplication Load BalancerにClassic Load Balancerを置き換える。

問題 28

Microsoft Active DirectoryのSMBプロトコルを介したIDベースの認証とWindows ACLによるアクセス制御を行うファイルサーバーをAmazon VPCに構築しようとしており、最小限の作業で構築と運用をしたいと考えています。この要件を満たすことができるソリューションはどれですか。

A. Amazon EC2インスタンスに構築したWindowsファイルサーバー

B. Amazon FSx for Windows File Server

C. Amazon WorkSpaces

D. Amazon EFS

問題 29

Amazon CloudFrontのカスタムオリジンに登録したEC2インスタンスでWebサイトを運用しています。以前、Webサーバーソフトウェアの設定が原因でHTTPステータスコードの4xxと5xxが出力され、Webサイトに接続できなくなりました。このCloudFrontでのエラー率の上昇を監視できるメトリクスはどれですか。

A. TotalErrorRate

B. UnHealthyHostCount

C. BackendConnectionErrors

D. TargetConnectionErrorCount

 問題30

1つのAWS CloudFormationテンプレートを、複数のAWSアカウントおよびリージョンに対してCloudFormationスタックとしてロールアウトする機能はどれですか。

A. Change Sets（変更セット）

B. Stack Policy（スタックポリシー）

C. StackSets

D. Detect Drift（ドリフト検出）

 問題31

シングルAZ構成のAmazon RDS for MySQL DBインスタンスの可用性を高める対策を実施しようとしています。このDBインスタンスは営業時間中に断続的にアクセスされる業務システムで使われており、営業時間中にダウンタイムを発生させることはできません。最小限のリスク、コストおよびダウンタイムで可用性を高める対策はどれですか。

A. 営業時間外にDBインスタンスをマルチAZ構成に変更する。

B. 営業時間外にDBインスタンスのリードレプリカを作成する。

C. AWS ElastiCacheを使用してDBインスタンスへのクエリをキャッシュする。

D. 新しいマルチAZ構成のDBインスタンスを作成し、AWS Database Migration Service（AWS DMS）を使用して元のDBインスタンスのデータをフルロードで移行した後、カットオーバー前に差分データをChange Data Capture（CDC）変更タスクで移行して、新しいDBインスタンスに切り替える。

問題32

　オンプレミスに踏み台サーバーを作成し、Amazon EC2インスタンスの管理をしています。会社のポリシーでEC2インスタンスへのアクセスは必ず踏み台サーバーを経由する必要があり、踏み台サーバーはステートフルなSSHのインバウンドとアウトバンドのみが許可されます。認証情報であるSSHキーは変更した際の共有も円滑にし、取得状況をモニタリングしたいと考えています。踏み台サーバーの管理者が運用担当者に対して踏み台サーバーにアクセスする認証情報を安全に共有させる方法はどれですか。

- A. 各運用担当者がAWSマネジメントコンソールから各Amazon EC2インスタンスのSSHキーを再作成してダウンロードする。
- B. 踏み台サーバーに運用担当者共通のSSHキーを作成し、Amazon S3バケットを使用して各運用担当者ごとにアクセス制御をしたフォルダで共有する。
- C. 踏み台サーバーに運用担当者ごとにユーザーとSSHキーを作成し、AWS Secrets Managerを使用してSSHキーを個別に運用担当者に共有する。運用担当者はAWS CLIを使用してAWS Secrets ManagerからSSHキーを取得して踏み台サーバーに接続する。
- D. AWS Systems Manager Session Managerでアドバンストインスタンス層を有効化して、踏み台サーバーにSSMエージェントをインストールする。踏み台サーバーのハイブリッドアクティベーションをしてSession Managerを使用して踏み台サーバーに接続する。

問題33

　Amazon Route 53でドメインにApplication Load Balancer（ALB）を割り当て、ALBの背後にAuto Scalingグループで複数AZに展開されているEC2インスタンスが起動している環境を運用しています。次回のアプリケーションのリリースでは新バージョンの環境を作成し、新機能に問題がないことを確認しながら徐々にトラフィックを新バージョン環境に移していくカナリアリリースをしたいと考えています。この要件を満たすことができるソリューションはどれですか。（2つ選択してください。）

- A. Amazon Route 53加重ルーティングポリシーを使用してトラフィックを旧バージョン環境から新バージョン環境に徐々にシフトする。

B. ALBで加重ターゲットグループを使用してトラフィックを旧バージョン環境
から新バージョン環境に徐々にシフトする。

C. Auto Scalingでステップスケーリングポリシーを使用してトラフィックを旧
バージョン環境から新バージョン環境に徐々にシフトする。

D. AWS CodeDeployでカナリアデプロイを使用してトラフィックを旧バージ
ョン環境から新バージョン環境に徐々にシフトする。

E. API Gatewayでカナリアリリースを使用してトラフィックを旧バージョン環
境から新バージョン環境に徐々にシフトする。

問題34

AWS CloudFormationを使用して開発用、検証用、本番用の環境ごとにテンプレー
トを作成してAmazon EC2インスタンスをデプロイしています。新たに環境ごとに
異なる認証情報を使用するサードパーティAPIへAmazon EC2インスタンスがアク
セスする要件が出てきました。この要件を認証情報のセキュリティを確保しながら、
最小限の作業量で満たすことができるソリューションはどれですか。

A. CloudFormationテンプレートのParametersセクションであらかじめ認証情
報を設定したEC2インスタンスから作成したAMIを環境ごとに選択できるよ
うにし、CloudFormationテンプレートから環境ごとのAMIからEC2インス
タンスを作成してデプロイする。EC2インスタンスは設定された認証情報を
使用する。

B. CloudFormationテンプレートのParametersセクションで認証情報を環境ご
とに選択できるようにし、CloudFormationテンプレートから環境ごとの認証
情報をユーザーデータでEC2インスタンスに設定するようにしてデプロイす
る。EC2インスタンスは設定された認証情報を使用する。

C. CloudFormationテンプレートのParametersセクションで認証情報を環境ご
とに選択できるようにし、CloudFormationテンプレートから環境ごとの認証
情報をEC2インスタンスのタグに設定するようにしてデプロイする。EC2イ
ンスタンスは自身のタグから認証情報を取得する。

D. AWS Systems Managerパラメータストアに認証情報をSecure Stringパラメ
ータとして環境ごとのタグをつけて保存し、CloudFormationテンプレートか
ら環境ごとのタグをユーザーデータでEC2インスタンスに設定するようにし
てデプロイする。EC2インスタンスはタグに対応する認証情報を取得する。

問題35

開発環境でパブリックサブネットに配置されているEC2インスタンスをプライベートサブネットに移動したところ、EC2インスタンスにおける自動パッチ適用とEC2インスタンスへのSSH接続ができなくなっていることがわかりました。オンプレミスとVPC間にプライベート接続がない状況で、この問題を解決する方法はどれですか。（2つ選択してください。）

A. プライベートサブネットにEC2インスタンスで踏み台サーバーを作成し、必要なセキュリティグループとルートテーブルを設定する。

B. プライベートサブネットにNATゲートウェイを作成し、必要なプライベートサブネットのルートテーブルを変更する。

C. プライベートサブネットにNetwork Load Balancerを作成し、VPCエンドポイントサービスを設定する。

D. パブリックサブネットにEC2インスタンスで踏み台サーバーを作成し、必要なセキュリティグループとルートテーブルを設定する。

E. パブリックサブネットにNATゲートウェイを作成し、必要なプライベートサブネットのルートテーブルを変更する。

問題36

複数のAWSアカウントを一元管理しているAWS Organizationsにおいて、本番用AWSアカウントで使用できるAWSサービスを制限しようと考えています。一方で検証用AWSアカウントではすべてのAWSサービスの使用を許可して本番用AWSアカウントでの使用を承認するかの判断をします。この要件を最小限の作業量で満たし、将来的に最小限の運用となる方法はどれですか。

A. 本番用AWSアカウントをまとめた組織単位（OU）を作成して、承認されたAWSサービスを許可リストとしてサービスコントロールポリシー（SCP）を適用する。

B. 本番用AWSアカウントをまとめた組織単位（OU）を作成して、承認されていないAWSサービスを拒否リストとしてサービスコントロールポリシー（SCP）を適用する。

C. Amazon EventBridgeルールでスケジューリング実行されるAWS Lambda関数で、本番用AWSアカウントで承認されていないAWSサービスのリソース

280

を定期的に削除する。

D. Amazon EventBridgeルールでスケジューリング実行されるAWS Lambda関数で、本番用AWSアカウントで承認されていないAWSサービスの使用を禁止するIAMポリシーをIAMユーザーに適用する。

 問題37

クラスタモードが無効なAmazon ElastiCache for Redisクラスタで可能なスケーリング方法はどれですか。（2つ選択してください。）

A. ノードタイプをサイズの大きいものに変更する垂直スケーリング

B. シャードを追加する水平スケーリング

C. クラスタモードの有効化

D. リードレプリカの追加

E. TTLの追加

 問題38

Amazon Route 53でドメインにApplication Load Balancer（ALB）を割り当て、ALBの背後に複数AZに展開されている2つのEC2インスタンスが起動している環境でWebサイトを運用しています。静的コンテンツにAmazon S3静的Webサイトホスティングを使用し、動的コンテンツにALBを使用するようにそれぞれをRoute 53エイリアスレコードに登録してWebサイトで使用しています。サイト利用者が増えるにつれてWebサイトの読み込みが遅いという報告が増えてきました。この問題を解決する方法はどれですか。（2つ選択してください。）

A. Amazon Route 53でレイテンシーベースルーティングを使用する。

B. ALBをNetwork Load Balancer（NLB）に変更し、急激なアクセス上昇に耐えられるようにする。

C. Amazon S3バケットをオリジンとしたAmazon CloudFrontをRoute 53エイリアスレコードに登録し、静的コンテンツをキャッシュする。

D. 静的コンテンツをAmazon S3からEC2インスタンスに移行し、ALBのパスベースルーティングで振り分けるようにする。

E. ALBの背後にAuto ScalingグループでEC2インスタンスが起動するように変更する。

問題39

　AWSアカウントで各IAMユーザーが作成したリソースの料金を分析する必要があります。この要件を最小限の作業で満たすことができる方法はどれですか。(2つ選択してください。)

　　A. AWS生成コスト配分タグのaws:createdByを有効化する。
　　B. ユーザー定義のコスト配分タグで独自のUsedByタグを有効化し、Amazon EventBridgeルールとAWS Lambda関数で定期的にCloudTrailログを参照してAWSリソースに作成者のIAMユーザー名をタグ付けする。
　　C. AWS Budgets Reportsで使用状況を分析する。
　　D. AWS Cost Explorerで使用状況を分析する。
　　E. Amazon QuickSightで使用状況を分析する。

問題40

　セキュリティ担当部署がAWSを利用する上でISO認証に関するレポート内容とレポート期間の情報提供を求めています。この要件を満たすことができるAWSサービスはどれですか。

　　A. AWS Organizations
　　B. Amazon Macie
　　C. AWS Artifact
　　D. Amazon GuardDuty

問題41

　複数のクライアントアプリケーションからデータ参照されるAmazon EFSで保存するデータを暗号化したいと考えています。クライアントアプリケーションは将来的に増える可能性があります。この要件を最小限の作業量で満たし、将来的に最小限の運用となる方法はどれですか。

　　A. クライアントサイド暗号化をデータ保存前に実施してEFSファイルシステムに暗号化したデータを保存する。
　　B. 既存のEFSファイルシステムの設定で暗号化を有効化する。

C. EFSマウントヘルパーでTLSを有効にしてファイルシステムをマウントし直す。

D. 元の暗号化していないEFSファイルシステムのデータを新しく作成して暗号化したEFSファイルシステムに移行する。

問題42

バージョニングが有効になっているAmazon S3バケットでオブジェクトを削除した後、オブジェクトを取得する方法はどれですか。（3つ選択してください。）

A. AWSマネジメントコンソールを使用して、Amazon S3バケットにある対象オブジェクトの以前のバージョンをダウンロードする。

B. AWSマネジメントコンソールを使用して、Amazon S3バケットにある対象オブジェクトの削除マーカーを削除し、取得する。

C. Amazon S3ライフサイクルルールを使用して、Amazon S3バケットにある対象オブジェクトの削除マーカーを削除し、取得する。

D. aws s3 cpコマンドで--version-idに以前のバージョンIDを指定して、Amazon S3バケットにある対象オブジェクトを現バージョンにコピーし、取得する。

E. aws s3api delete-objectコマンドで--version-idに削除マーカーのバージョンIDを指定して、Amazon S3バケットにある対象オブジェクトの削除マーカーを削除し、取得する。

F. aws s3api restore-objectコマンドで--version-idに削除マーカーのバージョンIDを指定して、Amazon S3バケットにある対象オブジェクトの削除マーカーを削除し、取得する。

問題43

目的の異なる複数のアプリケーションごとに作成されているAuto Scalingグループがあります。Auto Scalingグループの起動設定に登録されているAMIのパッチ適用を自動化して、進捗状況と実行の詳細を監視しようとしています。この要件を最小限の開発量で満たすことができる方法はどれですか。

9 問題の解き方と模擬試験

A. AWS Systems Manager Automation を使用して、元のAMIから起動したEC2インスタンスにパッチ適用を実行してAMIを作成する。新しいAMIを含む起動設定を新しく作成し、Auto Scaling グループに関連付ける。

B. AWS Systems Manager Automation を使用して、元のAMIから起動したEC2インスタンスにパッチ適用を実行してAMIを作成する。既存の起動設定を新しいAMIを使用するように修正する。

C. 元のAMIから起動したEC2インスタンスにユーザーデータスクリプトでパッチ適用を実行してAMIを作成する。新しいAMIを含む起動設定を新しく作成し、Auto Scaling グループに関連付ける。

D. AWS Lambda を使用して、元のAMIから起動したEC2インスタンスにパッチ適用を実行してAMIを作成する。新しいAMIを含む起動設定を新しく作成し、Auto Scaling グループに関連付ける。

E. AWS Lambda を使用して、元のAMIから起動したEC2インスタンスにパッチ適用を実行してAMIを作成する。既存の起動設定を新しいAMIを使用するように修正する。

 ## 問題44

Amazon VPC内にあるAmazon EC2インスタンスのデータをプライマリリージョン ap-northeast-1 からセカンダリリージョン ap-southeast-1 にレプリケーションして同じ構成の災害復旧環境の構築をしようとしています。データのレプリケーションは暗号化されたプライベートな経路で実施する必要があります。この要件を満たすことができるネットワーク構成はどれですか。

A. プライマリとセカンダリの2つのVPCでNATゲートウェイの構築とルートテーブルの設定をする。

B. プライマリリージョンにNetwork Load Balancerを作成してVPCエンドポイントサービスを設定し、セカンダリリージョンへAWS PrivateLinkを構築する。

C. プライマリとセカンダリの2つのVPCでリージョン間VPCピアリング接続とルートテーブルの設定をする。

D. プライマリとセカンダリの2つのVPCでAWS Direct Connect接続とルートテーブルの設定をする。

問題45

VPCのプライベートサブネットにあるAmazon EC2インスタンスからAmazon S3バケットにインターネットを経由せずにデータをオブジェクトとして保存しようとしています。この要件を満たすことができる方法はどれですか。

A. EC2インスタンスのスナップショットを作成する。

B. EC2インスタンスからAWS Storage Gatewayファイルゲートウェイにデータを保存し、Amazon S3バケットにデータを同期する。

C. EC2インスタンスが存在するVPCにAWSクライアントVPNを作成して、AWSクライアントVPN経由でデータを保存する。

D. EC2インスタンスが存在するVPCにS3 VPCエンドポイントを作成して、S3 VPCエンドポイント経由でデータを保存する。

 問題46

オンプレミスにあるWebサーバーに対して大量の異なるIPアドレスからアプリケーションの脆弱性を狙ったアクセスが確認されています。この悪意のあるトラフィックから、AWSサービスを活用して最小限の運用負荷でWebサーバーを保護できる可能性があるものはどれですか。

A. WebサーバーをオリジンとしたAmazon CloudFrontを作成してAWS WAFをデプロイする。ドメインの参照先をCloudFrontに指定し、WebサーバーへのHTTP/HTTPSアクセスをCloudFrontからのトラフィックに限定する。

B. AWS WAFの背後にWebサーバーを配置し、WebサーバーへのHTTP/HTTPSアクセスをAWS WAFを経由したトラフィックに限定する。

C. AWS Shield Advancedの背後にWebサーバーを配置し、WebサーバーへのHTTP/HTTPSアクセスをAWS Shield Advancedを経由したトラフィックに限定する。

D. オンプレミスのWebサーバーをVPC内にあるAmazon EC2インスタンスに移行し、ドメインの参照先をEC2インスタンスに切り替える。ネットワークアクセス制御リスト（NACL）で悪意のあるIPアドレスを拒否する。

9

問題の解き方と模擬試験

問題47

複数のAZに展開するAmazon EC2インスタンス全体で互いに書き込むデータを
ファイルシステムでマウントした永続的なストレージで共有し、強力な整合性で読み
込む必要があります。保存したデータは30日後に自動的に安価なストレージオプシ
ョンに移行することが求められます。この要件を満たすことができるストレージソリ
ューションはどれですか。

A. Amazon EBSでデータを共有し、EC2インスタンスからスクリプトをスケジ
ューリングして30日経過したファイルをEC2インスタンスストアに移行す
る。

B. Amazon EFSでデータを共有し、EFSライフサイクル管理を有効化して30日
経過したファイルを低頻度アクセス（IA）ストレージクラスに移行する。

C. Amazon S3でデータを共有し、S3ライフサイクル管理を有効化して30日経
過したファイルを低頻度アクセス（S3標準-IA）ストレージクラスに移行する。

D. Amazon Storage Gatewayファイルゲートウェイでデータを共有し、ライフ
サイクルポリシーを有効化して30日経過したファイルを低頻度アクセス（S3
標準-IA）ストレージクラスに移行する。

問題48

開発用と本番用のAWSアカウントでそれぞれログ保存用のAmazon S3バケット
にアプリケーションログを集約しています。調査のために開発用AWSアカウントの
IAMユーザーが本番用のAWSアカウントのアプリケーションログを確認する要件が
発生しました。本番用AWSアカウントのAmazon S3バケットに開発用AWSアカウ
ントのIAMユーザーがアクセスしたことは追跡できるように記録する必要がありま
す。この要件をセキュリティを維持しながら、最小限の作業量で満たすことができる
方法はどれですか。

A. 本番S3バケットと新しい開発用S3バケットの間でクロスリージョンレプリ
ケーションを実施し、開発アカウントのIAMユーザーは新しい開発用S3バ
ケットでログを参照する。

B. 本番アカウントのIAMで本番S3バケットへの参照アクセスを許可するポリ
シーをIAMロールにアタッチして、開発アカウントのIAMユーザーがIAMロ
ールを引き受けることを信頼ポリシーで許可する。

C. 本番S3バケットへの参照アクセスを許可したIAMロールをアタッチした AWS Lambda関数を呼び出して、開発アカウントのIAMユーザーはログを参照する。

D. 本番S3バケットへの参照アクセスを許可したIAMロールをアタッチした Amazon EC2インスタンスで踏み台サーバーを構築して、開発アカウントメンバーは踏み台サーバー経由のアクセスをする。

 問題49

AWS CloudFormationでアプリケーションのインフラストラクチャをデプロイして運用しています。スタックの更新をした際にテンプレートの一部のAWSリソースの記述ミスによって意図しない変更が発生し、アプリケーションに障害が発生しました。この問題を解決するためにデプロイ前に変更内容と影響を確認できるようにし、さらに特定のリソースを誤った変更から保護しようとしています。この要件を満たすことができるアプローチはどれですか。（2つ選択してください。）

A. テキストエディタの差分表示ツールを使用してデプロイ前に変更内容と影響を表示し、意図しない変更がないかを確認する。

B. 変更セットを使用してデプロイ前に変更内容と影響を表示し、意図しない変更がないかを確認する。

C. ドリフト検出を使用してデプロイ前に変更内容と影響を表示し、意図しない変更がないかを確認する。

D. スタックポリシーを使用してすべてのリソースを許可した上で、保護するリソースの「Update」アクションを明示的に拒否する。

E. スタックを更新するIAMユーザーのIAMポリシーで、保護するリソースの「Update」アクションを明示的に拒否する。

 問題50

Amazon EC2インスタンスを元のAWSアカウントのap-northeast-1リージョンから別のAWSアカウントのus-east-1リージョンに移行する必要があります。この要件をセキュリティを維持しながら満たす方法はどれですか。

問題の解き方と模擬試験

A. EC2インスタンスのAMIを作成し、元のAWSアカウントのus-east-1リージョンにコピーする。コピーしたAMIのアクセス権限を別のAWSアカウントに付与して共有し、別のAWSアカウントで新しいEC2インスタンスを起動する。

B. EC2インスタンスのAMIを作成し、別のAWSアカウントにAMIへのアクセス権限を付与して共有する。別のAWSアカウントで起動先にus-east-1リージョンを指定して新しいEC2インスタンスを起動する。

C. EC2インスタンスのAMIを作成し、元のAWSアカウントのus-east-1リージョンにコピーする。コピーしたAMIをパブリック設定にしてコミュニティAMIに公開し、別のAWSアカウントで新しいEC2インスタンスを起動する。

D. 元のAWSアカウントのap-northeast-1リージョンで別のAWSアカウントのアクセス許可をしたカスタマー管理CMKを作成する。EC2インスタンスのAMIを作成し、作成したカスタマー管理CMKで暗号化してAMIを同じリージョンにコピーする。コピーしたAMIのアクセス権限を別のAWSアカウントに付与して共有し、新しいEC2インスタンスを起動する。

 問題51

最大10TBになる機密性の高い施設の監視映像ファイルを毎週アーカイブするクラウドストレージソリューションを探しています。このファイルは他者に参照、変更、削除される可能性のある場所を介さず堅牢な保管場所に保存する必要があり、参照する必要がある場合には取り出しまでに5時間の猶予を想定済みです。この要件を満たし、最小限のコストで運用できる方法はどれですか。

A. AWS CLIを使用してAmazon S3 Glacierにファイルをアーカイブとしてアップロードし、ボールトロックを設定する。

B. AWS CLIを使用してAmazon S3バケットにファイルをアップロードし、Amazon S3 Glacierに即時に移行するライフサイクルポリシーを設定する。

C. 暗号化したファイルシステムをマウントしたAmazon EFSにファイルを保存し、AWS Backupで自動バックアップする。

D. AWS Storage Gatewayテープゲートウェイを使用して、ファイルを仮想テープストレージにアーカイブする。

問題52

Amazon RDS for MySQL DB インスタンスをデータベースとして使用するアプリケーションをAmazon EC2インスタンスで実行しています。データベース接続に使用するユーザー名とパスワードはアプリケーション以外のセキュアなストレージに保存し、パスワードの自動的なローテーションを実施したいと考えています。この要件を最小限の作業量で満たすことができるソリューションはどれですか。

A. AWS Systems Managerパラメータストアにユーザー名とパスワードを保存し、パスワードの自動ローテーションを有効にする。アプリケーションは必要に応じて認証情報を取得する。

B. AWS Secrets Managerにユーザー名とパスワードを保存し、パスワードの自動ローテーションを有効にする。アプリケーションは必要に応じて認証情報を取得する。

C. Amazon S3バケットにユーザー名とパスワードを保存し、Amazon Event Bridgeルールでスケジュールされた AWS Lambdaでパスワードの自動ローテーションを実行する。アプリケーションは必要に応じて認証情報を取得する。

D. AWS CodeCommitにユーザー名とAWS Lambdaでローテーションしたパスワードを別リポジトリで保存し、AWS CodeDeployでアプリケーションにデプロイする。Amazon EventBridgeルールでスケジュールしたCodePipelineでこれらのプロセスを実行する。

 問題53

Amazon RDS DBインスタンスのセキュリティ対策の確認事項として適切なものはどれですか。（3つ選択してください。）

A. パラメータグループに適切な設定がされている。

B. マスターユーザー権限を削除している。

C. DBインスタンスおよびDBインスタンスへの接続が暗号化されている。

D. DBインスタンスへのSSHログインのログを出力および保存している。

E. セキュリティグループに必要最小限のアクセスルールが適用されている。

F. Amazon Inspectorによる定期的なセキュリティ評価が実施されている。

9

問題の解き方と模擬試験

問題54

Amazon EC2インスタンスをメモリ使用率にもとづいてスケーリングできるように設定しようとしています。この要件を最小限の作業量で満たすことができる方法はどれですか。

    A. Application Load Balancer（ALB）にEC2インスタンスを登録し、メモリ使用率にもとづくヘルスチェックをする。

    B. EC2インスタンス内でメモリ使用率が高くなった場合に、Amazon SNS通知でAWS Lambda関数をトリガーしてEC2インスタンスをスケールアウトさせる。

    C. Amazon CloudWatchエージェントをEC2インスタンスにインストールし、メモリの使用率を収集するよう設定してカスタムメトリクスを登録する。メモリの使用率のカスタムメトリクスにもとづいてAuto Scalingを設定する。

    D. Amazon SQS FIFOキューにメモリ使用率に応じてメッセージを登録し、メッセージの数にもとづいてAuto Scalingを設定する。

問題55

Elastic Load BalancingにAmazon EC2インスタンスを登録してWebサービスをクライアントに提供しようとしています。クライアント側ではファイアウォールによるIPアドレス単位でのアクセス許可が必要とされています。この要件を満たすオプションはどれですか。

    A. Classic Load Balancer（CLB）

    B. Application Load Balancer（ALB）

    C. Network Load Balancer（NLB）

    D. Gateway Load Balancer（GWLB）

問題56

AWS Organizationsの組織内にある複数のメンバーアカウントのCloudTrail証跡ログを管理アカウントで一元的に保存して管理したいと考えています。この要件を最小限の作業量とコストで実現する方法はどれですか。

A. AWS Organizationsですべての機能を有効化し、管理アカウントで組織の証跡を作成する。

B. 管理アカウントのCloudTrail証跡用S3バケットのバケットポリシーにメンバーアカウントのクロスアカウントアクセス権限を付与する。メンバーアカウントで管理アカウントのCloudTrail証跡用S3バケットを指定してAWS CloudTrailを有効にする。

C. Amazon S3イベント通知でトリガーしたAWS Lambda関数でメンバーアカウントのCloudTrail証跡用S3バケットを管理アカウントのCloudTrail証跡用S3バケットに同期するスクリプトを実装する。

D. メンバーアカウントのCloudTrail証跡用S3バケットを参照するクロスアカウントアクセス権限を付与したIAMロールを作成する。管理アカウントの必要なIAMユーザーがIAMロールにスイッチしてCloudTrail証跡を確認する。

 ## 問題57

オンプレミスのデータセンターからAWSアカウントのap-northeast-1リージョンのVPCにAWS Direct Connect接続をしています。AWS Direct Connectをデータセンターからap-southeast-1リージョンのVPCにも一貫性のある通信品質で接続する追加の要件が出てきました。この要件を最小限の時間とコストで満たすことができる方法はどれですか。

A. 新しいDirect Connectを追加してデータセンターとap-southeast-1リージョンのVPCを接続する。

B. 既存のAWS Direct Connectでプライベート仮想インターフェイスを作成し、Direct Connect Gateway経由でap-southeast-1のVPCに接続する。

C. VPCピアリングを使用してap-northeast-1のVPCとap-southeast-1のVPCを接続し、データセンターからap-southeast-1のVPCに接続する。

D. AWS VPN CloudHubを使用してデータセンターとap-southeast-1リージョンのVPCを接続する。

問題58

AWSアカウント番号がXXXXXXXXXXXXのAWSアカウントのIAMユーザー
exampleでAmazon S3バケットexamplebucket内のオブジェクトの一覧を表示し
ようとしたところ、アクセス拒否エラーが出力されました。以下は対象のS3バケット
で使用されているバケットポリシーです。

```
{"Version": "2012-10-17","Statement": [{
    "Sid":"Stmt1",
    "Effect":"Allow",
    "Principal":"*",
    "Action":"s3:ListBucket",
    "Resource":"arn:aws:s3:::examplebucket/*"
    },{
    "Sid":"Stmt2",
    "Effect":"Allow",
    "Principal":"*",
    "Action":"s3:*",
    "Resource":"arn:aws:s3:::examplebucket/*",
    "Condition":{"StringNotLike":{"aws:username":"*sample*"}}
}]}
```

この問題を解決し、目的のオブジェクトを表示するために必要な修正はどれです
か。

A. 「"Sid":"Stmt1"」と同じブロックの「"Action"」要素の値を「"s3:ListBucket"」か
ら「"s3:List*"」に修正する。

B. 「"Sid":"Stmt1"」と同じブロックの「"Resource"」要素の値を「"arn:aws:s3:::
examplebucket/*"」から「"arn:aws:s3:::examplebucket"」に修正する。

C. 「"Sid":"Stmt2"」と同じブロックの「"Condition"」要素内にある「"aws:
username"」要素の値を「"*sample*"」から「"*example*"」に修正する。

D. すべての「"Principal"」要素の値を「"*"」から「{"AWS":"arn:aws:iam::XXXXX
XXXXXXX:user/example"}」に修正する。

問題59

Amazon CloudFrontとAmazon S3を使用して様々な国や地域から不特定多数の
ユーザーが閲覧する低レイテンシーなグローバル静的Webサイトを作成しようとし
ています。Amazon S3バケットには直接アクセスさせずにAmazon CloudFrontの
URLからのみアクセスを許可する必要があります。この要件を最も確実に満たすこと
ができる設定はどれですか。

A. Amazon S3バケットでWebサイトホスティングを有効にし、Amazon
CloudFrontにカスタムRefererヘッダーを設定する。S3バケットポリシーで
カスタムRefererヘッダーを持つリクエストのみアクセスを許可する。

B. Amazon S3バケットでWebサイトホスティングを有効にし、Lambda@
Edgeを使用してAmazon CloudFrontのみにS3バケット内のオブジェクトへ
のアクセスを許可する。

C. Amazon S3バケットでWebサイトホスティングを無効にし、Origin Access
Identity（OAI）を使用してAmazon CloudFrontのみにS3バケット内のオブ
ジェクトへのアクセスを許可する。

D. Amazon S3バケットでWebサイトホスティングを無効にし、IAMロールを
使用してAmazon CloudFrontのみにS3バケット内のオブジェクトへのアク
セスを許可する。

 問題60

AWS CloudFormationでスタックの作成に失敗した際にAWSリソースをそのまま
残しておく方法はどれですか。（2つ選択してください。）

A. AWSマネジメントコンソールでスタック作成時に失敗時のロールバックを無
効にする。

B. スタックポリシーを使用してすべてのリソースを許可した上で、保護するリソ
ースを明示的に拒否する。

C. 変更セットを使用して失敗後に失敗内容と影響を表示する。

D. AWS CLIでaws cloudformation create-stackコマンドに --disable-rollback
または --on-failure DO_NOTHINGのオプションをつけて実行する。

E. スタックを作成するIAMユーザーのIAMポリシーでContinueUpdate
Rollbackアクションを明示的に拒否する。

問題の解き方と模擬試験

問題61

Amazon S3バケットでWebサイトホスティングを有効にしてWebサイトを運用しようとしています。Webサイトのログには HTTP ステータス、HTTP リファラー、オブジェクトサイズ、リクエスト転送時間、リクエスト処理時間を含む必要があります。保存したログは標準 SQL で条件を指定して検索する必要があります。この要件を満たすことができる設定とログ検索ツールはどれですか。（2つ選択してください。）

A. Amazon S3 バケットでサーバーアクセスログを有効にし、アクセスログ用バケットに保存するように設定する。

B. AWS CloudTrail で Web ホスティングをしている S3 バケットを指定してデータイベントの証跡を作成し、証跡用 S3 バケットに加えて Amazon CloudWatch Logs にも証跡ログを保存するように設定する。

C. Amazon Athena を使用して S3 バケットに保存されているログを検索する。

D. Amazon CloudSearch を使用して S3 バケットに保存されているログを検索する。

E. Amazon CloudWatch Logs Insights を使用して CloudWatch Logs に保存されているログを検索する。

問題62

AWS マネジメントコンソールにオンプレミスの LDAP を使用してログインしたいと考えています。AWS リソースに対する権限は社内の役割に応じて割り振る必要があります。この要件を満たすことができる最も効率的なソリューションはどれですか。

A. AWS CLI を使用して LDAP のユーザーとグループから IAM ユーザーと IAM グループを作成するバッチスクリプトを実装して定期的に実行する。

B. AWS Direct Connect を設置して LDAP と Amazon Route 53 を連携し、AWS Directory Service で AWS マネジメントコンソールアクセスを有効にする。

C. SAML 2.0 ベースのフェデレーションに対応した ID プロバイダー（IdP）と LDAP を連携し、IAM の ID プロバイダー設定で IdP と AWS で信頼関係を確立する。LDAP グループに関連付けた IdP のグループに対して IAM ロールを作成してアクセス権限を設定する。

D. SAML 2.0ベースのフェデレーションに対応したIDプロバイダー（IdP）と
LDAPを連携し、Amazon Cognito IDプールで認証プロバイダーにIdPを選
択する。LDAPグループに関連付けたIdPのグループに対してCognitoの認証
されたIAMロールを作成してアクセス権限を設定する。

 ## 問題63

多数のAmazon EC2インスタンスに指定したタグ付けがされていること、および
セキュリティグループでSSHポートへの着信トラフィックが無制限に許可されてい
ないことを自動的に確認して、問題がある場合には対象のEC2インスタンスを自動的
に停止したいと考えています。この要件を満たすことができるAWSサービスの組み
合わせはどれですか。

A. AWS WAF、Amazon CloudWatch

B. AWS Trusted Advisor、AWS Lambda

C. Amazon CloudWatch、AWS Lambda

D. AWS Config、AWS Systems Manager Automation

 ## 問題64

3週間の移行期間に200TBのデータを暗号化してオンプレミス環境からAWSに転
送および保存しようとしています。AWSへの接続には100Mbpsのインターネット
回線を使用しています。この要件を満たす可能性が最も高い移行ソリューションはど
れですか。

A. AWS CLIを使用してマルチパートアップロードでAmazon S3にデータを保
存する。

B. 1つのAWS Snowconeを使用してAmazon S3にデータを保存する。

C. 3つのAWS Snowball Edge Storage Optimizedを並行利用してAmazon S3
にデータを保存する。

D. 1GbpsのAWS Direct Connectを設置してパブリック仮想インターフェイス
経由でAmazon S3にデータを保存する。

問題65

Amazon RDS DBインスタンスのスナップショットを自動的に毎日取得して、1週間分保持しておきたいと考えています。この要件を最小限の開発と作業量で満たすことができる方法はどれですか。

A. AWS Backupを使用してバックアップライフサイクル管理をする。

B. Amazon Data Lifecycle Manager（Amazon DLM）を使用してバックアップライフサイクル管理をする。

C. Amazon EventBridgeルールで日次実行されるAWS Lambdaを使用してスナップショットを取得し、7世代より前の世代のスナップショットを削除する。

D. Amazon EC2インスタンスのcronで日次実行されるAWS CLI実行スクリプトを使用してスナップショットを取得し、7世代より前の世代のスナップショットを削除する。

9-3

模擬試験（ラボ試験問題）

 問題1

＊1-1

Amazon VPCのパブリックサブネットにApplication Load Balancer（ALB）、プライベートサブネットにAuto ScalingするAmazon EC2インスタンスを配置するための高可用性ネットワークを構成します。パブリックサブネットからはインターネットに直接アクセスできるようにし、プライベートサブネットからはNATを介してアクセスするようにします。

1. AWSマネジメントコンソールにログインし、「米国東部（バージニア北部）us-east-1」リージョンを指定してください。
2. Amazon VPCを10.0.0.0/16のCIDRを使用して「soalab-vpc」という名前で作成してください。
3. 3つのパブリックサブネットを高可用性を実現するように作成してください。
4. パブリックサブネットと同様に3つのプライベートサブネットを高可用性を実現するように作成してください。
5. パブリックサブネット用のカスタムルートテーブルを作成し、サブネットをアタッチしてルーティングを設定してください。
6. プライベートサブネット用のカスタムルートテーブルを作成し、サブネットをアタッチしてルーティングを設定してください。
7. インターネットゲートウェイを作成してVPCで使用できるようにしてください。
8. NATゲートウェイを適切なVPCのサブネットに作成してください。
9. インターネットゲートウェイ、NATゲートウェイを適切なカスタムルートテーブルにアタッチしてルーティングを設定してください。

✳ 1-2

1-1で作成したVPC「soalab-vpc」においてVPCフローログが設定してあること
を確認するAWS Configルールを設定します。

1. AWSマネジメントコンソールにログインし、「米国東部（バージニア北部）
   us-east-1」リージョンを指定してください。
2. AWS Configのマネージドルールで設問の要件を満たすルールを「soalab-config-
   flow-logs」という名称で作成してください。
3. 作成したルールでVPC「soalab-vpc」が非準拠になることを確認します。

   ※ この設問より前にVPC「soalab-vpc」にVPCフローログを作成して準拠し
     ている場合はこの時点で設問1-2は完了です。

4. ルールの詳細から非準拠のリソース「soalab-vpc」を確認し、ルールに準拠するよ
   うに問題を解決してください。必要であれば、任意のAmazon S3バケットを作成
   してVPCフローログの送信先にしてください。
5. ルールを再評価してルールに準拠することを確認してください。

✳ 1-3

1-1で作成したVPC「soalab-vpc」において次の要件のセキュリティグループを
AWS CLIで作成します。

1つめのセキュリティグループ
○ セキュリティグループ名：soalab-sg-elb
○ セキュリティグループ説明：Lab SG for ELB.
○ インバウンドルール：TCPポート番号443を後述の＜自分のグローバルIP＞に対
  して許可
○ アウトバウンドルール：TCPポート番号80をセキュリティグループ「soalab-sg-
  web」に対して許可

2つめのセキュリティグループ
○ セキュリティグループ名：soalab-sg-web
○ セキュリティグループ説明：Lab SG for Web.
○ インバウンドルール：TCPポート番号80をセキュリティグループ「soalab-sg-elb」
  に対して許可

○ アウトバウンドルール：TCPポート番号443を後述の＜自分のグローバルIP＞に
　対して許可

セキュリティグループに関するAWS CLIの使用例を次に示します。

```
#AWS CLIのヘルプの使い方
aws help
aws ＜サービス別コマンド＞ help
aws ＜サービス別コマンド＞ ＜サービス別サブコマンド＞ help
#セキュリティグループの確認
aws ec2 describe-security-groups --filters Name=group-name,
➥Values=＜セキュリティグループ名＞
#セキュリティグループの作成
aws ec2 create-security-group --group-name ＜セキュリティグループ名＞
➥--description "＜セキュリティグループ説明＞" --vpc-id ＜VPC ID＞
#セキュリティグループに対するインバウンドルールの作成
aws ec2 authorize-security-group-ingress --group-id
➥＜セキュリティグループID＞ --protocol ＜プロトコル(tcp, udpなど)＞
➥--port ＜ポート番号＞ --source-group ＜対象セキュリティグループID＞
#CIDR IP範囲に対するアウトバウンドルールの作成
aws ec2 authorize-security-group-egress --group-id
➥＜セキュリティグループID＞ --protocol ＜プロトコル(tcp, udpなど)＞
➥--port ＜ポート番号＞ --cidr ＜CIDR IP範囲＞
#すべてのトラフィックを許可するアウトバウンドルールの削除
aws ec2 revoke-security-group-egress --group-id
➥＜セキュリティグループID＞ --ip-permissions '[{"IpProtocol":"-1",
➥"FromPort":-1, "ToPort":-1,
➥"IpRanges":[{"CidrIp":"0.0.0.0/0"}]}]'
```

1. AWSマネジメントコンソールにログインし、「米国東部（バージニア北部）
　us-east-1」リージョンを指定してください。
2. AWS CloudShellを起動してください。
3. 以下のURLにWebブラウザでアクセスし、自分のグローバルIPを確認してメモし
　てください。以降の手順で＜自分のグローバルIP＞としてAWS CLIコマンド内で
　使用します。

```
http://checkip.amazonaws.com/
```

4. 設問の要件を満たすようにセキュリティグループをAWS CLIで作成、設定してく
　ださい。

問題2

＊2-1

 Amazon S3においてパブリックアクセスをすべてブロックしたバケットでSSE-S3
暗号化、バージョニング、ライフサイクルルール、イベント通知を有効にします。

1. AWSマネジメントコンソールにログインしてください。

2. Amazon S3バケットを「米国東部（バージニア北部）us-east-1」リージョンへ任
 意の名称で設問の要件を満たすように作成してください。

3. 作成したS3バケットのすべてのオブジェクトに対して、非現行バージョンになっ
 て90日が過ぎたオブジェクトを完全に削除するライフサイクルルールを作成して
 ください。

4. Amazon S3のイベント通知でEメールを送信することを想定したAmazon SNSト
 ピックを「soalab-sns」という名称で作成してください。

 ※Eメールのサブスクリプション作成はこの設問では不要です。

5. S3バケットのすべてのオブジェクトに対して、作成したSNSトピックにすべての
 オブジェクト削除イベントの通知を送信するように設定してください。

6. 作成したS3バケット名をメモしてください。

＊2-2

 AWS Backupでキーが「BkMethod」、値が「SOA-Backup」のタグを持つリソース
のバックアップを次の条件で取得するように設定します。

○ バックアップボールトの名称：soalab-backup-vault

○ バックアップボールトの暗号化キー：（default）aws/backup

○ バックアップ頻度：毎日

○ バックアップ保持期間：10日

○ バックアップウィンドウ：デフォルトを使用

○ コールドストレージへの移行：しない

○ コピー先にコピー：なし

1. AWSマネジメントコンソールにログインし、「米国東部（バージニア北部）
 us-east-1」リージョンを指定してください。

2. AWS Backupで設問の要件を満たすようにバックアッププランを「soalab-backup」という名称で、リソースの割り当てを「soalab-resource」の名称で作成してください。

＊2-3

Amazon CloudWatch Logsでアプリケーションログのサンプルを参考に、メトリクスフィルターを使用したアプリケーションのエラーを検知するAmazon CloudWatchアラームを作成します。このアプリケーションログのログレベルは次のようになっています。

○ [INFO]：処理の結果を出力します。
○ [WARN]：エラーではない例外的なイベントを出力します。
○ [ERROR]：エラーを出力します。

1. AWSマネジメントコンソールにログインし、「米国東部（バージニア北部）us-east-1」リージョンを指定してください。
2. Amazon CloudWatch Logsで「soalab-logs」の名称でロググループを作成してください。
3. 作成したロググループ「soalab-logs」に「soalab-logs-stream」の名称でログストリームを作成し、次の「4.」で紹介するログイベントメッセージのサンプルを参考にログイベントに追加してください。
4. 設問の要件を満たすように次の内容でロググループのメトリクスフィルターを作成してください。

   ○ フィルター名：soalab-logs-filter
   ○ メトリクス名前空間：soalab-logs
   ○ メトリクス名：soalab-logs-error
   ○ メトリクス値：1
   ○ デフォルト値：0

なお、ログストリーム「soalab-logs-stream」のログイベントに登録されるログイベントメッセージのサンプルは次になります。

```
[INFO] NO ERRORS were found.
[ERROR] Failed to write file.
[WARN] Failed to read session.
```

5. 設問の要件を満たすように次の内容でAmazon CloudWatchアラームを作成して
   ください。

   ○ アラーム名：soalab-logs-alarm
   ○ 統計：最大
   ○ 期間：5分
   ○ 閾値の種類：静的
   ○ アラーム条件：以上（≧閾値）
   ○ 閾値：1

   必要であれば、アラーム状態の場合に通知するAmazon SNSトピックを作成して
   ください。なお、SNSトピックのサブスクリプションはなくてもかまいません。

 問題3

* 3-1

   AWS CloudFormationスタックにサンプルテンプレートファイルを使用して
DynamoDBテーブルをデプロイします。また、グローバルセカンダリインデックスの
追加とオンデマンドキャパシティモードへの変更をするように修正したテンプレー
トファイルでAWS CloudFormationスタックを更新します。

1. AWSマネジメントコンソールにログインし、「米国東部（バージニア北部）
   us-east-1」リージョンを指定してください。
2. AWS CloudFormationスタックを「soalab-stack」という名称で次のサンプルテ
   ンプレートを使用して作成し、DynamoDBテーブルをデプロイしてください。

   ```
   https://s3.amazonaws.com/cloudformation-templates-us-east-1/
   ➡DynamoDB_Secondary_Indexes.template
   ```

   （ブラウザで省略URL「https://bit.ly/3s2vFUz」に遷移してアドレスバーから上記
   URLをコピーしてもかまいません。）

3. オンデマンドキャパシティモードを使用するようにテンプレートを修正してください。オンデマンドキャパシティモードへの変更はテンプレートプロパティ「BillingMode」の値に「PAY_PER_REQUEST」を指定します。

4. 次のグローバルセカンダリインデックスを追加するようにテンプレートを修正してください。

○　インデックス名：TitleLanguageIndex
○　パーティションキー：Title
○　ソートキー：Language

その他のプロパティは既存のグローバルセカンダリインデックスと同じ値を設定します。

5. 修正したテンプレートでAWS CloudFormationスタックを更新してください。

9-4

模擬試験（選択式試験問題）の解答

✓ 問題1の解答

答え：D

　対象のEC2インスタンスのENIのVPCフローログではポート22番に対して「REJECT OK」とあるため、意図的な設定で拒否されたということがわかります。選択肢の中で意図的に拒否する設定を修正しているものはCかDですが、セキュリティグループはステートフルであるため、インバウンドで許可した通信に対するアウトバウンドはそのまま許可します。そのため、セキュリティグループのインバウンドルールでSSHポートを拒否していることが原因と考えられ、Dが正解となります。

- A. スナップショットからEC2インスタンスを再作成してもこの設問の問題は解決しません。
- B. AWS Systems Manager Session ManagerはSSHとは異なる方法でEC2インスタンスにログインする方法ですが、SSHログインができないこととは関係ありません。

✓ 問題2の解答

答え：C

　Amazon Route 53の文字列一致条件を使用したヘルスチェックでは文字列一致条件となる文字列全体がレスポンスの最初の5,120バイトに存在している必要があります。

- A. Amazon Route 53ヘルスチェックはSSL/TLS証明書を検証しないため、証明書の無効や有効期限切れが原因でヘルスチェックに失敗することはありません。
- B. 大文字が含まれていても問題ありません。
- D. 文字列をタグで囲む必要はありません。

✓ 問題3の解答

答え：B

　あらかじめ予測可能なトラフィックの増加がわかっている場合には、それに見合うリソースをプロビジョニングすることで安定的にトラフィックを処理できます。AWS Lambdaの場合は、垂直スケーリングに関してはメモリ最大容量を増やすことでCPU処理能力を向上させることができます。また、水平スケーリングに関しては同時実行するインスタンス数を予約するアプローチをとることができます。この設問で求められているのは水平スケーリングなので同時実行の予約が正解となります。

- A. トラフィックを処理できる数だけAWS Lambda関数を作成するのは非効率です。
- C. AWS Lambdaのメモリ最大容量を増やすと同時にCPU処理能力も向上しますが、こ

れは垂直スケーリングになります。

D. プレウォーミングでAWS Lambdaのインスタンスが増えたとしても一時的な効果です。

✓ 問題4の解答

答え：D

　Amazon S3バケットでバージョン管理を有効にしている場合、削除されたオブジェクトは削除マーカーがつけられるため、バージョンを表示しない限り削除されたように見えます。S3バケットはオブジェクトが空の状態でないと削除できませんが、バージョン管理が有効だとオブジェクトを削除しても削除マーカーのついたオブジェクトとして残るため、S3バケットが削除できない現象が発生します。AWS CLIでバージョンを表示するにはaws s3api list-object-versionsコマンドを使用し、削除マーカーのついたオブジェクトを削除するにはaws s3api delete-objectコマンドを使用します。

A. aws s3 rmはオブジェクトを削除するコマンドです。--forceオプションをつけても削除マーカーのついたオブジェクトは削除できません。

B. ログ配信の設定に関係なく、バージョン管理が無効の場合はaws s3 rb s3://bucket-name --forceコマンドで削除できます。

C. ライフサイクルポリシー設定に関係なく、バージョン管理が無効の場合はaws s3 rb s3://bucket-name --forceコマンドで削除できます。

✓ 問題5の解答

答え：C

　AWS Personal Health Dashboardは利用している個別のAWSアカウントにパーソナライズした形でAWSサービスのパフォーマンス、可用性などを表示する機能です。

A. Amazon EC2 Scheduled EventsはEC2で予定されている再起動、停止などAWSで管理されているイベントを表示する機能です。

B. AWS Service Health DashboardはAWSサービスの全般的なステータスを表示する機能です。個別のAWSアカウント向けにパーソナライズはされていません。

D. Amazon CloudWatch DashboardsはCloudWatchのメトリクスやログのグラフや、ウィジェットをカスタマイズしてダッシュボードにする機能です。

✓ 問題6の解答

答え：A、E

　AWSアカウントにSAML 2.0でIDフェデレーションを設定する手順の概要は以下になります。

1. 会社のIdPでAWSをサービスプロバイダー（SP）として登録する。

2. 会社のIdPでSAMLメタデータドキュメントを生成する。

3. AWSでSAMLメタデータドキュメントからSAML IDプロバイダーのエンティティを作成する。

4. AWSでIAMロールを作成し、信頼ポリシーでSAMLプロバイダーを会社とAWS間の信頼関係を確立するプリンシパルとして設定する。

5. 会社のIdPで会社のユーザーまたはグループをIAMロールにマッピングするアサーションを定義する。

この手順をすべて覚えなくても、IAMロールを使用して組織のIdPのユーザーやグループをマッピングすることを覚えていれば正解を選択することができます。

B. IAMユーザー、IAMグループではなくIAMロールを作成します。

C. Amazon CognitoでもSAML IDフェデレーションは構築できますが、この設問ではAWSアカウントに対するSAML IDフェデレーションの内容が問われています。

D. rootユーザーではなくIAMロールにマッピングします。

✓ 問題7の解答

答え：C

カスタマーゲートウェイがNATトラバーサルが有効になっているネットワークアドレス変換（NAT）の背後にある場合はUDPポート4500を許可して、NATデバイスのパブリックIPアドレスを使用します。ここではNATデバイスはファイアウォールであるためファイアウォールのパブリックIPアドレスをカスタマー側の接続先として指定します。

✓ 問題8の解答

答え：C

AWSアカウントを統合管理する方法としてAWS Organizationsがあり、以下の2つの機能セットが使用できます。

- **一括請求機能（Consolidated Billing）**：メンバーアカウントの請求管理のみを管理アカウントに統合することができます。また、ボリューム割引、リザーブドインスタンスの割引、Savings Plansを共有することができます。
- **すべての機能**：メンバーアカウントの請求管理以外のAWSリソースの権限管理なども管理アカウントに統合することができます。

「一括請求機能」から「すべての機能」には後から変更することもできます。また、AWS Organizationsでメンバーアカウントを追加するには、管理アカウントから各AWSアカウントに対して招待を送信し、各AWSアカウントで招待を承認するという手順が必要になります。これらの点も合わせて覚えておきましょう。

A、B. リザーブドインスタンスのコストメリットと支払いが統合できません。

D. AWSリソース管理の独立性を維持できません。

✓ 問題9の解答

答え：A、B

CloudWatch Logsにログを送信するためにはCloudWatch LogsのAPIを使用する権限と、VPCエンドポイントまたはインターネット経由でCloudWatch Logsエンドポイントへの通

信が必要になります。

　設問ではEC2インスタンスを使用しているため、IAMロールでCloudWatch Logsに関する権限付与がされている必要があります。また、プライベートサブネットに配置されている場合はVPCエンドポイントまたはNATゲートウェイ経由でCloudWatch Logsエンドポイントに接続する必要があります。設問を確認するとこれらに当てはまる選択肢があり、他の選択肢は関係がないためA、Bを選択することができます。

　　C. CloudWatchエージェントのサポートはEC2インスタンスのインスタンスタイプには依存しません。

　　D. CloudWatchエージェントだけでCloudWatch Logsの送信は可能です。

　　E. IAMロールなどでEC2インスタンスにCloudWatch Logsに必要な権限が割り当てられていればログを保存できます。

問題10の解答

答え：A

　EBSのストレージサイズを大きくした場合、EC2インスタンスで使用しているOSでボリュームのファイルシステムを拡張する必要があります。

　　B. スナップショットから復元してもOSには反映されません。

　　C. --forceオプションを付けてAWS CLIを実行してもOSには反映されません。

　　D. 再起動ではOSに反映されません。

問題11の解答

答え：A

　Evictionsメトリクスは新しい書き込みスペースを確保するために有効期限がまだあるアイテムがキャッシュから削除された数です。つまり、Evictionsが上昇するということはElastiCacheノードでキャッシュに割り当てているメモリ領域が不足している可能性があります。既存のAmazon ElastiCache for Memcachedでメモリ領域を増やすにはクラスタにノードを追加します。

　　B. クラスタモードはElastiCache for Redisの機能です。ElastiCache for Memcachedでは使用できません。

　　C. リードレプリカはElastiCache for Redisの機能です。ElastiCache for Memcachedでは使用できません。

　　D. Amazon ElastiCache for Memcachedクラスタでノードタイプを変更するには新しくクラスタを作り直す必要があります。

問題12の解答

答え：D

　Amazon EC2インスタンスのコスト削減に繋がるオプションとしてはリザーブドインスタンスとスポットインスタンスがあります。リザーブドインスタンスは一定期間の継続利用を前提に支払い契約をすることで大幅な割引が適用されるものです。スポットインスタンスは

AWSクラウド上で使われていない予備のEC2キャパシティを上限価格で入札して使用する
ものです。大幅なコスト削減が期待できる反面、予備のEC2キャパシティが利用できなくな
ったり、AWSが指定するスポット料金が上限価格を超過した場合にスポットインスタンスが
中断されるリスクがあります。

以下はこの設問の選択肢に関連した代表的なインスタンス購入オプションです。

- **標準リザーブドインスタンス**：契約期間（1年または3年間）、前払いの有無、契約途中
  でのインスタンスタイプの変更の有無などを選択して購入します。
- **オンデマンドキャパシティ予約**：予約終了時間（手動または特定の時間）などを指定し
  て必要なキャパシティを確保し、予約が有効になると期間中課金されるオプションで
  す。
- **スポットフリート**：スポットインスタンスをまとめて購入および管理するオプション
  です。

一方でインスタンス購入オプションを使用せず、オンデマンドインスタンスの起動時間を
Amazon EventBridgeを使用して、AWS Lambda関数などをスケジューリングする方法もあ
ります。以上より、選択肢の中で安定性を確保しながら3時間のバッチ処理のコスト最適化が
できるオプションは、オンデマンドインスタンスをAmazon EventBridgeとAWS Lambda関
数を使用して指定時間のみ起動させる方法となります。

✓ 問題13の解答

答え：B

一般的にウェルノウンポート（HTTPS：443など）でリクエストを受信したサーバーから
のレスポンスにはエフェメラルポート（RFC 6056では1024〜65535）が使用されます。
この前提に加えて、通信制御に使用するNACLとセキュリティグループのそれぞれの特徴を
知っておく必要があります。

- **NACL**：ステートレスです。インバウンドトラフィックとそれに対するアウトバウンド
  レスポンスをそれぞれ別々に評価します。インバウンドとアウトバウンドが逆の場合
  も同じです。NACLで443番ポートでのインバウンドトラフィックを許可して、それ
  に対するアウトバウンドレスポンスのエフェメラルポートを拒否していた場合、イン
  バウンドは許可されていてもアウトバウンドレスポンスは拒否されます。
- **セキュリティグループ**：ステートフルです。インバウンドトラフィックとそれに対する
  アウトバウンドレスポンスはインバウンドルールのみ評価し、アウトバウンドルール
  は評価しません。インバウンドとアウトバウンドが逆の場合も同じです。セキュリティ
  グループで443番ポートでのインバウンドトラフィックを許可して、それに対するア
  ウトバウンドレスポンスのエフェメラルポートを拒否していた場合、インバウンドが
  許可されていればアウトバウンドレスポンスは許可されます。

設問の内容ではセキュリティグループとNACLで443番ポートを許可しているため、
NACLのアウトバウンドルールでエフェメラルポートが許可されていない可能性が最も高く
なります。

✓ 問題14の解答

答え：D

　デフォルトのAWS管理CMKで暗号化されたAMIを別アカウントに共有する場合は以下の注意点があります。

- デフォルトのAWS管理CMKで暗号化されたAMIは別アカウントに共有できないため、共有先アカウントの権限を付与したカスタマー管理CMKを指定して元のAMIをコピーすることで再暗号化したAMIを作成してから共有する

　選択肢を選ぶ際に注目するべきポイントは、元のAMIをコピーしてカスタマー管理CMKで再暗号化しているかどうかです。

- A. デフォルトのAWS管理CMKで暗号化されたAMIをそのまま共有しようとしているため不正解です。
- B. カスタマー管理CMKを作成してはいますが、デフォルトのAWS管理CMKで暗号化されたAMIをそのまま共有しようとしているため不正解です。
- C. AWS管理CMKを新たに作成することはできません。また、AWS管理CMKに別のアカウントのアクセス許可を付与することはできません。
- D. デフォルトのAWS管理CMKで暗号化された元のAMIをコピーして、共有先アカウントの権限をカスタマー管理CMKで再暗号化しているため正解です。

✓ 問題15の解答

答え：B

　Amazon S3には指定した期間でオブジェクトのストレージクラス（S3 Standard-IA、S3 Glacierなど）を変更や削除などができるライフサイクル管理の機能があります。設問の要件は、このS3バケットのライフサイクル管理で満たすことができます。

- A. クロスリージョンレプリケーションは異なるリージョンのS3バケットにオブジェクトをレプリケーションする機能です。
- C. バージョニングはオブジェクトが変更または削除をされた場合に以前のオブジェクトを残して取得や復元ができるようにする機能です。
- D. 実現可能なアーキテクチャですが、設問の要件である「最小限の作業量」を満たすことができません。

✓ 問題16の解答

答え：A

　AWS SSOではアクセス権限セットを使用して管理アカウントからユーザーごとのアクセス権限を一元管理します。AWS SSOで設定したアクセス許可セットはAWSアカウントではIAMロールとして設定され、ユーザーに複数割り当てることができます。ユーザーはそこから1つのアクセス権限セット（IAMロール）を選択してAWS SSOユーザーポータルにサインインします。

9

問題の解き方と模擬試験

B. サービスコントロールポリシーはAWS OrganizationsでメンバーアカウントのユーザーとロールのAWSリソースに対するAPIアクションを制御するものです。

C、D.AWS SSOでアクセス権限セットを設定する必要があります。

✓ 問題17の解答

答え：A、B

　Amazon S3バケットのアクセス制御をする機能にはS3バケットのACL、バケットポリシー、アクセスポイントとIAMの設定が挙げられます。設問では「他のAWSアカウントのIAMユーザーがアクセスできる」ことから、これらを組み合わせたクロスアカウントアクセス設定がされていることがわかります。

　クロスアカウントアクセスの設定には次のいずれかの方法を使用します。

- アクセス先のAWSアカウントのS3バケットのバケットポリシーで、アクセス元のAWSアカウントのIAMロールまたはIAMユーザーのアクセスを許可する。
- アクセス先のAWSアカウントのS3バケットのACLで、アクセス元のAWSアカウントからのアクセスを許可する。
- アクセス先のAWSアカウントのIAMロールで、アクセス元のAWSアカウントからのクロスアカウントIAMロールを引き受ける許可をする。

そのため、この設問ではA、Bが正解となります。

C. CORSはWebブラウザがデータを参照したオリジン（スキーム、ドメイン、ポート番号の組み合わせ）以外のオリジンからデータを取得する仕組みです。

D、E.S3バケットを所有するアクセス先のAWSアカウントで確認する必要があるのは、IAMロールです。アクセス元のAWSアカウントからのクロスアカウントIAMロールを引き受けているIAMロールがないかを確認します。

✓ 問題18の解答

答え：D、E

　設問のAWSサービスのうちHTTP、HTTPSを扱うものはAmazon CloudFront、ALB、Amazon EC2上のWebサーバーです。そのためD、Eが正解になります。

A. CloudTrailのログはAWSインフラストラクチャのアクティビティログです。

B. VPCフローログはVPCとネットワークインターフェイス間のIPトラフィックログです。

C. Amazon RDSのログはデータベースに関連するログです。

✓ 問題19の解答

答え：D、E

　AWSリソースのサービス制限の状況を確認するサービスには以下の2つがあります。

- **AWS Trusted Advisor**：ベストプラクティスをもとにパフォーマンス、セキュリティ、耐障害性、サービスの制限に関する推奨事項をチェックするサービスです。

CloudWatchと連携するにはビジネスサポートプランまたはエンタープライズサポートプランへの加入が必要です。CloudWatchではサービスの制限の使用率を閾値にしてアラートを作成できます。

- AWS Service Quotas：サービス制限値の確認と上限緩和申請を出すサービスです。CloudWatchではサービスの制限の制限値を閾値にしてアラートを作成できます。
- A. AWS Service Health DashboardはAWSサービスの全般的なステータスを表示する機能です。
- B. AWS Personal Health Dashboardは個別のAWSアカウントにパーソナライズした形でAWSサービスのパフォーマンス、可用性などを表示する機能です。
- C. AWS Cost Explorerはコストと使用状況の表示と分析をするツールです。

✓ 問題20の解答

答え：D

Auto Scalingを実行しているEC2インスタンスはスケーリングポリシーによってスケールインされる可能性があるため、スケーリングプロセスを中断して調査すると効率的です。

- A. スタンバイ状態にすると一時的に一部のEC2インスタンスをAuto Scalingグループから外すことができます。スケーリングアクティビティに干渉されずに調査はできますが、EC2インスタンスで実行中のリクエスト処理はAuto Scalingグループから外れているので調査することはできません。
- B. ライフサイクルフックを追加してインスタンスの開始直後または終了直前に待機状態にしてカスタムアクションを実行できますが、待機状態ではトラフィックを受信しないため、EC2インスタンスで実行中のリクエスト処理を調査することはできません。
- C. EC2インスタンスのスナップショットをとって調査をしても、EC2インスタンスで実行中のリクエスト処理を調査することはできません。

✓ 問題21の解答

答え：A、C、E

AWS CloudFormationテンプレートが他のリージョンでデプロイできなかったため、選択肢の中では他のリージョンで存在しないAWSリソース（リージョン固有のAMIなど）を使用しようとしたか、スタックを作成したIAMユーザーまたはCloudFormationサービスロールに他のリージョンのAWSリソースに対する権限がない可能性が高いです。

- B、D.CloudFormationスタックを作成する権限がない場合、スタックを作成する前にエラーが出ます。
- F. StackSetsの利用は別リージョンのデプロイに必須ではありません。

✓ 問題22の解答

答え：B

Auto ScalingグループがEC2インスタンスの健全性を確認するヘルスチェックには、EC2

9
問題の解き方と模擬試験

ステータスチェック、ELBヘルスチェック、カスタムヘルスチェックがあります。EC2ステータスチェックはハードウェア、OS、リソースの過剰使用率をチェックするため、静的コンテンツのリリースが影響を与える可能性は低いです。そのため、設問の内容からAuto ScalingグループがELBヘルスチェックを採用しており、静的コンテンツのデプロイでALBのヘルスチェックに使用しているコンテンツが確認できなくなった可能性が高いと考えられます。

- A. 静的コンテンツのリリースがEC2ステータスチェックに影響を与える可能性は低いです。
- C. ALBはヘルスチェックに失敗したEC2インスタンスをOut of Serviceにしますが、EC2インスタンスを終了して置き換えることはありません。
- D. ターゲット追跡スケーリングポリシーは指定されたターゲット値に近い値にメトリクスを維持するように自動的にスケーリングするポリシーです。「リソースのメトリクスに大きな変化はありません」からスケーリングポリシーが影響している可能性は低いです。

✓ 問題23の解答

答え：B、D

タグ付けの管理は、タグ付けのルール、タグ付けの有無の検知、タグ付けの実行など様々なやり方があります。この設問ではこのうち、自動的なタグ付けの実行が含まれているものを選択する必要があります。

- A. コスト配分タグはコスト配分をするタグを定義する機能であるため、タグ付けの自動化はできません。スケジュール実行もこの機能だけではできません。
- B. 正しい内容です。AWS Configではタグ付け有無の検知だけですが、AWS Systems Manager Automationと組み合わせて設定を自動修復することができます。
- C. AWS Organizationsのタグポリシーはタグ付けが非準拠のリソースを検出たり、非準拠のタグ付けを禁止する機能です。
- D. 正しい内容です。AWS Service CatalogでTagOptionライブラリを使用することでプロビジョニングされたプロダクトにタグ付けできます。
- E. Tag Editorはタグ付けするリソースを検索する機能です。スケジュール実行もこの機能だけではできません。

✓ 問題24の解答

答え：B

複数のEC2インスタンス間で低レイテンシーな通信を実現する機能には**プレイスメントグループ**と**拡張ネットワーキング**が挙げられます。これらを併用することで特に同じAZ内で低レイテンシーなネットワークパフォーマンスを実現します。

拡張ネットワーキングはシングルルートI/O仮想化とElastic Network Adapter（ENA）またはIntel 82599 Virtual Function（VF）インターフェイスのメカニズムを使用して、高い帯域幅、高いパケット転送処理パフォーマンス、インスタンス間の一貫した低レイテンシーを実現します。

プレイスメントグループは3つのタイプがあり、それぞれ以下の特徴があります。

- クラスタプレイスメントグループ：単一AZ内でEC2インスタンスを論理的にグループ化します。ユースケースはHPCアプリケーションなど低レイテンシーが要求される場合などです。
- パーティションプレイスメントグループ：EC2インスタンスを論理パーティションに分散させ、各パーティションごとに独自のネットワークと電源があるラックに配置されます。複数のAZごとに最大7つのパーティションを保持できます。ユースケースはHadoop、HBase、Cassandra、Kafka、Aerospikeといったワークロードの相関障害の軽減などです。
- スプレッドプレイスメントグループ：各EC2インスタンスごとに独自のネットワークと電源があるラックに配置されます。複数のAZごとに最大7つのEC2インスタンスを保持できます。ユースケースは各EC2インスタンスを個別に独立したハードウェアに配置する必要がある場合などです。

設問の要件から、パーティションプレイスメントグループが最も適しています。

✓ 問題25の解答

答え：D

AWS CloudFormationのクロススタック参照に関する設問です。AWS CloudFormationテンプレートは分割してそれぞれ別のスタックで管理でき、各スタック間で値を受け渡すことができます。参照されるテンプレートではOutputsセクションのExportフィールドでリソース出力値をエクスポートし、参照するテンプレートではFn::ImportValue関数を使用してリソース出力値を受け取ります。

- A. StackSetsはクロススタック参照に必須ではありません。
- B. CloudFormerは既に存在するAWSリソースからAWS CloudFormationテンプレートを作成するツールです。
- C. 可能なアーキテクチャではありますが、テンプレート化してクロススタック参照をしたほうが効率的です。

✓ 問題26の解答

答え：C

AWS Organizationsの管理アカウントで、すべての機能の有効化、ビジネスまたはエンタープライズサポートプランへの加入、組織ビューの有効化をすることでメンバーアカウントとAWS Healthを集中管理することができます。

- A. ビジネスサポートプランに入っているためサポートプランの要件は満たしています。
- B. AWS OrganizationsではAWS Healthイベントを集中管理できます。
- D. 前述の要件を満たせば管理アカウントでAWS Healthを集中管理できるようになります。

✓ 問題27の解答

答え：C

　SQLインジェクション攻撃からリソースを保護するAWSサービスに関する設問です。外部からの攻撃からリソースを保護するサービスにはAWS WAF、AWS Shieldが挙げられますが、以下のようにそれぞれ特徴が異なります。

- AWS WAF：有料で、レイヤー7を標的とするDDoS攻撃、SQLインジェクション攻撃、クロスサイトスクリプティング攻撃などから、Amazon CloudFront、Application Load Balancer、Amazon API Gatewayを保護する。
- AWS Shield Standard：無料で、レイヤー3、4を標的とするDDoS攻撃から、Amazon CloudFrontやAmazon Route 53を保護する。
- AWS Shield Advanced：有料で、レイヤー3、4を標的とするDDoS攻撃から、Amazon EC2、Classic Load Balancer、Application Load Balancer、Amazon Cloud Front、AWS Global Accelerator、Route 53を保護し、レイヤー7へのDDoS攻撃を検出します。
- A. Amazon CloudFrontではAWS Shield Standardが自動的に有効になりますが、SQLインジェクション攻撃は防げません。
- B. Classic Load BalancerにAWS WAFを適用することはできません。
- D. 実現可能なアーキテクチャですが、AWS Shield AdvancedではSQLインジェクション攻撃は防げません。

✓ 問題28の解答

答え：B

　Amazon FSx for Windows File ServerはMicrosoft Active Directory（Microsoft AD）のSMBプロトコルを介したIDベースの認証とWindows ACLによるアクセス制御をサポートしているフルマネージドのファイルストレージサービスです。また、ファイル操作の監査ログを取得する機能もサポートしています。

- A. Windowsファイルサーバーを構築する方法は監査ログへの対応や柔軟な設定ができますが、要件の「最小限の作業で構築と運用」を満たすことができません。
- C. Amazon WorkSpacesはWindowsまたはLinuxの仮想デスクトップを提供するクラウドデスクトップサービスです。Amazon WorkSpacesが提供するのはクライアントサービスのため、Microsoft ADを介したIDベースの認証とWindows ACLを使用したファイルサーバーには使用できません。
- D. Amazon EFSはNFS v4プロトコルのファイルシステムを提供するフルマネージドサービスです。Windows ACLを使用したファイルサーバーを構築することはできません。

✓ 問題29の解答

答え：A

　CloudFrontメトリクスの中でもHTTPステータスコードが4xxまたは5xxであるエラー率

314

の割合は TotalErrorRate で取得できます。

> B. UnHealthyHostCount は ELB（Classic Load Balancer、Application Load Balancer、Network Load Balancer）のメトリクスで、異常と見なされるターゲット数を示します。
>
> C. BackendConnectionErrors は Classic Load Balancer のメトリクスで、ロードバランサーとインスタンス間の接続エラー数を示します。
>
> D. TargetConnectionErrorCount は Application Load Balancer のメトリクスで、ロードバランサーとターゲット間の接続エラー数を示します。

✓ 問題30の解答

答え：C

1つの AWS CloudFormation テンプレートを、複数の AWS アカウントおよびリージョンに対して CloudFormation スタックとしてロールアウトする機能は StackSets（スタックセット）です。

> A. Change Sets（変更セット）はスタックの変更内容が実行中のリソースに与える影響を変更前に確認する機能です。
>
> B. Stack Policy（スタックポリシー）はスタックのリソースが意図せず更新や削除されることを防止するポリシーを作成する機能です。
>
> D. Detect Drift（ドリフト検出）は、スタックによる更新をせずに手動、CLI、SDK などでスタックで管理されているリソースが変更された差分を検出する機能です。

✓ 問題31の解答

答え：A

シングル AZ 構成の Amazon RDS for MySQL DB インスタンスの可用性を高める対策としては、マルチ AZ 構成に変更することが挙げられます。シングル AZ 構成をマルチ AZ 構成に変更するフローはプライマリ DB インスタンスのスナップショットを作成し、別 AZ にセカンダリ DB インスタンスを復元して同期する流れになるため、基本的にダウンタイムは発生しませんがパフォーマンスの低下が発生します。そのため、営業時間外に DB インスタンスをマルチ AZ 構成に変更することが最も適している選択肢です。

> B. マルチ AZ 構成が同期レプリケーションでフェイルオーバーが約60〜120秒であることに対して、リードレプリカは非同期レプリケーションで昇格プロセスは数分以上かかる場合があるため可用性の面ではマルチ AZ 構成に劣ります。
>
> C. AWS ElastiCache のキャッシュは読み取りリクエストを高速化しますが、可用性を上げるためのものではありません。
>
> D. オンプレミスと AWS クラウド間や異種間のデータベースの移行をするソリューションです。この方法でもマルチ AZ 構成にはできますが、コストもかかりオーバースペックです。

9

問題の解き方と模擬試験

✓ 問題32の解答

答え：C

　設問の要件では、踏み台サーバーはステートフルにSSHのインバウンドとアウトバンドのみが許可、認証情報を安全に円滑に共有、取得状況をモニタリングという点が特徴的です。

- A. 各Amazon EC2インスタンスに直接接続する試みなので不正解です。また、担当者ごとにSSHキーを再作成してもEC2インスタンスに複数のキーペアが使えるようになるわけではありません。
- B. Amazon S3バケットでIAMユーザーごとに制御したフォルダは候補の1つになりますが、共通のSSHキーを共有しているため安全ではありません。
- D. AWS Systems Manager Session Managerで踏み台サーバーにログインする方法です。設問で問われているのは認証情報であるSSHキーを安全に共有する方法なので要件が異なります。

✓ 問題33の解答

答え：A、B

　AWSサービスを活用してカナリアリリースをする方法を問う設問です。徐々にトラフィックを新バージョン環境に移していく方法は、主に環境に対するトラフィックの割合を重み付けして、旧環境から新環境に重み付けを大きくしていくことで実現します。ALBの背後のAuto Scalingグループでこれを扱えるAWSサービスには、Amazon Route 53の加重ルーティングポリシーとALBの加重ターゲットグループがあります。Amazon Route 53の加重ルーティングポリシーの場合は、ALBとAuto Scalingグループをセットで新環境を作り、Route 53からALBに対するトラフィックの重みを変えていきます。ALBの加重ターゲットグループはALBのターゲットグループ単位で新環境を作り、ALBからターゲットグループに対するトラフィックの重みを変えていきます。

- C. ステップスケーリングポリシーは複数の閾値ごとに段階的にスケーリングアクションを設定する機能のため、要件に合いません。
- D. AWS CodeDeployのカナリアデプロイはAmazon ECSをデプロイする際に使用します。また、この仕組みにはALBの加重ターゲットグループが使用されています。
- E. API Gatewayのカナリアリリースは新しいAPIデプロイやステージ変数の変更をリクエスト割合を指定しながらテストできる機能です。

✓ 問題34の解答

答え：D

　認証情報をセキュアに一元管理するAWSサービスにはAWS Secrets ManagerとAWS Systems Managerパラメータストアがあります。機能も似通っていますが、認定試験で知っておくべき特徴としては、AWS Secrets ManagerはRDS for MySQL、RDS for PostgreSQL、Auroraの認証情報の自動ローテーションができる、シークレット件数とリクエストに対して課金されるという点です。この設問ではAWS Systems Managerパラメータストアが認証情報の一元管理の手段として選択肢として登場しています。

- A. EC2インスタンスに認証情報があらかじめ格納されているためセキュアではありません。
- B. CloudFormationテンプレートに認証情報が格納されているためセキュアではありません。
- C. EC2インスタンスのタグから認証情報を取得するためセキュアではありません。

✓ 問題35の解答

答え：D、E

EC2インスタンスをプライベートサブネットに移行したことでHTTP/HTTPSのアウトバウンドとSSHのインバウンドが許可されなくなったことが考えられます。オンプレミスとVPC間にプライベート接続がないため、双方の通信ともパブリックサブネットのリソースを経由して行う必要があります。HTTP/HTTPSのアウトバウンドはパブリックサブネットに作成したNATゲートウェイ経由で通信することで解決できます。SSHのインバウンドはパブリックサブネットに作成した踏み台経由でSSHログインすることで解決できます。

- A. プライベートサブネットの踏み台にはアクセスできないため不正解です。
- B. プライベートサブネットのNATゲートウェイからインターネットゲートウェイにアクセスできないため不正解です。
- C. AWS PrivateLinkの作成に関する内容です。AWS PrivateLinkはアプリケーションとその前面にあるNLBをエンドポイントサービスとして、インターフェイスエンドポイント経由で同じリージョンの他のVPCから接続するための機能です。

✓ 問題36の解答

答え：A

AWS OrganizationsでAWSサービスを制限する機能としてサービスコントロールポリシー（SCP）があり、組織単位（OU）ごとに適用することができます。サービスコントロールポリシー（SCP）にはホワイトリスト形式でAWSサービスの使用を許可する許可リストと、ブラックリスト形式でAWSサービスの使用を禁止する許可リストがあります。この設問では検証用AWSアカウントで検証して許可できると判断したAWSサービスを本番用AWSアカウントで許可するため、許可リスト方式が適切です。また、許可リストにしておくことで新しいAWSサービスがリリースされた際に、そのサービスを禁止するためのポリシー変更をしなくて済みます。

- B. 拒否リストにすると新しいAWSサービスがリリースされた際に、そのサービスを禁止するためのポリシー変更をする必要があります。
- C、D. 実現は可能なアーキテクチャですが、開発および運用の作業量が多くなります。

✓ 問題37の解答

答え：A、D

クラスタモードが無効なElastiCache for Redisクラスタでは、ノードタイプを変更する垂直スケーリング、リードレプリカの追加ができます。一方でクラスタモードが有効な

ElastiCache for Redisクラスタではシャードを追加する水平スケーリングが可能です。

- B. クラスタモードが有効な場合にシャードの追加ができます。
- C. クラスタモードの有効化はスケーリングとは関係ありません。補足ですが、クラスタモードの有効化はElastiCache for Redisクラスタの作成時のみ選択できます。
- E. TTLの追加は遅延読み込みや書き込みスルーと同じキャッシュ戦略であるためスケーリングとは関係ありません。

✓ 問題38の解答

答え：C、E

　静的コンテンツと動的コンテンツそれぞれのパフォーマンス向上策を問う設問です。設問の状況では静的コンテンツを保持しているAmazon S3がRoute 53に直接登録されているため、リクエストもAmazon S3に直接くるようになっています。そのため、静的コンテンツはAmazon S3バケットの前面にAmazon CloudFrontを配置してキャッシュすることでレイテンシーの軽減が期待できます。一方、動的コンテンツを保持しているALBでは2つの固定のEC2インスタンスが展開されているのみです。そのため、動的コンテンツはALBの背後でAuto ScalingグループがEC2をスケーリングして展開するようにすることでパフォーマンスの向上が期待できます。

- A. Amazon Route 53のレイテンシーベースルーティングは複数リージョンに同様のサイトを展開し、世界中のクライアントのレイテンシーを最小化するように割り振る使い方をします。そのため、設問の要件には合いません。
- B. 動的コンテンツのバックエンドと静的コンテンツの対策がないため要件を満たせません。
- D. 静的コンテンツをEC2インスタンスに移行してもパフォーマンスの向上は見込めません。

✓ 問題39の解答

答え：A、D

　AWSリソースのコストと使用状況を表示および分析するにはAWS Cost Explorerを使用します。また、コスト配分タグを使用するとタグ付けしたリソースをタグごとに集計することが可能です。コスト配分タグにはAWS生成コスト配分タグとユーザー定義のコスト配分タグの2種類が存在します。そのうち、AWS生成コスト配分タグにはAWSリソースの作成者を追跡するaws:createdByタグがあり、AWS Cost Explorerと合わせて使用することで設問の要件を満たすことができます。

- B. 実現可能なアーキテクチャですが、最小限の作業ではありません。
- C. AWS Budgets Reportsは毎日、毎週、毎月のペースで予算のレポートをメール送信する機能です。
- E. Amazon QuickSightはAWSリソースやオンプレミスのデータソースを統合して分析できるBIツールです。

問題40の解答

答え：C

AWSのISO認証に関するレポートを取得するにはAWS Artifactを使用します。AWS ArtifactはISO認証、PCI、SOCなどAWSのセキュリティとコンプライアンスのドキュメントを必要に応じてすぐにダウンロードできるサービスです。

A. AWS OrganizationsはAWSアカウントを一元管理するサービスです。
B. Amazon Macieは機械学習を使用してAmazon S3バケット内の機密データを検出するサービスです。
D. Amazon GuardDutyは機械学習を使用してAWS CloudTrailログ、VPCフローログ、DNSログから潜在的な脅威を検出するサービスです。

問題41の解答

答え：D

Amazon EFSにデータを暗号化してストレージに保存する方法には、EFSの機能としてあるAWS KMSを使用したサーバーサイド暗号化と、クライアント側で独自に実装した暗号化ライブラリで保存前に暗号化するクライアントサイド暗号化が挙げられます。Amazon EFSのサーバーサイド暗号化は、新しくEFSファイルシステムを作成するときにAWS KMSキーを指定して暗号化します。クライアントサイド暗号化はクライアント独自にEFSファイルシステムにデータを保存するアプリケーションすべてに実装する必要があります。

設問では「アプリケーションは将来的に増える可能性」「最小限の作業量」「将来的に最小限の運用」の要件があり、EFSファイルシステムの再作成を禁止する内容は記述されていないため、新しく暗号化したEFSファイルシステムを作成するサーバーサイド暗号化が要件を満たします。

A. 最小限の作業量、将来的に最小限の運用という要件を満たしません。
B. 既存のEFSファイルシステムの設定変更では暗号化を有効にはできません。新しくEFSファイルシステムを作成するときのみ暗号化を有効化できます。
C. クライアントとAmazon EFSの間で転送するデータを暗号化する方法です。
D. 新しくEFSファイルシステムを作成するときのみ暗号化を有効化できるため、新しい暗号化したEFSファイルシステムへ元の暗号化していないEFSファイルシステムのデータを移行します。

問題42の解答

答え：A、B、E

バージョニングが有効になっているAmazon S3バケットで削除されたオブジェクトは、削除マーカーを削除する、または以前のバージョンのオブジェクトをダウンロードすることで取得できます。バージョニングが有効になっているAmazon S3バケットでオブジェクトを削除するとオブジェクトに削除マーカーが付与され、AWSマネジメントコンソールではバージョンのリスト表示をしなければ見えなくなります。削除マーカーが付与されたオブジェクトは物理削除されているわけではなくバージョンのリストに残っているため、削除マーカーを

削除することで復旧できます。削除マーカーの削除はAWSマネジメントコンソールおよび aws s3api delete-objectコマンドで行うことができます。一方、以前のバージョンのオブジェクトはバージョンのリスト表示をして対象のバージョンを検索し、ダウンロードすることで取得できます。

- A. 正しい内容です。以前のバージョンのオブジェクトをダウンロードすることで取得できます。
- B. 正しい内容です。削除マーカーを削除することで復旧させています。
- C. ライフサイクルルールでは有効期限切れ以外の削除マーカーを削除することはできません。
- D. aws s3 cpコマンドでは以前のバージョンを取得することはできません。
- E. 正しい内容です。削除マーカーの削除にはaws s3api delete-objectコマンドを使用します。
- F. aws s3api restore-objectはAmazon GlacierストレージクラスからS3オブジェクトを復元するコマンドです。

✓ 問題43の解答

答え：A

AWS Systems Manager Automationを使用するとAMIの作成を自動化するタスクをAWS Systems Manager メンテナンスウィンドウ中に実行することができ、進捗状況と実行の詳細を監視することができます。新しいAMIをAuto Scalingグループで使用するためには、新しいAMIを含む起動設定を新しく作成してAuto Scalingグループに関連付けます。

- A. 正しい内容です。AWS Systems Manager Automationを使用する場合、AMIを作成する一連の処理は自動化ドキュメントに記述します。
- B. 既存の起動設定を修正することはできません。新しい起動設定を作成する必要があります。
- C. 実現可能なアーキテクチャですが、EC2インスタンスを元のAMIから起動する処理が自動化されておらず、進捗状況と実行の詳細を監視することができません。
- D. 実現可能なアーキテクチャですが、Lambda関数の実行時間の制約があり、進捗状況と実行の詳細を監視するなどの開発が必要です。
- E. 実現可能なアーキテクチャですが、Lambda関数の実行時間の制約があり、進捗状況と実行の詳細を監視するなどの開発が必要です。また、新しい起動設定を作成する必要があります。

✓ 問題44の解答

答え：C

設問の内容から2つのリージョンのAmazon VPC間でプライベートな暗号化通信が可能な接続を必要としていることがわかります。

- A. NATゲートウェイ間ではプライベートな暗号化通信は構築できません。
- B. プライマリリージョンのWebサービスをセカンダリリージョンから使う場合のAWS

PrivateLinkのアーキテクチャです。

C. 正しい内容です。リージョン間のVPCピアリングでプライベートな暗号化通信が可能な接続が構築できます。

D. AWS Direct Connectはオンプレミス環境とVPCを接続するサービスです。

✓ 問題45の解答

答え：D

VPC内からインターネットを経由せずにプライベートにAWSサービスに接続するにはVPCエンドポイントを使用します。VPCエンドポイントにはAmazon S3、Amazon DynamoDBで使用されるゲートウェイエンドポイントと、プライベートIPアドレスを持つElastic Network Interfaceとして提供されるインターフェイスエンドポイントがあります。

設問ではVPCのAmazon EC2インスタンスからAmazon S3バケットにプライベートに接続するためS3 VPCエンドポイント（ゲートウェイエンドポイント）を使用できます。

A. EC2インスタンスのスナップショットは仕組み上はAmazon S3上に保存されますが、データをオブジェクトとして保存することはできません。

B. AWS Storage Gatewayファイルゲートウェイを使用する場合も、Storage Gateway用のVPCエンドポイントを作成しなければインターネット経由でのデータ保存になります。

C. AWSクライアントVPNはクライアントとAWSの間にSSL-VPN形式（実際にはTLS接続を使用する）を提供するAWSマネージドサービスです。

✓ 問題46の解答

答え：A

オンプレミスにあるWebサーバーへの攻撃をAWSサービスを活用して軽減する方法を問う設問です。不特定多数の外部攻撃から保護するサービスにはAWS WAFとAWS Shieldが挙げられますが、アプリケーションの脆弱性を狙った攻撃に対応できるのはAWS WAFです。ただし、AWS WAFを適用できるAWSサービスはAmazon CloudFront、Application Load Balancer（ALB）、Amazon API Gatewayで、オンプレミスには直接適用することができません。そのため、オンプレミスをオリジンに指定できるクラウドCDNサービスのAmazon CloudFrontにAWS WAFを適用することでオンプレミスへの攻撃を軽減できます。この構成ではCloudFrontを経由せずにWebサーバーに直接攻撃がされる可能性があるため、WebサーバーへのHTTP/HTTPSアクセスをCloudFrontからのトラフィックに限定することにも配慮が必要です。CloudFrontからのトラフィックに限定する方法にはCloudFrontのIP範囲を使用した制限、CloudFrontのカスタムHTTPヘッダーを使用した制限などがあります。

B. AWS WAFはオンプレミスに直接適用することができません。

C. AWS Shield Advancedはアプリケーションの脆弱性を狙った攻撃に対応していません。

D. NACLは特定のIPアドレスをブロックすることはできますが、大量の異なるIPアドレスを防ぐ場合、運用負荷が非常に高くなります。

9

問題の解き方と模擬試験

✓ 問題47の解答

答え：B

　AWSの強力な整合性で読み込むことができる永続的なストレージを問う設問です。AWS のストレージサービスの代表的なものにAmazon S3があり、ライフサイクル管理でデータ を指定した日数で安価なストレージオプションに移行できますが、ファイルシステムのマウ ントにはデフォルトでは対応しておらず、サードパーティのソフトウェアなどが必要になり ます。そのため、この設問ではAmazon S3は要件を満たしません。一方でAWSのマネージド NFSサービスであるAmazon EFSは強い整合性やファイルのロックなどができ、ライフサイ クルポリシーで7日、14日、30日、60日、90日から日数を指定して安価なストレージオプシ ョンにデータを移行することができます。

- A. Amazon EBSは強力な整合性を提供しますが、EBSディスクを共有することはできま せん。
- C. Amazon S3サービス単体ではファイルシステムのマウントを提供できません。
- D. Amazon Storage Gatewayファイルゲートウェイは Amazon S3にデータを保存する ため強力な整合性を提供できません。

✓ 問題48の解答

答え：B

　参照先のAWSアカウントのリソースに参照元のAWSアカウントのIAMユーザーをアクセ スさせるには、参照先のAWSアカウントでクロスアカウントIAMロールを、参照元のAWS アカウントのIAMユーザーが引き受けられるように設定して作成します。参照元のAWSアカ ウントのIAMユーザーはこのクロスアカウントIAMロールにスイッチロールすることで、参 照先のAWSアカウントで与えられた権限で参照先のAWSリソースを操作することができま す。また、このスイッチロールや参照先AWSアカウントでのAWSリソースの操作は、参照先 のAWSアカウントのAWS CloudTrailに記録されます。

- A. クロスアカウントのS3クロスリージョンレプリケーションはAWS CLIで作成でき ますが、レプリケーション先で不正にログを取得されても追跡できません。
- B. 正しい内容です。クロスアカウントIAMロールを設定するフローの説明です。
- C、D.実現可能なアーキテクチャですが、開発する作業が発生し、アクセスしたIAMユー ザーを追跡することができません。

✓ 問題49の解答

答え：B、D

　AWS CloudFormationスタックの更新時の意図しない変更を防ぐためのアプローチとして は、変更セットとスタックポリシーが挙げられます。変更セットはデプロイ前に変更内容と影 響を確認できる機能で、スタックポリシーは特定のリソースの変更を拒否する設定ができる 機能です。注意すべき点は、変更セットはあくまで確認する機能であり、リソース変更を禁止 する機能はないという点です。リソース変更を禁止する場合はスタックポリシーを使用する 必要があります。設問の要件は、変更内容と影響の確認、特定のリソースの保護の両方である

ため、これら2つを使用する必要があります。

> A. テキストエディタの差分表示では変更で生じる影響はわかりません。また、同じ内容でも記述スタイルを変えただけで差異として表示されます。
> C. ドリフト検出はスタックによる更新をせずに手動、CLI、SDKなどでスタックで管理されているリソースが変更された差分を検出する機能です。
> E. IAMユーザー個別にリソース操作を禁止することはできますが、IAMポリシーの記述形式ではなくスタックポリシーの記述方法が説明されています。

✓ 問題50の解答

答え：A

　Amazon EC2インスタンスを別のアカウントの別のリージョンに移行する方法を問う設問です。Amazon EC2インスタンスからAMIを作成して目的のアカウントのリージョンにコピーして、そのAMIからEC2インスタンスを起動する移行方法が最も簡単です。この設問では別アカウントの別リージョンに移行するため、それぞれのAMI共有方法を以下に整理します。

- **別アカウントへのAMI共有**：別のAWSアカウントのアカウント番号を指定してAMIへのアクセス権限を付与して共有します。
- **別リージョンへのAMIコピー**：同じAWSアカウントで送信先リージョンを指定してAMIをコピーします。

　ポイントは同じリージョン同士でないとアカウント間の共有はできないということです。この2つの手順はどちらを先にしても別アカウントの別リージョンに移行することができます。違いは別のリージョンへのAMIコピーを、元のAWSアカウントでするか別のAWSアカウントでするかの違いです。そのため、設問の選択肢の中でこの2つの手順を実施しているものが正解となります。

> A. 正しい内容です。元のAWSアカウントのap-northeast-1→元のAWSアカウントのus-east-1→別のAWSアカウントのus-east-1という流れでAMIをコピーしています。
> B. 元のAWSアカウントのap-northeast-1→別のAWSアカウントのap-northeast-1の流れまでは正しいですが、別のリージョンを指定してEC2インスタンスを起動することはできないため不正解です。
> C. 元のAWSアカウントのap-northeast-1→元のAWSアカウントのus-east-1の流れまでは正しいですが、コミュニティAMIに公開しているため不正解です。
> D. KMSで暗号化したAMIを作成し、別アカウントの同じリージョンに共有する手順です。us-east-1リージョンに移行する手順がないため不正解です。また、AMIのKMS暗号化はこの設問では求められていません。

✓ 問題51の解答

答え：A

　「最大10TB」「他者に参照、変更、削除される可能性のある場所を介さず」「5時間の取り出し時間を想定済み」という要件からAmazon S3 Glacierが候補に挙がります。Amazon S3 GlacierはAmazon S3バケットからライフサイクル管理でのアーカイブとして使用されるこ

とが多いですが、AWS CLIやAWS SDKを使用して直接アーカイブとして保存することも可能です。Amazon S3 Glacierの1つのアーカイブの最大サイズは40TBで、保存可能なアーカイブ数とデータ量に制限はありません。アーカイブの取り出し時間はオプションにより異なり、迅速取り出しで約1〜5分、標準取り出しで約3〜5時間、大容量取り出しで約5〜12時間となっています。また、ボールトロック機能を使用することで、アクセスコントロールを記載したポリシーにロックをかけて今後編集や削除ができないようにすることができます。

- **B.** Amazon S3バケットに保存できる1つのオブジェクトの最大サイズは5TBのため、10TBのファイルを保存できません。また、「他者に参照、変更、削除される可能性のある場所を介さず」の要件も満たしていません。

- **C.** Amazon EFSの1つのファイルの最大サイズは約47.9TBですが、共有ファイルシステムとして設計されているため他の端末からマウントでき、コピーやバックアップなどの複製が可能なため要件を満たしません。

- **D.** AWS Storage Gatewayテープゲートウェイの仮想テープの最大サイズは5TBであるため、10TBのファイルを保存できません。またiSCSI、SMB、NFSなどで接続が可能なため要件を満たしません。

✓ 問題52の解答

答え：B

認証情報をセキュアに一元管理するAWSサービスにはAWS Secrets ManagerとAWS Systems Managerパラメータストアがあります。機能も似通っていますが、認定試験で知っておくべき特徴としては、AWS Secrets ManagerはRDS for MySQL、RDS for PostgreSQL、Auroraの認証情報の自動ローテーションができる、シークレット件数とリクエストに対して課金されるという点です。この設問ではAWS Secrets ManagerとAWS Systems Managerパラメータストアの両方が選択肢にあり、パスワードの自動ローテーションを求められていることからAWS Secrets Managerが正解となります。

- **A.** AWS Systems Managerパラメータストアでは、サービス単独でのRDSのパスワードの自動ローテーションはできません。

- **C.** 実現可能なアーキテクチャですが開発が必要です。また、Amazon S3バケットは多目的で使用され、多くのデータ共有機能が備わっているため、厳密なアクセス制限を行う作業量もかかります。

- **D.** AWS CodeCommitに認証情報を保存することは適切ではありません。

✓ 問題53の解答

答え：A、C、E

Amazon RDS DBインスタンスのセキュリティ対策として基本的なものとしては、転送データ暗号化（TLS接続）、保存データ暗号化（KMSディスク暗号化）、アクセス制限（IAM、セキュリティグループ）、DB設定（パラメータグループ、オプショングループ）が挙げられます。これらを前提にして不適切な選択肢を消去法で見ていくことで正解が導けるでしょう。

- **A.** 正しい内容です。パラメータグループでは転送データ暗号化で使用するTLSなどのセ

キュリティプロトコルをはじめデータベース設定に重要なパラメータを管理しているため確認が必要です。
- B. マスターユーザー権限を削除するとデータベース管理に支障が出ます。
- C. 正しい内容です。保存データと転送データの暗号化の確認です。
- D. DBインスタンスにはSSHログインができないため不要な確認です。
- E. 正しい内容です。アクセス制限の確認です。
- F. Amazon Inspector は Amazon EC2 インスタンスに Inspector エージェントをインストールして脆弱性検査をするサービスです。Amazon Inspector はエージェントレスでも使用できますが、ネットワークアセスメントの範囲に限られます。Amazon RDS はマネージドサービスであるため Amazon Inspector をインストールすることができません。

問題54の解答

答え：C

Amazon CloudWatch に用意されているインスタンスメトリクスにはメモリ使用率、ディスク使用率は含まれていません。CloudWatch では標準で用意されていないメトリクスを独自にカスタマイズして作成できるカスタムメトリクスという機能があります。

- A. ALBにEC2インスタンスを登録してもメモリ使用率は取得できません。
- B. 実現可能なアーキテクチャですが、全体のスケーリング状況を管理する Auto Scaling に相当する機能がなく、非効率です。
- D. 実現可能なアーキテクチャですが、メッセージ処理をする開発が必要となり、非効率です。

問題55の解答

答え：C

Elastic Load Balancing のロードバランサーの種類のうち固定IPアドレスを割り当てることができるのは Network Load Balancer（NLB）です。NLBでは自動割り当ての静的IPアドレスまたは Elastic IP アドレスを割り当てることができます。

- A. CLBはレイヤー4・7で動作し、TCP、SSL/TLS、HTTP、HTTPS プロトコルのトラフィックを登録したEC2・ECSインスタンスに負荷分散します。固定IPアドレスを割り当てることはできません。
- B. ALBはレイヤー7で動作し、HTTP、HTTPS、gRPC プロトコルのトラフィックをIPアドレス、EC2・ECSインスタンス、AWS Lambda関数をターゲットにした負荷分散をします。HTTPヘッダーベース（ホストベース、パスベースなど）のルーティングができます。固定IPアドレスを割り当てることはできません。
- C. NLBはレイヤー4で動作し、TCP、UDP、TLSプロトコルのトラフィックをIPアドレス、EC2・ECSインスタンス、ALBをターゲットにした負荷分散をします。秒間何百万リクエストをも処理でき、VPCアプリケーションの前面に配置してエンドポイントサービスを作成することで、インターフェイスエンドポイント経由で同じリージョンの

他のVPCから接続するAWS PrivateLinkを構築できます。固定IPアドレスを割り当てることが可能です。

D. GWLBはレイヤー3のGatewayとレイヤー4のLoad Balancingで構成され、主にサードパーティの仮想アプライアンスを展開、拡張、管理するユースケースで用いられます。IPプロトコルのトラフィックを仮想アプライアンスのフリート間で負荷分散します。AWS Gateway Load Balancerエンドポイント（GWLBE）を使用したAWS PrivateLinkを構築してGWLBと仮想アプライアンスを接続して使用します。固定IPアドレスを割り当てることはできません。

✓ 問題56の解答

答え：A

AWS Organizations内のメンバーアカウントのCloudTrail証跡ログを管理アカウントで一元管理する最も少ない手順は、すべての機能を有効化した上で管理アカウントで組織の証跡を作成することです。組織の証跡を作成すると指定したAmazon S3バケットにすべてのメンバーアカウントのCloudTrail証跡が保存されるようになります（組織の証跡を作成した後に追加したメンバーアカウントを含む）。

B. AWS Organizationsを使用しない独立したAWSアカウントで管理用AWSアカウントのS3バケットに別のAWSアカウントのCloudTrail証跡を格納する方法です。組織の証跡を作成する場合よりも作業量が多くなります。

C. AWS Lambda関数の実装が必要になるため最小限の作業量ではありません。

D. 「CloudTrail証跡ログを管理アカウントで一元的に保存して管理」する要件のため、それぞれのメンバーアカウントのCloudTrail証跡を確認することは要件を満たしません。

✓ 問題57の解答

答え：B

AWS Direct Connect接続が既にあり、データセンターから他のリージョンのVPCに接続する要件があることからDirect Connect Gatewayに適した内容です。Direct Connect GatewayはAWS Direct Connectで作成したプライベート仮想インターフェイスを接続することで、複数のリージョンのVPCに接続できるサービスです。

A. 実現可能なアーキテクチャですが、時間とコストがかかります。

C. VPCピアリングは推移的ルーティングができません。つまり、ap-northeast-1とap-southeast-1でVPCピアリングを接続しても、データセンター→ap-northeast-1のVPC→ap-southeast-1のVPC、のようなデータセンターからVPCを経由した接続はできません。

D. AWS VPN CloudHubは、複数のオンプレミス環境からSite-to-Site VPN接続でAmazon VPCの1つのVirtual Private Gateway（VGW）に接続している場合に、このVPCをVPNハブとして複数拠点間のVPN接続ができるハブアンドスポークモデルのサービスです。

問題58の解答

答え：B

Amazon S3のバケットポリシーのトラブルシューティングに関する設問です。Amazon S3のバケットポリシーおよびIAMのIAMポリシーのJSONまたはYAML形式の記述に関する設問にはある程度の習熟が必要です。以下の要素の概要を把握した上で、出題されたポリシーと選択肢の内容を比較しながら検証していく必要があります。

- Sid：ステートメントIDでポリシー内で一意となる任意の文字列を追加できます。
- Effect：Allowで許可ポリシー、Denyで拒否ポリシーであることを示します。
- Principal：許可または拒否対象となるAWSアカウント、サービス、ユーザーを指定します。
- Action：許可または拒否対象となるAWSリソースをARN（AWS Resource Name）形式で指定します。
- Condition：条件演算子で条件キーと値を評価する条件を追加することができます。

オブジェクトの一覧を表示するListBucketアクションが拒否さていることを設問から読み取れるかどうかがポイントです。

A. 「"s3:List*"」に変更すると対象となるAWSアクションが「*」によって増えますが、既に「s3:ListBucket」が許可されているため不正解です。

B. 正しい内容です。「"arn:aws:s3:::examplebucket/*"」ではバケット配下のフォルダおよびオブジェクトがリソースの対象になっています。ListBucketアクションで指定するリソースはバケット名である必要があり、オブジェクトを指定できません。ListBucketアクションに対してバケット名「"arn:aws:s3:::examplebucket"」を指定することで一覧が表示できるようになります。

C. 変更前の内容では「sample」という文字列を含むIAMユーザーではない場合に許可をする内容でした。変更後は「example」を含むIAMユーザーが対象になるため、IAMユーザー exampleが拒否される内容になります。

D. 変更前は「*」ですべてのIAMユーザーが対象だったものが、変更後にIAMユーザー「example」に限定されるようになりますが、既にIAMユーザー「example」は許可されているため不正解です。

問題59の解答

答え：C

Amazon CloudFrontの背後にそのままAmazon S3 Webサイトホスティングで構成したWebサイトを関連付けた場合、Amazon CloudFrontを経由せずにAmazon S3バケットに直接アクセスをすることができます。これを防ぐには、Origin Access Identity（OAI）を使用してAmazon S3バケットを関連付ける方法と、カスタムヘッダーでRefererを条件に制限する方法があります。ただし、カスタムヘッダーの場合はRefererを偽装することが可能なため、確実に制限することはできません。厳密な制限をする場合はOAIを使用する必要があります。

A. Refererは偽装できるため、S3 Webサイトホスティングが必要な場合にS3バケットへの直接アクセスを軽減する手段として使うのが好ましいです。

B. Lambda@EdgeはAmazon CloudFrontにアクセスがこない場合には起動しないため、Amazon S3バケットへの直接アクセスは可能です。

C. 正しい内容です。OAIの注意点として、サブディレクトリはindex.htmlを省略してアクセスできないことが挙げられます。たとえば「https//example.com/subdir/」はS3 Webサイトホスティングではindex.htmlが返されますがOAIではアクセスエラーになるので、Lambda@Edgeでindex.htmlを返却するなど考慮が必要です。

D. Amazon CloudFrontにIAMロールを付与することはできません。

✓ 問題60の解答

答え：A、D

AWS CloudFormationでスタック作成失敗時にリソースを残しておくには、ロールバックを無効にします。ロールバックを無効にする方法は、AWSマネジメントコンソールでスタック作成時に無効に設定するか、AWS CLIで --disable-rollback もしくは --on-failure DO_NOTHINGのオプション付きで aws cloudformation create-stack コマンドを実行します。

B. スタックポリシーはスタック更新時に使用します。また、スタックポリシーを使うと対象のAWSリソースは更新されなくなります。つまり変更内容を反映させないため、設問の内容とは趣旨が異なります。

C. 変更セットはスタック更新時に使用します。また、変更セットは変更前に変更内容と影響を確認するものであるため、AWSリソースを残しておくことには利用できません。

E. ContinueUpdateRollback アクションはスタック更新が失敗し、UPDATE_ROLLBACK_FAILED状態のときにエラーを修正してロールバックを続行するために使用します。

✓ 問題61の解答

答え：A、C

Amazon S3バケットへのアクセスを追跡できるログにはAmazon S3のサーバーアクセスログと AWS CloudTrailのデータイベントログがあります。S3サーバーアクセスログはWebサーバーのアクセスログのようにHTTPステータス、HTTPリファラー、オブジェクトサイズ、リクエスト転送時間、リクエスト処理時間などを含んだフィールドをスペース区切りで構成し、改行で各ログレコードを分割します。ログの保存先はAmazon S3バケットです。

AWS CloudTrailのデータイベントログはAmazon S3のオブジェクトレベルのAPIログをCloudTrailの証跡として JSON形式で保存します。ログの保存先はAmazon S3バケットに加えて CloudWatch Logsにもログを送信できます。

設問では「HTTPステータス、HTTPリファラー、オブジェクトサイズ、リクエスト転送時間、リクエスト処理時間を含む」ことが求められているため、S3のサーバーアクセスログで記録し、S3バケットのログを検索するために Amazon Athenaを使用します。

A. 正しい内容です。設問の要件を満たしたログはサーバーアクセスログです。

B. AWS CloudTrailの他の証跡と合わせて監査ログとして Amazon S3のオブジェクト

レベルのAPIログを取得する場合はデータイベントログが適切です。

C. 正しい内容です。S3サーバーアクセスログはAmazon S3バケットに保存されるため、Amazon S3のデータを標準的なSQLでクエリできるAmazon Athenaを使用します。

D. Amazon CloudSearchは全文検索などをサポートするマネージドサービスのカスタム検索エンジンです。CloudSearchでAmazon S3バケットを検索することはできません。また標準SQLもサポートしていません。

E. AWS CloudTrailの証跡ログをAmazon CloudWatch Logsに送信している場合は、Logs Insightsで専用のクエリ言語を使用して検索します。

✓ 問題62の解答

答え：C

　AWSマネジメントコンソールにオンプレミスのディレクトリサービスの認証情報を使用してログインする方法に関する設問です。オンプレミスのディレクトリサービスと連携して、AWSマネジメントコンソールへのアクセス権を付与する主なパターンを以下に挙げます。

- AD ConnectorまたはAWS Managed Microsoft ADを管理するAWS Directory ServiceでAWSマネジメントコンソールアクセスを有効にする。
- AD ConnectorまたはAWS Managed Microsoft ADと接続するAWS SSOでAWSマネジメントコンソールアクセスを設定する。
- OpenID ConnectまたはSAML 2.0を提供するIdPとのIDフェデレーションをIAMのIDプロバイダー・IAMロールで設定する。
- IAMのIDプロバイダー以外の外部サービス（IdPなどを介して連携したAmazon Cognito IDプールやカスタムIDブローカーなど）で認証し、認証後に発行するIAM STSでAWSマネジメントコンソールへのフェデレーションログイン用URLを発行する。

これらのパターンを参考にすると選択肢が絞り込めます。

A. LDAPの認証情報をもとにIAMユーザーとIAMグループを作成する方法であるため、運用が煩雑でセキュアではありません。

B. Amazon Route 53はAWS Directory Serviceではありません。

D. 実現可能なアーキテクチャですが、AWSマネジメントコンソールアクセスにはさらにIAM STSでフェデレーションログイン用URLを発行する必要があります。

✓ 問題63の解答

答え：D

　AWSリソースの設定を監視するサービスにはAWS Configがあります。またAWS Trusted Advisorもベストプラクティスという観点からチェックする機能を備えています。

A. AWS WAFはSQLインジェクションやクロスサイトスクリプティングなどの攻撃パターンをブロックするサービスであるため、要件を満たしません。

B. AWS Trusted Advisorのセキュリティカテゴリーにはセキュリティグループの特定ポートの無制限アクセスをチェックする項目がありますが、タグ付けを確認する項目はありません。

9

問題の解き方と模擬試験

C. Amazon CloudWatchにはAWSリソースの設定を監視する機能はありません。

D. 正しい内容です。AWS Configでタグ付けおよびセキュリティグループの設定を監視して、AWS Systems Manager Automationで問題のあるEC2インスタンスを停止することができます。

✓ 問題64の解答

答え：C

設問の内容から計算をしなくても100Mbpsの回線で200TBのデータ移行を3週間で済ますという数字を見れば現実的ではないとわかるでしょう。概算をする際には伝送効率100%の1Gbpsの回線で1日に移行できるデータ量が約10TB（10.55TB）程度ということを覚えておくと、計算がしやすくなります。

この設問では、回線速度は100Mbps ≒ 0.1Gbpsとなり約1TB/日なので約200日かかる計算になります。そのため、低速回線で移行期間が限られているようなケースではAWS専用のデータストレージにデータを保存してオンプレミス環境からAmazon S3に直接移送するAWS Snowファミリーを利用します。AWS Snowファミリーには主にエッジコンピューティングを備えた以下のストレージ容量を持つデバイスがあります。

- **AWS Snowcone**：使用可能な8TBのHDDと14TBのSSDストレージを持つ。
- **AWS Snowball Edge Storage Optimized**：使用可能な80TBのHDDと1TBのSSDストレージを持つ。
- **AWS Snowball Edge Compute Optimized**：使用可能な42TBのHDDと7.68TBのSSDストレージを持つ。
- **AWS Snowmobile**：使用可能な100PBのHDDストレージを持つ（利用できるリージョンに制限がある）。

Snowファミリーでは、通常、最大100TBを約1週間ほどで転送できます。また、Snowファミリーは並行して使用することができるため、ストレージ容量が足りない場合は複数のデバイスを使用することもできます。

A. 前述の概算より、インターネット回線経由では移行期間中にデータ転送を済ませることができません。

B. 1つのSnowconeでは移行するデータ容量に対してストレージ容量が足りません。

C. 正しい内容です。複数のAWS Snowball Edge Storage Optimizedを使用することでデータ容量を満たし、3週間の移行期間でデータ転送できる見込みがあります。

D. AWS Direct Connectは設置するだけで数週間かかります。また1Gbpsの専用線でも200TBの転送には約20日かかるため、要件を満たせません。

✓ 問題65の解答

答え：A

Amazon RDSやAmazon EC2インスタンスなどのスナップショットを世代管理しながらバックアップする方法は様々あります。AWSフルマネージドのバックアップソリューションとしてはAWS BackupとAmazon DLMがあり、それぞれ次の特徴があります。

- AWS Backup：EC2（Snapshot、AMI）、EFS、RDS、DynamoDB、Storage Gatewayなど様々なAWSサービスがバックアップ対象。cron形式でスケジューリング可能。保持期限でライフサイクルを作成。
- Amazon DLM：EC2（Snapshot、AMI）のみがバックアップ対象。cron形式でスケジューリング可能。保持期限と世代でライフサイクルを作成。

この特徴を知っていれば正解が導けるでしょう。

- A. 正しい内容です。1日1回指定した時間にスナップショットを取得し、1週間の保持期限でライフサイクルを作成することで要件を満たします。
- B. Amazon DLMはAmazon RDSのバックアップには対応していません。
- C. AWS Backupが登場する前のバックアップアーキテクチャです。実現可能ですが、フルマネージドに比べて最小限の開発と作業量ではありません。
- D. AWS BackupおよびAWS Lambdaが登場する前のバックアップアーキテクチャです。実現可能ですが、フルマネージドに比べて最小限の開発と作業量ではありません。

9-5

模擬試験（ラボ試験問題）の解答

✓ 問題1の解答

この設問では次の操作が実施できるかを確認しています。

- Amazon VPCを作成し、「高可用性」を実現するために3つのサブネットを異なるアベイラビリティゾーン（AZ）にすること
- パブリック、プライベートそれぞれのサブネットを適切なルートテーブルに設定すること
- インターネットゲートウェイ（IGW）、Virtual Private Gateway（VGW）を適切なルートテーブルに設定すること
- AWS Configルールの設定および非準拠の場合の対処ができること
- VPCフローログの設定ができること
- AWS CLIを使用してセキュリティグループとルールが作成できること

✱ 1-1

手順と出力結果は以下のようになります。

1. AWSマネジメントコンソールにログインし、画面右上のナビゲーションバーで「米国東部（バージニア北部）us-east-1」リージョンを選択します。
2. ナビゲーションバーの検索ボックスで「VPC」を検索するなどしてAmazon VPCコンソールへ遷移します。Amazon VPCの画面で「VPCを作成」をクリックし、「名前タグ」に「soalab-vpc」、「IPv4 CIDRブロック」で「IPv4 CIDRの手動入力」を選択したあと「IPv4 CIDR」に「10.0.0.0/16」を入力して「VPCを作成」をクリックします。
3. サブネットの画面で「サブネットを作成」をクリックし、VPC IDに「soalab-vpc」のNameタグを持つVPCを指定して、異なる3つのAZを使用したパブリックサブネットを「新しいサブネットを追加」で追加し、「サブネットを作成」をクリックします。

   例
   - サブネット名：soalab-subnet-pub-a、アベイラビリティゾーン：us-east-1a、IPv4 CIDRブロック：10.0.0.0/24
   - サブネット名：soalab-subnet-pub-b、アベイラビリティゾーン：us-east-1b、IPv4 CIDRブロック：10.0.1.0/24
   - サブネット名：soalab-subnet-pub-c、アベイラビリティゾーン：us-east-1c、IPv4 CIDRブロック：10.0.2.0/24

4. パブリックサブネットと同様にしてプライベートサブネットを作成します。

例

- サブネット名：soalab-subnet-pri-a、アベイラビリティゾーン：us-east-1a、IPv4 CIDRブロック：10.0.8.0/24
- サブネット名：soalab-subnet-pri-b、アベイラビリティゾーン：us-east-1b、IPv4 CIDRブロック：10.0.9.0/24
- サブネット名：soalab-subnet-pri-c、アベイラビリティゾーン：us-east-1c、IPv4 CIDRブロック：10.0.10.0/24

5. ルートテーブルの画面で「ルートテーブルを作成」からカスタムルートテーブルを作成し、「サブネットの関連付け」から「サブネットの関連付けを編集」をクリックしてパブリックサブネットを関連付けます。

例

- 名前：soalab-rtb-pub
- VPC：soalab-vpc
- サブネットの関連付け：soalab-subnet-pub-a、soalab-subnet-pub-b、soalab-subnet-pub-c

6. ルートテーブルの画面で「ルートテーブルを作成」からカスタムルートテーブルを作成し、「サブネットの関連付け」から「サブネットの関連付けを編集」をクリックしてプライベートサブネットを関連付けます。

例

- 名前：soalab-rtb-pri
- VPC：soalab-vpc
- サブネットの関連付け：soalab-subnet-pri-a、soalab-subnet-pri-b、soalab-subnet-pri-c

7. インターネットゲートウェイの画面で「インターネットゲートウェイの作成」からインターネットゲートウェイを作成し、「VPCにアタッチ」メニューからVPCにアタッチします。

例

- 名前タグ：soalab-igw
- アタッチするVPC：soalab-vpc

8. NATゲートウェイの画面でいずれかのパブリックサブネットを指定し、接続タイプにパブリックを選択して、Elastic IP（EIP）アドレスを割り当ててNATゲートウェイを作成します。

※状態が「Failed」になる場合はインターネットゲートウェイにVPCをアタッチしているか確認してください。

9

問題の解き方と模擬試験

例

- 名前：soalab-ngw
- サブネット（いずれか）：soalab-subnet-pub-a、soalab-subnet-pub-b、soalab-subnet-pub-c
- 接続タイプ：パブリック

9. ルートテーブルの画面でパブリックサブネット用のカスタムルートテーブル「soalab-rtb-pub」のルートを編集してインターネットゲートウェイにデフォルトルート「0.0.0.0/0」を送信先にしてアタッチします。また、プライベートサブネット用のカスタムルートテーブル「soalab-rtb-pri」のルートを編集してNATゲートウェイにデフォルトルート「0.0.0.0/0」を送信先にしてアタッチします。最終的なカスタムルートテーブルのルートは次のようになります。

❏ パブリックサブネット用ルートテーブル（カスタムルートテーブル）

送信先	ターゲット
10.0.0.0/16	local
0.0.0.0/0	soalab-igwのID

❏ プライベートサブネット用ルートテーブル（カスタムルートテーブル）

送信先	ターゲット
10.0.0.0/16	local
0.0.0.0/0	soalab-ngwのID

＊1-2

1. AWSマネジメントコンソールにログインし、画面右上のナビゲーションバーで「米国東部（バージニア北部）us-east-1」リージョンを選択します。

2. ナビゲーションバーの検索ボックスで「Config」を検索するなどしてAWS Configコンソールへ遷移します。

   - AWS Configのセットアップがまだの場合はデフォルトの選択値で設定します。
   - 「ルール」の画面で「ルールを追加」をクリックし、「ルールタイプの選択」で「AWSによって管理されるルールの追加」を選択します。
   - 「AWSマネージドルール」の検索ボックスに「flow logs」などを入力して要件を満たすマネージドルール「vpc-flow-logs-enabled」を検索して選択し、「確認と作成」画面までデフォルトの設定で進んでいき、「ルールを追加」をクリックします。

     ※AWS ConfigでVPCフローログが設定済みであることを確認するマネージドルールはvpc-flow-logs-enabledです。このルール名を知らなくてもキーワード検索後に説明欄を見ることで要件を満たすかを確認できます。

   - 「soalab-config-flow-logs」という名称でルールを追加します。

3. 「ルール」の画面で、ルールの作成後しばらく待つか「アクション」から「再評価」を
実行すると、VPC「soalab-vpc」にVPCフローログが設定されていなければ「コンプ
ライアンス」の項目が「非準拠リソース」であることを知らせます。

4. VPCフローログ用のS3バケットを作成するために、ナビゲーションバーの検索ボッ
クスで「S3」を検索するなどしてAmazon S3コンソールへ遷移します。

   ● Amazon S3の画面で「バケットを作成」をクリックし、任意のバケット名（soalab-
   flow-logs-＜任意の文字列＞など）を入力し、AWSリージョンに「米国東部（バー
   ジニア北部）us-east-1」を選択します。

   ● サーバー側の暗号化を有効にし、「暗号化キータイプ」で「Amazon S3キー（SSE-
   S3）」を選択して、残りはデフォルトの設定でバケットを作成します。

5. AWS Configコンソールへ戻り、ルール「soalab-config-flow-logs」画面を確認し、「対
象範囲内のリソース」で非準拠になっているVPC「soalab-vpc」を選択して詳細を表
示し、「リソース管理」をクリックします。

   ● VPCの画面に遷移するので「soalab-vpc」を選択して「アクション」から「フロー
   ログを作成」を選択してフローログを作成します。

   ● 「soalab-vpc-flow-logs」という名前で、送信先に作成したAmazon S3バケット
   「arn:aws:s3:::＜S3バケット名＞」を入力し、その他の設定はデフォルトのままフ
   ローログを作成します。

6. AWS Configルール「vpc-flow-logs-enabled」画面で「アクション」から「再評価」を
選択してVPC「soalab-vpc」のリソースがルールに準拠することを確認します。

＊ 1-3

1. AWSマネジメントコンソールにログインし、画面右上のナビゲーションバーで「米国
東部（バージニア北部）us-east-1」リージョンを選択します。

2. 画面右上のナビゲーションバーで「CloudShell」アイコンをクリックしてCloudShell
を起動します。

3. 使用しているWebブラウザで「http://checkip.amazonaws.com/」にアクセスし、表
示された＜自分のグローバルIP＞をメモします。

4. 以下のようにAWS CLIを実行してセキュリティグループを作成し、設定します。

```
#「soalab-sg-elb」と同じセキュリティグループ名がないことを確認する。
aws ec2 describe-security-groups --filters
Name=group-name,
↪Values=soalab-sg-elb
#「soalab-sg-web」と同じセキュリティグループ名がないことを確認する。
aws ec2 describe-security-groups --filters
Name=group-name,
↪Values=soalab-sg-web
#VPC「soalab-vpc」にセキュリティグループ「soalab-sg-elb」を作成する。
aws ec2 create-security-group --group-name soalab-sg-elb
```

9

問題の解き方と模擬試験

```
➥--description "Lab SG for ELB." --vpc-id <VPC「soalab-vpc」のID>
#VPC「soalab-vpc」にセキュリティグループ「soalab-sg-web」を作成する。
aws ec2 create-security-group --group-name soalab-sg-web
➥--description "Lab SG for Web." --vpc-id <VPC「soalab-vpc」のID>

#作成した1つめのセキュリティグループ「soalab-sg-elb」の設定をする。
#<自分のグローバルIP>に対してTCPポート番号443を許可するインバウンドルールを
➥設定する。
aws ec2 authorize-security-group-ingress --group-id
➥<上記で作成して表示されたsoalab-sg-elbのGroup ID>
➥--protocol tcp --port 443 --cidr <自分のグローバルIP>/32
#セキュリティグループ「soalab-sg-web」に対してTCPポート番号80を許可する
➥アウトバウンドルールを設定する。
aws ec2 authorize-security-group-egress --group-id
➥<上記で作成して表示されたsoalab-sg-elbのGroup ID>
➥--protocol tcp --port 80 --source-group
➥<上記で作成して表示されたsoalab-sg-webのGroup ID>

#作成した2つめのセキュリティグループ「soalab-sg-web」の設定をする。
#セキュリティグループ「soalab-sg-elb」に対してTCPポート番号80を許可する
➥インバウンドルールを設定する。
aws ec2 authorize-security-group-ingress --group-id
➥<上記で作成して表示されたsoalab-sg-webのGroup ID>
➥--protocol tcp --port 80 --source-group
➥<上記で作成して表示されたsoalab-sg-elbのGroup ID>
#<自分のグローバルIP>に対してTCPポート番号443を許可するアウトバウンド
➥ルールを設定する。
aws ec2 authorize-security-group-egress --group-id
➥<上記で作成して表示されたsoalab-sg-webのGroup ID>
➥--protocol tcp --port 443 --cidr <自分のグローバルIP>/32

#すべてのトラフィックを許可するアウトバウンドルールを削除する
aws ec2 revoke-security-group-egress --group-id
➥<上記で作成して表示されたsoalab-sg-elbのGroup ID>
➥--ip-permissions '[{"IpProtocol":"-1", "FromPort":-1,
➥"ToPort":-1, "IpRanges":[{"CidrIp":"0.0.0.0/0"}]}]'
aws ec2 revoke-security-group-egress --group-id
➥<上記で作成して表示されたsoalab-sg-webのGroup ID>
➥--ip-permissions '[{"IpProtocol":"-1", "FromPort":-1,
➥"ToPort":-1, "IpRanges":[{"CidrIp":"0.0.0.0/0"}]}]'
```

✓ 問題2の解答

この設問では次の操作が実施できるかを確認しています。

- Amazon S3の主要な機能の設定ができること
- Amazon SNSトピックの設定がポリシー変更を含めてできること
- AWS Backupの設定ができること
- Amazon CloudWatch Logsのメトリクスフィルターを条件に合わせて作成できること
- Amazon CloudWatchアラームの作成ができること

＊ 2-1

1. AWSマネジメントコンソールにログインし、ナビゲーションバーの検索ボックスで「S3」を検索するなどしてAmazon S3コンソールへ遷移します。

2. Amazon S3の画面で「バケットを作成」をクリックし、任意のバケット名を入力し、AWSリージョンに「米国東部（バージニア北部）us-east-1」を選択します。
   - 「バケットのバージョニング」と「サーバー側の暗号化」の項目で「有効」をそれぞれ選択します。サーバー側の暗号化を有効にし、「暗号化キータイプ」で「Amazon S3キー（SSE-S3）」を選択します。
   - 「バケットを作成」をクリックしてバケットを作成します。

   ※「バケットのバージョニング」と「サーバー側の暗号化」の有効化の手順についてはバケット作成後に実施しても問題ありません。

3. 作成したS3バケットの画面で「管理」タブに遷移し、「ライフサイクルルールを作成する」をクリックします。
   - ライフサイクルルール名に任意の名称（soalab-life-cycleなど）を入力し、「ルールスコープを選択」で「バケット内のすべてのオブジェクトに適用」を選択します。
   - 「ライフサイクルルールのアクション」で「オブジェクトの非現行バージョンを完全に削除」を選択し、「オブジェクトが現行バージョンでなくなってからの日数」に「90」を入力して「ルールの作成」をクリックします。

4. ナビゲーションバーの検索ボックスで「SNS」を検索するなどしてAmazon SNSコンソールへ遷移します。
   - 「トピック」画面で「トピックの作成」をクリックし、「タイプ」に「スタンダード」を選択し、「名前」に「soalab-sns」を入力して、「トピックの作成」をクリックします。
   - トピック「soalab-sns」の画面で「編集」をクリックし、「アクセスポリシー」のJSONエディタでアクセスポリシーの「Condition」要素を次のように修正するなどして、S3バケットに使用権限を付与します。

```
"Condition": {
    "ArnLike": {
        "aws:SourceArn": "arn:aws:s3:*:*:<作成したバケット名>"
    }
}
```

5. 作成したS3バケットの画面で「プロパティ」タブに遷移し、「イベント通知を作成」
   をクリックします。
   - 「イベント名」で任意の名称 (soalab-event-notificationなど) を入力し、「イベント
     タイプ」で「すべてのオブジェクト削除イベント」を選択します。
   - 「送信先」に「SNSトピック」を選択して、SNSトピックに「soalab-sns」を選択します。
   - 「変更の保存」をクリックします。
6. これらの作業を実施したS3バケット名をメモして解答確認の際に使用します。

＊ 2-2

1. AWSマネジメントコンソールにログインし、画面右上のナビゲーションバーで「米国
   東部 (バージニア北部) us-east-1」リージョンを選択します。
2. ナビゲーションバーの検索ボックスで「Backup」を検索するなどしてAWS Backup
   コンソールへ遷移します。
   - 「バックアッププラン」画面で「バックアッププランを作成」をクリックし、「開始
     する方法を選択してください。」で「新しいプランを立てる」を選択して「バックア
     ッププラン名」に「soalab-backup」を入力します。
   - 「新しいバックアップボールトを作成する」をクリック後、「バックアップボー
     ルト名」に「soalab-backup-vault」を入力し、暗号化キーに「(デフォルト) aws/
     backup」を選択して「バックアップボールト」を作成してバックアップルールに設
     定します。
   - 「バックアップルールの設定」で「バックアップルール名」に任意の名称 (soalab-
     backup-ruleなど) を入力後、「バックアップ頻度」で「毎日」を選択し、「保持期間」
     で「日数」を選択して「10」を入力します。
   - 「プランを作成」をクリックします。
   - バックアッププラン「soalab-backup」の画面で「リソースを割り当てる」をクリッ
     クし、「リソース割り当て名」で「soalab-resource」を入力します。
   - 「リソース選択を定義」に「すべてのリソースタイプを含める」を選択し、「タグを
     使用して選択を絞り込む」で、「キー」に「BkMethod」、「値の条件」に「次と等しい」、
     「値」に「SOA-Backup」を入力して「リソースを割り当てる」をクリックして「続
     ける」をクリックします。

＊ 2-3

1. AWSマネジメントコンソールにログインし、画面右上のナビゲーションバーで「米国
   東部 (バージニア北部) us-east-1」リージョンを選択します。
2. ナビゲーションバーの検索ボックスで「CloudWatch」を検索するなどしてAmazon
   CloudWatchコンソールへ遷移します。
   - 「ロググループ」画面で「ロググループ作成」をクリックし、「ロググループ名」に
     「soalab-logs」を入力して「作成」をクリックします。
3. 「ロググループ」画面で作成した「soalab-logs」をクリックし、ロググループ「soalab-

logs」の画面に遷移します。

- 「ログストリームを作成」をクリックして「ログストリーム名」に「soalab-logs-stream」を入力してログストリームを作成します。
- ログストリーム「soalab-logs-stream」の画面に遷移し、「アクション」から「ログイベントの作成」を選択し、次のログイベントメッセージのサンプルを1行ずつ入力してログイベントを作成します。

```
[INFO] NO ERRORS were found.
[ERROR] Failed to write file.
[WARN] Failed to read session.
```

4. ロググループ「soalab-logs」の画面で「アクション」から「メトリクスフィルターを作成」を選択します。
- 「フィルターパターン」に「"[ERROR]"」を入力します。
- 「イベントメッセージをログ記録」に次のログイベントメッセージのサンプルを入力して「パターンをテスト」します。

```
[INFO] NO ERRORS were found.
[ERROR] Failed to write file.
[WARN] Failed to read session.
```

※パターンをテストして「[ERROR] Failed to write file.」のみがテスト結果に表示されればフィルターの要件を満たしています。

- 次の画面に進み、次の内容でメトリクスの詳細の項目を入力します。

項目	値
フィルター名	soalab-logs-filter
メトリクス名前空間	soalab-logs
メトリクス名	soalab-logs-error
メトリクス値	1
デフォルト値	0

- 次の画面に進み「メトリクスフィルターを作成」をクリックします。

5. ナビゲーションバーの検索ボックスで「SNS」を検索するなどしてAmazon SNSコンソールへ遷移します。
- 「トピック」画面で「トピックの作成」をクリックし、「タイプ」に「スタンダード」を選択し、「名前」に任意の名称（soalab-sns-logs-errorなど）を入力して、「トピックの作成」をクリックします。

6. ナビゲーションバーの検索ボックスで「CloudWatch」を検索するなどしてAmazon CloudWatchコンソールへ戻って「すべてのアラーム」画面へ遷移し、「アラームの作成」をクリックします。

- 「メトリクスの選択」をクリックし、Custom namespaces「soalab-logs」にあるメトリクス「soalab-logs-error」を選択して「メトリクスの選択」をクリックします。
- 「閾値の種類」を「静的」、「アラーム条件」を「以上（≧閾値）」、「閾値」を「1」に設定して次の画面に進みます。
- 「通知の送信先」に作成したSNSトピックを指定して次の画面に進みます。
- 「アラーム名」に「soalab-logs-alarm」を入力して次の画面に進み、「アラームを作成」をクリックします。

✓ 問題3の解答

この設問では次の操作が実施できるかを確認しています。

- AWS CloudFormationのテンプレートファイルからスタックを作成できること
- テンプレートファイルを条件に合わせて修正し、スタックを更新できること

✳ 3-1

1. AWSマネジメントコンソールにログインし、画面右上のナビゲーションバーで「米国東部（バージニア北部）us-east-1」リージョンを選択します。
2. ナビゲーションバーの検索ボックスで「CloudFormation」を検索するなどしてAWS CloudFormationコンソールへ遷移します。
   - 「スタック」画面で「スタックの作成」をクリックし、「新しいリソースを使用（標準）」を選択します。
   - 「テンプレートの準備」で「テンプレートの準備完了」、「テンプレートソース」で「Amazon S3 URL」を選択し、「Amazon S3 URL」にサンプルテンプレートURL「https://s3.amazonaws.com/cloudformation-templates-us-east-1/DynamoDB_Secondary_Indexes.template」を入力して次の画面に進みます。
   - 「スタックの名前」に「soalab-stack」を入力して次の画面に進みます。
   - 「スタックオプションの設定」画面はそのままで次の画面に進みます。
   - 「スタックの作成」をクリックしてスタックを作成し、ステータスが「CREATE_COMPLETE」となるのを待ちます。
3. スタック「soalab-stack」の画面に遷移し、「テンプレート」タブを開き、「デザイナーで表示」をクリックします。
   - オンデマンドキャパシティモードに変更するために、デザイナーでテンプレートの「Properties」要素へ次のように「BillingMode」を追記します。

```
～省略～
  "Properties": {
    "BillingMode":"PAY_PER_REQUEST",
    "AttributeDefinitions": [
      { "AttributeName": "Title", "AttributeType": "S" },
      { "AttributeName": "Category", "AttributeType": "S" },
      { "AttributeName": "Language", "AttributeType": "S" }
    ],

～省略～
```

● オンデマンドキャパシティモードで使用しない次のプロビジョンドキャパシティ
モードに関する要素を削除します。

```
～省略～
※"Parameters"要素内の次の箇所を削除する。

  "ReadCapacityUnits": {
    "Description": "Provisioned read throughput",
    "Type": "Number",
    "Default": "5",
    "MinValue": "5",
    "MaxValue": "10000",
    "ConstraintDescription": "must be between 5 and 10000"
  },
  "WriteCapacityUnits": {
    "Description": "Provisioned write throughput",
    "Type": "Number",
    "Default": "10",
    "MinValue": "5",
    "MaxValue": "10000",
    "ConstraintDescription": "must be between 5 and 10000"
  }

～省略～
※"Properties"要素内の次の箇所を削除する。

  "ProvisionedThroughput": {
    "ReadCapacityUnits": { "Ref": "ReadCapacityUnits" },
    "WriteCapacityUnits": { "Ref": "WriteCapacityUnits" }
  },
```

```
～省略～
※"GlobalSecondaryIndexes"要素内の次の箇所を削除する。

    },
    "ProvisionedThroughput": {
      "ReadCapacityUnits": { "Ref": "ReadCapacityUnits" },
      "WriteCapacityUnits": { "Ref": "WriteCapacityUnits" }

～省略～
```

4. グローバルセカンダリインデックスを追加するために、デザイナーでテンプレートの
「GlobalSecondaryIndexes」要素へ次のようにインデックス「TitleLanguageIndex」
を追記します。

```
～省略～
  "GlobalSecondaryIndexes": [ {
    "IndexName": "TitleIndex",
    "KeySchema": [
      { "AttributeName": "Title", "KeyType": "HASH" }
    ],
    "Projection": {
      "ProjectionType": "KEYS_ONLY"
    }
  },
  {
    "IndexName": "TitleLanguageIndex",
    "KeySchema": [
      { "AttributeName": "Title", "KeyType": "HASH" },
      { "AttributeName": "Language", "KeyType": "RANGE" }
    ],
    "Projection": {
      "ProjectionType": "KEYS_ONLY"
    }
  }]
～省略～
```

5. デザイナーでテンプレートの記述内容にエラーが出ていないことを確認して、左上の
ファイルメニューから「保存」を選択し、修正したテンプレートを「ローカルファイル」
として任意のファイル名で保存します。次に修正後のテンプレート例を示します。

```json
{
  "AWSTemplateFormatVersion": "2010-09-09",

  "Description": "AWS CloudFormation Sample Template DynamoDB_
Secondary_Indexes: Create a DynamoDB table with local and
global secondary indexes. **WARNING** This template creates an
Amazon DynamoDB table. You will be billed for the AWS resources
used if you create a stack from this template.",

  "Parameters": {
  },

  "Resources": {
    "TableOfBooks": {
      "Type": "AWS::DynamoDB::Table",
      "Properties": {
        "BillingMode":"PAY_PER_REQUEST",
        "AttributeDefinitions": [
          { "AttributeName": "Title", "AttributeType": "S" },
          { "AttributeName": "Category", "AttributeType": "S" },
          { "AttributeName": "Language", "AttributeType": "S" }
        ],
        "KeySchema": [
          { "AttributeName": "Category", "KeyType": "HASH" },
          { "AttributeName": "Title", "KeyType": "RANGE" }
        ],
        "LocalSecondaryIndexes": [ {
          "IndexName": "LanguageIndex",
          "KeySchema": [
            { "AttributeName": "Category", "KeyType": "HASH" },
            { "AttributeName": "Language", "KeyType": "RANGE" }
          ],
          "Projection": {
            "ProjectionType": "KEYS_ONLY"
          }
        } ],
        "GlobalSecondaryIndexes": [ {
          "IndexName": "TitleIndex",
          "KeySchema": [
            { "AttributeName": "Title", "KeyType": "HASH" }
          ],
```

```
            "Projection": {
              "ProjectionType": "KEYS_ONLY"
            }
          },
          {
            "IndexName": "TitleLanguageIndex",
            "KeySchema": [
              { "AttributeName": "Title", "KeyType": "HASH" },
              { "AttributeName": "Language", "KeyType": "RANGE" }
            ],
            "Projection": {
              "ProjectionType": "KEYS_ONLY"
            }
          }]
        }
      }
    },

    "Outputs" : {
      "TableName" : {
        "Value" : {"Ref" : "TableOfBooks"},
        "Description" :
          "Name of the newly created DynamoDB table"
      }
    }
}
```

- スタック「soalab-stack」の画面に戻り、「更新」をクリックします。
- 「テンプレートの準備」で「既存テンプレートを置き換える」、「テンプレートソース」で「テンプレートファイルのアップロード」を選択します。
- 「テンプレートファイルのアップロード」にデザイナーで修正してローカルファイルとして保存したテンプレートを選択し、次の画面に進みます。
- パラメータは指定せず次の画面に進みます。
- 「スタックオプションの設定」画面はそのままで次の画面に進みます。
- 「テンプレートが変更されました」の確認メッセージが出た場合は「了承」をチェックし、「スタックの更新」をクリックします。
- スタックの更新が正常終了し、Amazon DynamoDB が設問の要件を満たすように変更されていることを確認します。

※問題中で作成したAWSリソースはNATゲートウェイ、Elastic IPアドレスなど時間単位課金のものがあるため、解説確認後にすべて削除することをお勧めします。

索引

348

■ 著者プロフィール

● 佐々木拓郎（ささきたくろう）

NRIネットコム所属。本業の傍らで平日夜間・土日は技術書の執筆者稼業に邁進し、本書も含めAWS認定資格の対策本も多数執筆。目下の悩みは、AWS認定試験自体の改訂にどうやって追随するか。そして、週末にある子供のスポーツ少年団の野球の手伝いと、執筆のために残す体力との兼ね合いをどうするか。

● 小西秀和（こにしひでかず）

R & D、Web開発、社内などでAWSを活用し、近年はAWS認定の継続的な全取得やブログ、書籍の執筆も行う。2020、2021、2022年のAPN ALL AWS Certifications Engineer、APN AWS Top Engineer（Service）に選出された。

● 志水友輔（しみずゆうすけ）

インフラエンジニアとしてオンプレミス、クラウド問わずPoCから設計・構築・テスト・運用まで行っている。IaCが得意で、その中でもAWSのCDKが大好物。何でもかんでもコード化しがち。2021/2022年APN ALL AWS Certifications Engineer、2021年APN AWS Top Engineerに選出された。

● 手塚拓也（てづかたくや）

NRIネットコム株式会社にてインフラエンジニアとして提案から要件定義、設計、構築、テスト、運用まで一連のインフラ業務を経験する。これまでにオンプレミス、クラウドあわせて複数業種の30システム以上を構築し、現在はAWSを中心とした新規構築案件や既存システムのAWS移行案件に従事している。

● 安藤裕紀（あんどうゆうき）

プライベートクラウドの構築・運用を経験した後、大企業のAWS導入コンサルティングや技術支援を行う。現在はWebサービス事業会社のSREとしてインフラの運用改善に取り組んでいる。2020/2021年のAPN AWS Top Engineers、2022年のAPN ALL AWS Certifications Engineerに選出。AWSユーザー会（JAWS-UG SRE支部）を運営中。

● 木美雄太（きみゆうた）

株式会社野村総合研究所にて、銀行・資産運用・旅客業・食品メーカーなど、様々な業種のお客さまがAWSをもっと活用するための改善活動に伴走。この1年は、AWSマルチアカウント環境の検討・整備を中心に支援。社内外での勉強会運営やブログを通して、技術情報発信にも取り組んでいる。これらの活動が評価され、APN AWS Top Engineerに2021/2022年の2年連続選出。

● 北條学男（ほうじょうたかお）

株式会社野村総合研究所にてAWSビジネス推進、アライアンスリードを担当。インフラエンジニアとして2014年よりAWSによる基盤構築に従事。主に産業系のお客様向けに既存システムのマイグレーションやCDP、DMPなどのデータ分析基盤構築に基盤リーダーとして携わる。2019年から2022年まで4年連続でAWS APN Top Engineerへ選出。

● 吉竹直樹（よしたけなおき）

株式会社野村総合研究所にて、アプリケーションエンジニアとして金融機関向けのプロジェクトおよびシステム開発に従事。金融分野の中でも、資産運用、信託銀行、生保、クレジットカードなど幅広い業界を担当してきた経歴を持つ。近年は、AWSを始めとした複数クラウドのプロジェクトを担当している。2022年にAPN AWS Top Engineerへ選出。

本書のサポートページ

https://isbn2.sbcr.jp/09085/

本書をお読みいただいたご感想・ご意見を上記 URL からお寄せください。本書に関するサポート情報やお問い合わせ受付フォームも掲載しておりますので、あわせてご利用ください。

AWS認定資格試験テキスト
AWS認定 SysOpsアドミニストレーター－アソシエイト

2022 年 7 月 1 日	初 版	第 1 刷 発行
2023 年 12 月 27 日	初 版	第 4 刷 発行

著　　　者　　NRIネットコム株式会社　佐々木拓郎、小西秀和、
　　　　　　　　　　　　　　　　　　　　　志水友輔、手塚拓也
　　　　　　　株式会社野村総合研究所　木美雄太、北條学男、吉竹直樹
　　　　　　　安藤裕紀

発　行　者　　小川 淳

発　行　所　　SB クリエイティブ株式会社
　　　　　　　〒 106-0032 東京都港区六本木 2-4-5
　　　　　　　https://www.sbcr.jp/

印　　　刷　　株式会社シナノ

制　　　作　　編集マッハ

装　　　丁　　米倉英弘（株式会社細山田デザイン事務所）

※乱丁本、落丁本はお取替えいたします。小社営業部（03-5549-1201）までご連絡ください。
※定価はカバーに記載されております。

Printed in Japan　　ISBN978-4-8156-0908-5